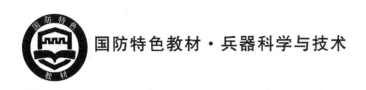

国防特色教材·兵器科学与技术

目标易损性

李向东　杜忠华　编著

北京理工大学出版社

北京航空航天大学出版社　哈尔滨工程大学出版社

哈尔滨工业大学出版社　西北工业大学出版社

内 容 提 要

本书分析了常规弹药形成的毁伤元、毁伤元的分布规律及其对目标的毁伤机理,介绍了人员、飞机、车辆、导弹、舰船、建筑物等战场常见目标的结构特点及易损特性,重点阐述了战场目标的易损性评估理论,内容主要包括目标结构、功能、关键部件及其分析方法,目标的毁伤级别及其划分原则,关键部件的毁伤准则,部件毁伤与目标毁伤的关系,目标易损性的度量,不同毁伤元作用下目标易损性的评估方法和技术等内容。

本书既可用做弹药工程、武器系统及运用工程等专业的研究生教材,又可作为弹药终点效应、弹药效能评估、武器系统效率分析、战场毁伤评估及战场目标设计等科研人员的参考资料。

图书在版编目(CIP)数据

目标易损性/李向东,杜忠华编著 . —北京:北京理工大学出版社,2013.1(2021.4 重印)
ISBN 978 - 7 - 5640 - 7235 - 3

Ⅰ. ①目… Ⅱ. ①李…②杜… Ⅲ. ①目标-损坏-研究 Ⅳ. ①O22

中国版本图书馆 CIP 数据核字(2013)第 004988 号

出版发行 / 北京理工大学出版社有限责任公司
社　　址 / 北京市海淀区中关村南大街 5 号
邮　　编 / 100081
电　　话 / (010)68914775(总编室)
　　　　　(010)82562903(教材售后服务热线)
　　　　　(010)68948351(其他图书服务热线)
网　　址 / http://www.bitpress.com.cn
经　　销 / 全国各地新华书店
印　　刷 / 北京虎彩文化传播有限公司
开　　本 / 787 毫米×960 毫米　1/16
印　　张 / 16.25
字　　数 / 326 千字
版　　次 / 2013 年 1 月第 1 版　　2021 年 4 月第 2 次印刷　　　　　　　　责任编辑 / 王玲玲
定　　价 / 45.00 元　　　　　　　　　　　　　　　　　　　　　　　　　　文案编辑 / 王玲玲

前　言

目标易损性是指在战斗状态下，目标被发现并受到攻击而损伤的难易程度。目标易损性研究的目的是提高战场目标在弹药作用下的抗毁伤及生存能力。此外，对武器弹药系统的论证、研制、效能评价、靶场验收、目标防护的设计与改进、战场指挥、弹药使用、各种战场目标的操纵和防护都具有非常重要的意义。

国外非常重视目标易损性的研究工作，很早就开始了相关的研究，如美国在目标易损性方面的研究已经经历了三个阶段：第二次世界大战结束之前为第一阶段，是该领域的初级阶段，该阶段主要以试验方法进行易损性研究，为目标易损性研究提供了大量的基础数据，使人们对目标的毁伤机理和规律有了深入的认识；第二次世界大战结束到 20 世纪 60 年代末为第二阶段，该阶段主要探索和研究以理论分析、综合计算为主的易损性评估方法，并成立了弹药效能/目标生存能力联合技术协调组（简称 JTCG），专门进行这方面的研究和协调工作；20 世纪 70 年代初期至今，为第三个阶段，该阶段的特点是全面应用计算机模拟的方法进行目标易损性评估和计算，并实现了目标设计与易损性评估的无缝对接。

国内自 20 世纪 80 年代开始开展目标易损性的研究工作，先后进行了装甲目标、飞机、巡航导弹、舰船、地下工事等典型目标的易损特性研究，获得了一些试验数据，并初步建立了目标易损性评估理论和方法。但是，国内还没有系统介绍目标易损性的相关书籍，为了科研和研究生教学的需要，结合目标易损性的研究成果以及国内外的相关资料，特编写了本书。

目标易损性包括战术易损性和结构易损性，本书主要介绍目标的结构易损性，内容包括人员、飞机、车辆、战术导弹、舰船目标、建筑物等战场常见目标的结构特点、易损特性以及影响目标易损性的因素，各种毁伤手段作用下目标易损性的评估理论、方法和技术。

本书共分 8 章，其中第 1～第 6 章由南京理工大学李向东教授编著；第 7、第 8 章由南京理工大学杜忠华研究员编著。

本书在编写过程中，参考了大量国内外相关文献资料，在此，对文献资料的原作者表示谢意。北京理工大学的蒋浩征教授和南京理工大学的赵国志教授对本书进行了认真评阅，提出了许多宝贵的意见，在此编者对他们表示衷心的感谢。本书插图由南京理工大学的秦仕勇、许化珍和李庆珍三位研究生绘制，对他们所付出的辛勤劳动表示感谢。

　　由于作者水平有限，书中难免有错误和不妥之处，望读者批评指正。

编　者

目　　录

第 1 章　绪论 …………………………………………………………………… 1

  1.1　目标易损性的概念 ……………………………………………………… 1

  1.2　目标易损性研究的国内外发展动态及趋势 ………………………… 2

  1.3　目标易损性研究的意义 ………………………………………………… 7

  1.4　目标易损性的度量指标 ………………………………………………… 8

  1.5　目标易损性研究方法 …………………………………………………… 8

  参考文献 ……………………………………………………………………… 8

第 2 章　目标易损性评估理论 ……………………………………………… 12

  2.1　弹药作用原理及毁伤元分析 ………………………………………… 12

    2.1.1　弹药及其作用原理 ……………………………………………… 12

    2.1.2　毁伤元及其毁伤特性 …………………………………………… 13

    2.1.3　毁伤元的作用域及毁伤元特征度的分布 …………………… 15

    2.1.4　毁伤场 …………………………………………………………… 16

  2.2　战场目标分析 ………………………………………………………… 16

  2.3　目标的功能及结构分析 ……………………………………………… 18

  2.4　目标的毁伤及毁伤级别 ……………………………………………… 20

  2.5　目标关键部件分析 …………………………………………………… 22

    2.5.1　失效/毁伤模式及影响分析法 ………………………………… 23

    2.5.2　毁伤树分析法 …………………………………………………… 24

  2.6　部件的毁伤准则 ……………………………………………………… 28

    2.6.1　毁伤准则的定义和形式 ……………………………………… 28

    2.6.2　部件毁伤准则的建立 ………………………………………… 31

  2.7　目标的易损性评估 …………………………………………………… 34

  参考文献 …………………………………………………………………… 36

第 3 章　人员目标易损性 …………………………………………………… 38

  3.1　杀伤人员目标的毁伤元及杀伤机理 ………………………………… 38

    3.1.1　破片和枪弹对人员的杀伤 …………………………………… 38

    3.1.2　冲击波对人员的杀伤 ………………………………………… 44

3.2 杀伤人员目标的判据 ·· 50

　　3.2.1 人员目标丧失战斗力概念及影响因素 ··················· 50

　　3.2.2 人员目标丧失战斗力的准则 ······························· 51

3.3 人员目标在破片场作用下的易损性 ······························· 57

　　3.3.1 破片的初速及速度衰减 ······································ 57

　　3.3.2 破片密度 ·· 60

　　3.3.3 人员目标的易损性评估 ······································ 61

参考文献 ··· 62

第4章 飞机目标易损性 ·· 63

4.1 飞机构造 ·· 63

　　4.1.1 飞机的构造特征 ·· 63

　　4.1.2 固定翼飞机的常规布局及系统组成 ····················· 63

4.2 飞机目标主要毁伤模式分析 ·· 68

4.3 飞机相对于动能侵彻体的易损性 ······································ 70

　　4.3.1 单个毁伤元打击下的易损性评估 ························· 72

　　4.3.2 多次打击下飞机的易损性评估 ···························· 78

4.4 战斗部在飞机目标内部爆炸的易损性 ································ 88

4.5 外部爆炸破片场作用下飞机目标的易损性 ······················ 89

　　4.5.1 坐标系 ··· 90

　　4.5.2 战斗部爆炸形成的破片流 ··································· 92

　　4.5.3 破片流密度 ·· 98

　　4.5.4 目标遭遇的破片参数 ··· 101

　　4.5.5 破片流对目标结构的毁伤 ··································· 103

　　4.5.6 破片对目标要害部件的毁伤 ································ 104

　　4.5.7 目标的毁伤概率 ··· 107

4.6 外部爆炸冲击波作用下的易损性 ····································· 107

参考文献 ··· 108

第5章 车辆目标易损性 ·· 110

5.1 车辆目标分析 ·· 110

　　5.1.1 车辆目标类型 ··· 110

　　5.1.2 典型装甲车辆系统组成及结构 ····························· 111

　　5.1.3 装甲类型 ··· 114

5.2 反车辆目标弹药 ··· 116

　　　5.2.1　穿甲弹 ……………………………………………………… 116
　　　5.2.2　破甲弹 ……………………………………………………… 117
　　　5.2.3　杀伤爆破战斗部 …………………………………………… 119
　　　5.2.4　反车辆目标地雷 …………………………………………… 119
　5.3　装甲车辆目标的毁伤机理及毁伤级别 ………………………… 119
　　　5.3.1　车辆目标的毁伤级别 ……………………………………… 120
　　　5.3.2　装甲车辆目标的毁伤机理 ………………………………… 120
　5.4　反装甲弹药对装甲的侵彻能力 ………………………………… 124
　　　5.4.1　杆式穿甲弹对装甲的侵彻能力 …………………………… 124
　　　5.4.2　射流对装甲的侵彻能力 …………………………………… 128
　　　5.4.3　爆炸成型弹丸对装甲的侵彻能力 ………………………… 131
　5.5　靶后破片分布特性 ……………………………………………… 131
　　　5.5.1　正撞击靶后破片分布特性 ………………………………… 132
　　　5.5.2　斜撞击靶后破片分布特性 ………………………………… 136
　5.6　装甲车辆目标易损性的评估 …………………………………… 140
　　　5.6.1　易损性评估列表法 ………………………………………… 140
　　　5.6.2　受损状态分析法 …………………………………………… 148
　参考文献 ……………………………………………………………… 156

第6章　战术导弹易损性 ……………………………………………… 158
　6.1　战术导弹结构及组成 …………………………………………… 158
　　　6.1.1　战术导弹的载荷 …………………………………………… 158
　　　6.1.2　战术导弹的动力舱段 ……………………………………… 160
　　　6.1.3　战术导弹的导引和控制导舱 ……………………………… 162
　6.2　关键部件及失效模式 …………………………………………… 163
　6.3　战术导弹对冲击波的易损性 …………………………………… 165
　　　6.3.1　近区冲击波效应 …………………………………………… 165
　　　6.3.2　远区冲击波效应 …………………………………………… 166
　6.4　爆炸方程和相似定律 …………………………………………… 169
　6.5　破片侵彻机理 …………………………………………………… 172
　　　6.5.1　THOR侵彻方程 …………………………………………… 172
　　　6.5.2　破片侵彻模型 ……………………………………………… 173
　　　6.5.3　靶后二次破片 ……………………………………………… 178
　6.6　杆条侵彻机理 …………………………………………………… 180
　　　6.6.1　杆条侵彻的极限穿透速度 ………………………………… 180

6.6.2 金属杆对薄靶板的切口长度 ……………………………… 181
6.7 爆炸冲击波和破片对导弹结构的毁伤 ……………………… 182
6.8 引爆弹药的碰撞弹道 ……………………………………… 185
6.8.1 冲击起爆模型 …………………………………………… 186
6.8.2 入射角的影响 …………………………………………… 189
6.9 集束弹药对破片的易损性 ………………………………… 191
6.10 液压水锤效应 …………………………………………… 191
参考文献 …………………………………………………… 194

第7章 舰船目标易损性 ……………………………………… 196
7.1 舰船目标分析 …………………………………………… 196
7.1.1 潜艇的结构及性能参数 ………………………………… 196
7.1.2 航空母舰的结构及性能参数 …………………………… 199
7.2 反舰弹药对舰船的毁伤模式 ……………………………… 203
7.2.1 侵彻毁伤 ……………………………………………… 204
7.2.2 破片毁伤 ……………………………………………… 204
7.2.3 爆炸毁伤 ……………………………………………… 204
7.2.4 引燃毁伤 ……………………………………………… 205
7.3 舰船的破坏标准 ………………………………………… 205
7.3.1 冲击波峰值标准 ………………………………………… 205
7.3.2 冲击因子标准 …………………………………………… 205
7.3.3 冲击加速度标准 ………………………………………… 206
7.4 舰船结构在接触爆炸载荷作用下的毁伤 ………………… 208
7.4.1 接触爆炸的破坏半径 …………………………………… 208
7.4.2 接触爆炸的破孔宽度 …………………………………… 208
7.5 舰船结构在非接触爆炸载荷下的毁伤 …………………… 209
7.5.1 水下爆炸载荷 …………………………………………… 210
7.5.2 水下爆炸冲击波 ………………………………………… 213
7.5.3 气泡的脉动 …………………………………………… 213
7.5.4 气泡脉动引起的压力 …………………………………… 214
7.5.5 水下爆炸载荷的半经验公式 …………………………… 215
7.5.6 水下爆炸作用下舰船结构毁伤评估 …………………… 218
7.6 舰船设备毁伤评估 ……………………………………… 224
7.6.1 直接破坏引起的设备破坏模式分析 …………………… 224
7.6.2 冲击引起设备的破坏模式分析 ………………………… 225

　　　　7.6.3　舰船设备的冲击破坏判据 ……………………………………… 226

　参考文献 ……………………………………………………………………… 226

第8章　建筑物易损性 ……………………………………………………… 229

　8.1　混凝土目标特性 ………………………………………………………… 229

　　　　8.1.1　混凝土材料的特性 …………………………………………… 229

　　　　8.1.2　地面建筑目标 ………………………………………………… 230

　　　　8.1.3　地下建筑目标 ………………………………………………… 232

　8.2　反建筑物目标战斗部 …………………………………………………… 234

　　　　8.2.1　侵爆战斗部 …………………………………………………… 234

　　　　8.2.2　串联侵彻战斗部 ……………………………………………… 235

　8.3　建筑物目标的毁伤模式 ………………………………………………… 236

　　　　8.3.1　侵彻毁伤 ……………………………………………………… 236

　　　　8.3.2　目标腔室内的爆炸毁伤 ……………………………………… 241

　　　　8.3.3　目标防护介质中的爆炸毁伤 ………………………………… 242

　8.4　建筑物的易损性分析 …………………………………………………… 244

　　　　8.4.1　地面建筑物易损性分析 ……………………………………… 244

　　　　8.4.2　地下建筑物易损性分析 ……………………………………… 245

　参考文献 ……………………………………………………………………… 247

第1章　绪　　论

1.1　目标易损性的概念

目标易损性是指在战斗状态下,目标被发现并受到攻击而损伤的难易程度,包括战术易损性和结构易损性[1-1]。

战术易损性是指目标被探测装置(如红外、雷达或其他探测器)探测到、被威胁物体(如动能弹丸、破片、冲击波、高能激光束等)命中的可能性,也称为目标的敏感性,可用 P_H 来衡量,指目标被毁伤元命中的概率。其与下列因素有关:目标的特性(例如,无烟引擎,小尺寸以减少被发现概率;高机动性,用以躲避对方威胁的攻击);对抗装置(用以防止被探测或用于欺骗导弹的电子对抗装置,以及用于压制跟踪雷达的反雷达导弹);所运用的战术(例如利用地形、地势、气候条件等避免探测);此外,还与对方的探测、跟踪、打击以及战术运用等能力有关。

结构易损性是指目标在被探测到的条件下,在弹药的毁伤元素(如破片、冲击波、金属射流等)作用下被毁伤的可能性。结构易损性通常用 $P_{K/H}$ 来度量,实际上是一种条件概率,指目标在命中条件下被毁伤的概率。结构易损性受以下因素影响:关键部件在经受某种毁伤元素作用后能继续工作的能力(例如,直升机传动装置在失去润滑油后可持续工作30 min);可以避免和抑制对关键部位损伤的设计手段和装置,例如关键部件的冗余、防护以及合理的布置。

本书主要介绍分析目标的结构易损性,后面文中所讲易损性均指目标的结构易损性。

假设目标在敌对环境被毁伤的容易程度用毁伤概率 P_K 来表示,它等于击中目标概率(敏感性)P_H 和给定的一次命中后毁伤目标的概率(易损性)$P_{K/H}$ 的乘积,即

$$毁伤概率＝敏感性×易损性$$

或

$$P_K = P_H P_{K/H}$$

目标在敌对环境下能够生存的能力用生存概率 P_S 来度量,则它与 P_K 的关系可由下式表示:

$$P_S = 1 - P_K = 1 - P_H P_{K/H} \qquad (1.1.1)$$

可见,目标的易损性越高,其被毁伤的可能性越大,生存能力越低。为了提高目标的战场生存能力,可以通过降低目标的敏感性和易损性两个方面来实现,表1.1.1分别列出了降低目标敏感性和易损性的一些措施[1-2]。

表 1.1.1　提高生存力的措施

敏感性降低	易损性降低
威胁告警	部件冗余和分离
干扰和欺骗	部件布置
信号减缩	被动损伤抑制
可放弃或牺牲的人员或装备	主动损伤抑制
威胁抑制	部件屏蔽
战术	部件消除

如表 1.1.1 所示,目标的敏感性可通过使用被动告警系统来减少,被动告警系统可以告知目标的驾乘人员针对目标的威胁或一个朝向目标的跟踪系统的类型和位置;干扰和欺骗装置可用来阻止跟踪系统发现目标或向跟踪系统发送一个假的目标信号,如雷达干扰技术(箔条、红外线闪光弹)可以提供一个供目标藏匿的屏障,或作为一个比目标更具有吸引力的诱饵;信号减缩或可见性减少(各种隐身技术)使目标更难被探测及被跟踪;威胁抑制可以借助于各种武器装备和伴随的支援火力来破坏敌方的跟踪或拦截打击各种威胁。此外,战斗部队可以采用适当的战术将目标暴露于威胁之下的可能性减至最小,从而达到减小敏感性的目的,这种战术是通过利用地形和天气来隐蔽目标。

可以通过部件冗余、部件布置、被动损伤抑制、主动损伤抑制、部件屏蔽和部件消除等六种措施降低目标的结构易损性。部件的冗余和分离就是用多于一个的部件来完成一个重要功能,并且冗余部件必须被有效地分开,目的是为了将单次击中就使一个以上的冗余部件受损的概率减至最小;部件布置是指将关键和致命性部件的位置科学合理地布置,使其受损伤的可能性和程度减至最小;被动或主动损伤抑制概念是通过被动防护或主动拦截减小部件的损伤效应来降低易损性,通过非关键部件的遮挡防止毁伤元素击中关键部件;部件消除是通过去除关键部件或用一个不太易损的部件来代替关键部件。

1.2　目标易损性研究的国内外发展动态及趋势

国外很早就开始了目标易损性的研究,如美国在目标易损性方面的研究已经经历了三个阶段,第二次世界大战结束之前为第一阶段,是该领域的初级阶段;第二次世界大战结束到 20世纪 60 年代末为第二阶段,并成立了专门的组织——弹药效能/目标生存能力联合技术协调组(简称 JTCG),进行这方面的研究和协调工作;20 世纪 70 年代初期至今,为第三个阶段,这个阶段的特点是应用计算机进行模拟和计算。[1-3]

早期的研究主要是从弹药的角度出发,通过对目标的射击试验,提高弹药的威力和效能。据史料记载,早在 1860 年就进行过线膛炮对地面防御甲板的射击试验。此后,各种穿甲威力试验纷至沓来。如,1861 年,对由不同材料组成的装甲板的试验;1862—1864 年,用 10.5 英寸①口径大炮对模拟舰船目标进行的实弹射击试验;1871 年,对带有双层装甲的模拟舰船的试验;1872 年,对军舰炮塔的试验[1-3]。20 世纪,由于两次世界大战对弹药性能的需求,这种研究得到空前广泛的开展,各种各样高威力、高效能的新式武器弹药(如导弹、原子弹等)相继研制成功并投入使用。同时,一系列新发明(如坦克、飞机等)付诸军用。尤其在第二次世界大战期间,大量的飞机在战争中丧失,使人们意识到目标抗毁伤能力的研究是非常重要的。至此,这种研究出现了新的变化,开始从目标的角度研究其易损特性。

许多国家相继投入大量的人力、物力进行关于目标易损性的研究工作。例如,美国在第二次世界大战后不久,就制订了关于飞机易损性的研究计划,目的是研究飞机及其部件对各种弹药的易损性。该计划规模非常庞大,当时仅次于对核武器效应的研究,而居于第二位[1-4]。同时,对其他各种战场目标也进行了大量的全尺寸实物射击试验。如,1959 年在加拿大进行了名为 CAREDE 的试验,400 发反坦克弹药对装甲车辆(包括美国的 M-47 和 M-48 坦克)进行了真实射击试验;1963—1976 年,又进行了各种各样的全尺寸试验,包括小成型装药战斗部对装甲输送车(110 发于 1964 年),HE 弹丸对坦克(228 发于 1971 年),30 mm GAU-8 弹药对坦克(153 发于 1975 年),大口径动能弹丸对坦克(6 发于 1976 年)的试验[1-5]。

这种基于试验手段的易损性研究方法,为目标易损性研究提供了大量的基础数据,使人们对目标的毁伤规律有了较为深入的认识。但是试验工程浩大,限制因素诸多,且费用极高,例如,M2/M3 Bradley 战车的毁伤试验,成本高达 75 万~100 万美元/发[1-5],这样巨额的研究费用即使是发达国家也是较难承受的。所以,一些发达国家开始探索和采用以理论分析、综合计算为主的新的易损性研究方法。高速计算机的出现和快速发展,为这种新的易损性研究方法提供了必要的条件和可行性。

计算机模拟方法的特点是基于积累得到的丰富的试验、经验数据,根据目标、弹药及毁伤机理的内在规律,按照一定的数学模型,对它们的特性进行模拟[1-6],然后通过计算得出目标在弹药作用下的易损性,这些计算机程序或模型主要分为四类:射线生成、易损面积程序、内爆程序和终点程序。前两类程序用于侵彻体和单个破片的毁伤,第三类用于杀伤战斗部内部爆炸,第四类用于杀爆战斗部的近炸模式。

1. 射线生成

该程序生成目标的射线形式的描述,为易损面积计算代码输入数据,该程序通常用一套基本几何形体或者平面多边形建立目标及其内外部部件的模型。射线描述方法是沿着射弹攻击方向将目标划分为许多单元格,如图 1.2.1 所示,沿通过每个单元格的大量平行射线生成易损性评估所需的目标几何信息,射线的位置和数目通过网格大小来控制,每根射击线的位置在单元格内是随机的,并列出每根射线贯穿的平面清单,记录射线的位置、平面号、射线和平面法线

---

① 1 英寸=2.54 厘米。

的夹角、内部部件之间的距离,对平行于攻击方向的射线都重复上述过程。由此可以算出每个视图方向的部件和目标的呈现面积,目标的呈现面积是将与目标交叉的射线数目和单元格面积相乘得到的。

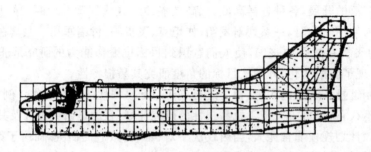

图 1.2.1　射线网格

射线生成程序有两个系列,分别是 MAGIC、GIFT 系列和 SHOTGEN、FASTGEN 系列。MAGIC 和 GIFT 代码(源程序)是美国陆军弹道研究所开发的[1-7～1-9],这些代码使用组合几何的方法,用基本的几何形体如球体、立方体、圆柱体、椭圆体的组合来描述部件。GIFT 是 MAGIC 的改进版本,其特点是输入简单,计算效率高,并具有计算机图形显示功能。图 1.2.2 是使用组合几何方法建立的目标模型外观图。第二个系列有 SHOTGEN 和最近开发的 FASTGEN、FASTGENⅡ程序,它们都使用了平面三角形方法描述部件的表面。SHOTGEN 由海军武器中心开发,FASTGEN 和 FASTGENⅡ是 SHOTGEN 的改进版本,是由空军宇航局开发的。图 1.2.3 和图 1.2.4 为用平面三角形方法描述的飞机模型的外观和内部部件图[1-10～1-12]。

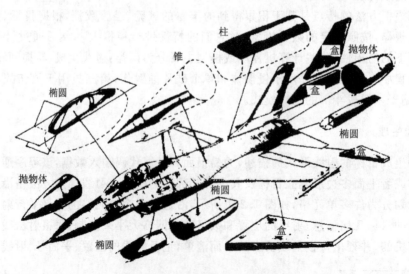

图 1.2.2　飞机的组合几何模型

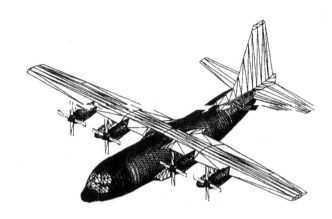

图 1.2.3 用平面三角形方法描述的飞机模型(外部)

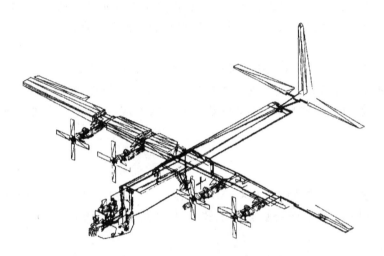

图 1.2.4 用平面三角形方法描述的飞机模型(内部)

2. 易损面积程序

这些程序可以计算生成部件和整个目标在单个侵彻体和破片作用下的易损面积。易损面积计算程序可以分为两组,一组是详细的,或者说是分析程序,它用射线方法计算易损面积;另一组是简化的,或者说是估算程序,它利用简化的方法确定易损面积。分析程序通常用于要求深入研究的问题,并且有用于前期设计研究的潜力,在这些研究中,可以利用的技术性描述数据非常有限。估算程序用于只要求粗略分析的问题。

(1)分析程序

程序 VAREA、VAREA02 和 COVART 属于详细组,这些程序的输入包括目标描述模型(由射线程序生成)、单个侵彻体作用下的部件毁伤概率、经验的终点弹道侵彻数据和武器特性数据。部件和目标的易损面积以表格的形式输出。

VAREA 是该组三个程序中最古老、最不全面的程序,它于 1965 年由海军武装中心开发,用于分析破片式战斗部作用下的目标易损性,它使用 THOR 公式计算侵彻体沿着射线穿透部件时的质量和速度衰减。VAREA02 程序于 1973 年开发完成,是从 VAREA 程序演化而来的。它增加的功能包括射弹穿透的模式、空气间隙着火模型、余度部件模型,使用 DRI 侵彻公式替代 THOR 方程[1-13]。

COVART(易损面积和修复时间的计算)是目前较好的易损面积计算程序,它集中了 VAREA02 程序和 HART 程序(直升机易损面积计算程序)的所有特点并增加了战场损伤修复时间模型[1-3]。

(2)估算程序

COMVAT 程序是另一组程序的代表,是简单的程序代码。该程序是为满足快速易损面积计算的需求而开发的。该程序适宜于复杂的程序行不通或不合适的情况,如目标概念设计阶段的易损性分析。该程序不如详细程序精确,但它们需要考虑的影响因素较少,计算机运行时间短[1-3]。

COMVAT 专门用于计算飞机关键部件对射弹作用下的易损面积。它与分析程序的原理相同,但它不用射线方法来描述目标,而根据部件的遮挡条件计算部件的易损面积。用 THOR 方程模拟射弹的速度衰减,并忽略破片的二次效应、射弹攻角和射弹破碎等因素的影响。

3. 内爆程序

在弹药效能联合技术协调组(JTCG/ME)的指导下,开发了几个计算弹药在目标内部爆炸时的目标易损性计算程序,这些程序被称为点爆程序,最有名的是 POINTBURST 程序[1-14]。

4. 终点程序

终点程序主要是分析在具有近炸引信的杀伤战斗部作用下目标的易损性,通常模拟战斗部爆炸、冲击波传播、破片飞散及对目标的撞击与侵彻等过程。目前常用的四个终点程序是 SYSYTEM Ⅱ、SCAN、ATTACK 和 REFMOD(MECA)。另一个程序是 SHAZAM,目前已快开发完成[1-3]。

(1)SYSTEM Ⅱ

该程序是 1977 年由美空军宇航局开发的,用于评估非核导弹战斗部作用下空中目标的易损性。可以计算直接命中、破片杀伤和冲击波等对目标的作用。可生成目标的毁伤轮廓图。

(2)SCAN

SCAN 程序是 1976 年在美国 JTCG/AS 所属的海军太平洋导弹试验中心的管理下开发的。SCAN 的功能是预估飞机受导弹战斗部攻击时的生存概率。可预估飞机受直接命中、破片杀伤和冲击波等作用下的毁伤情况。

（3）ATTACK

ATTACK 是美国海军导弹中心开发的终点程序，用于预估导弹探测和摧毁空中目标的能力。程序考虑了直接命中、冲击波、单个破片和多个破片的杀伤，同时模拟了终点遭遇条件。

（4）REFMOD（MECA）

REFMOD 程序是 1981 年开发的，该程序是在 JTCG/ME 防空导弹评估小组的资助下完成的。REFMOD 集成了现有终点程序的算法，并且增加了一些显著的功能，使得该程序能与其他易损性方法一起进行战斗部效能/目标易损性的综合评估[1-15]。

（5）SHAZAM

该程序由空军装备试验室开发，用以评估空-空导弹的效率。程序依次评估导弹直接命中目标的可能性、冲击波对目标结构产生的超压效应，以及战斗部破片对目标结构和关键部件打击的累积效应。用离散面描述目标及内部部件的大小、外形及位置，每个离散面对直接命中、冲击波或破片都是易损的。每个部件/离散面的杀伤准则由用户提供。该程序使用了许多 SHOTGEN 和 VAREA 程序的目标描述数据，因而更经济。

国内从 20 世纪 80 年代开始开展目标易损性的研究工作，经过持续和系统的研究工作，逐步建立和完善了目标易损性评估理论[1-16]，提出了一些易损性评估的新方法，如基于 BP 神经网络技术的新的易损性分析方法[1-17]、射击线技术和 Monte Carlo 随机模拟方法[1-18]等。进行了先进装甲目标[1-19,1-20]、巡航导弹[1-21]、飞机、舰船[1-22]、地下工事[1-23]等典型目标的易损特性研究与评估。

在装甲车辆的易损性研究方面，以性能降低程度为依据，构建了主战坦克各功能子系统的功能毁伤树图；开发了典型反坦克弹药对主战坦克目标易损性分析仿真系统，得到了主战坦克整体毁伤概率随打击速度、打击方位角等参数的变化规律。在导弹的易损性研究方面，建立了部件水平的巡航导弹易损性分析模型，并对破片战斗部打击下某巡航导弹目标的易损性进行了分析与毁伤评估；建立了预测舰艇在冲击荷载作用下易损性的计算模型以及地下目标的等效靶，为反坦克、反导、反舰以及反地下深层目标的弹药战斗部设计提供了重要的参考依据。此外，还进行了目标等效靶及部分实物的毁伤试验研究，获得了一些易损性试验数据，并开发了目标易损性评估计算机模拟仿真平台，这些工作推进了国内目标易损性学科的向前发展。

随着战场上新型目标和毁伤手段的出现，为目标易损性的研究注入了新的研究内容，主要表现在以下几个方面：各种探测、制导、控制等电子元器件或系统的毁伤机理及准则的研究；新的威胁手段（如电磁、微波、激光等）作用下目标易损性分析方法、理论以及相关的试验和测试技术研究；新的目标易损性评估理论和方法研究；高精度目标易损性评估的计算机模拟与仿真技术的研究。

1.3　目标易损性研究的意义

最早的易损性研究主要目的是为了提高目标在弹药作用下的抗毁伤能力及生存能力。随着目标易损性研究的不断深入,研究成果在诸多领域得到广泛应用,如弹药的论证、研制、效能评价、靶场验收及目标生存力设计与评估、目标防护的设计与改进等。另外,目标易损性研究对战场指挥、弹药使用、各种战场目标的操纵和保护都具有非常重要的意义。

1.4　目标易损性的度量指标

目标的结构、防护程度、部件安排以及遭遇的威胁不同,其易损性也不同,因此,需要一个度量指标来衡量目标易损性的高低。目前常用的目标易损性度量指标是目标毁伤概率和目标易损面积。目标在威胁作用下,其毁伤概率越大,或目标易损面积越大,表示其易损性越高,更易损。

目标遭遇威胁类型不同,采用的易损性度量也不同。例如,若某种打击下只有击中目标时才能产生毁伤效果,这时易损性度量常常用条件杀伤概率来表示,即目标在遭受单点随机打击后的杀伤概率 $P_{K/H}$;当毁伤是由杀爆战斗部的近距爆炸效应引起的,易损性可用给定的爆炸包络线(或包络面)上的杀伤概率 $P_{K/D}$ 来表示。爆炸包络线(面)是指目标附近可能杀伤目标的概率区域,这些区域受到特定的打击后将导致某种程度的目标毁伤,适宜于冲击波对目标的毁伤[1-24]。目标在激光威胁下的易损性可用在给定功率下,激光锁定照射目标一定时间时的杀伤概率 $P_{L/O}$ 来度量[1-25]。目标的易损面积 A_V 是指暴露于威胁下的目标敏感面积,如果该面积区域被毁伤元素击中,就会导致目标毁伤。A_V 通常用来衡量动能毁伤元作用下目标的易损性。易损面积和毁伤概率可以相互转换。

1.5　目标易损性研究方法

目标易损性研究方法可归纳为两种,一种是以模拟试验、实物靶场试验、真实战场试验等硬手段为主获取目标易损性数据[1-26];另一种是通过理论分析、综合计算、战例统计、专家评估等软手段进行目标易损性评估[1-27～1-34]。前者所得数据反映真实情况,但适用的范围较窄,且成本高;后者通用性强、成本低,如果试验基础强,模型合理,其结果能在很大程度上反映真实情况。早期的易损性研究主要采用第一种方法,通过试验获得真实的目标易损性数据;从20世纪70年代末期开始,易损性的研究趋于采用以计算机模拟为主的研究方法,首先建立目标易损性评估模型[1-35～1-40],然后编制计算机仿真代码对目标易损性进行评估,最后通过真实的或模拟的试验对仿真评估模型进行验证和修正[1-41～1-43]。

参 考 文 献

[1-1] Bruce Edward Reinard. Target Vulnerability to Air Defense Weapons. Naval Postgraduate School, Monterey, California, 1984, AD-A155033.

[1-2] Robert E. Ball. 飞机作战生存力分析与设计[M]. 林光宇,宋笔锋,译. 北京:航空工业出版社,1998.

[1-3] J. Terrence Kolpcic,Harry L. Reed. Historical Perspectives on Vulnerability/Lethality Analysis. US Army Research Laboratory,Apr,1999,AD-A361861.

[1-4] H. K. Weisss,A. Stein. Airplane Vulnerability and Overall Armament Effectiveness,1947.

[1-5] Goland,Martin. Armored Combat Vehicle Vulnerability to Anti_armor Weapons:A Review of the Army's Assessment Methodology. National Research Council Methods, 1989,AD-A212306.

[1-6] Earl P. Weaver. Functional Requirements of a Target Description System for Vulnerability Analysis. US Army Ballistic Research Laboratory, Nov, 1979, AD-A079897.

[1-7] Lawrence W. Bain Jr. ,Mathero J. Reisinger. The Gift Code User Manual:Volume Ⅰ. Introduction and Input Requirements. AD-B006037,1975:9-30.

[1-8] Gary G. Kuehl,Lawrence W. Bain Jr. The Gift Code User Manual:Volume Ⅱ,1979, AD-A0788364.

[1-9] Jodi L. Robertson,Nancy P. Thompson,Lawrence W. Wilson. Combinatorial Solid Geometry Target Description Standards. US Army Research Laboratory,Apr,1996, AD-A306858.

[1-10] Gary G. Kuehl. Computer Description of Black Hawk Helicopter. US Army Ballistic Research Laboratory,Jun,1979.

[1-11] James E. Shiells. A Combinatorial Geometry Computer Description of the M9(ACE) vehicle. US Army Ballistic Research Laboratory, Dec,1984, AD-A151816.

[1-12] Robert N. Schumacher. A Combinatorial Geometry Computer Description of the M578 Light Recovery Vehicle. US Army Ballistic Research Laboratory, May, 1984, AD-A141945.

[1-13] George W. Brooks ,Harvey N. Lerman. Target Description and Vulnerability Program. Technical Report AFATL-TR-72-129,AD-904981. Jun,1972.

[1-14] Thomas F. Hafer,Ann S. Hafer. Vulnerability Analysis for Surface Target:An Internal Point-burst Vulnerability Model. 1979,AD-B0038960.

[1-15] 潘长富,译. 美国和瑞典空中目标易损性评价方法之比较[J]. 外军炮兵,1988(2).

[1-16] 李向东. 目标毁伤理论及工程计算[D]. 南京:南京理工大学,1996.

[1-17] 蒋丰,冯奇. 基于BP网络的受冲击舰艇主动力系统易损性分析[J]. 中国造船,2009,50 (13).

[1-18] 秦宇飞,刘晓山,冯海星. 某型飞机目标易损性分析系统设计[J]. 机电产品开发与创新,2010,23(1).

［1-19］ 冷画屏,周智超,王慕鸿.防空作战中航母生存概率的数学模型［J］.舰船科学技术,2009,31(3).

［1-20］ 王国辉,李向荣,孙正民.主战坦克目标易损性分析与毁伤评估仿真［J］.弹箭与制导学报.2009,29(6).

［1-21］ 王海福,刘宗伟,李向荣.巡航导弹部件水平易损性仿真评估系统［J］.弹箭与制导学报,2009,29(6).

［1-22］ 傅常海,黄柯棣,童丽,赵玉立.导弹战斗部对复杂目标毁伤效能评估研究综述［J］.系统仿真学报,2009,21(19).

［1-23］ 梁国栋.钻地弹攻击地下目标的效能评估［D］.南京:南京理工大学,2007.

［1-24］ Aivars Celmins. Possibilistic Vulnerability Measures. USA Ballistic Research Laboratory, Dec,1989, AD-A215445.

［1-25］ Edward J. Authenticating. Lethality and Vulnerability Measurements. Wegman Center for Computational Statistics George Mason University. 2011.

［1-26］ Sidney O. Shelley. Vulnerability and Lethality Testing System(VALTS). Technical Report ADTC-TR-72-127,Dec,1972,AD-909145.

［1-27］ Claude J. Lapointe. Lightly Armored Structure Vulnerability Estimation Methodology (LASVEM). US Army Materiel Systems Analysis Activity, Jan,1979.

［1-28］ Earl J. Dotterweich. Stochastic Approach to Vulnerability Assessment. US Army Ballistic Research Laboratory,Jul,1984, AD-A145033.

［1-29］ Palmer R. Schlegel , Ralph E. Shear. A Fuzzy Set Approach to Vulnerability analysis. US Army Ballistic Research Laboratory, Dec. 1985, AD-A163921.

［1-30］ Felix S. Wong. Modeling and Analysis of Uncertainties in Survivability and Vulnerability Assessment. Weidlinger Associates,Mar,1986,AD-A167630.

［1-31］ J. Terrence Klopcic. Survey of Vulnerability Methodological Needs. US Army Ballistic Research Laboratory, Nov,1991,AD-A243669.

［1-32］ Richard W. Fleming,B. S. Captain. Vulnerability Assessment Using a Fuzzy Logic Based Method. USA,Dec,1993,AD-A274075.

［1-33］ Aivars Celmins. Vulnerability of Approximate Targets. US Army Research Laboratory, Jun,1993, AD-A267078.

［1-34］ Debra A. Lankhorst. Using Expert Systems to Conduct Vulnerability Assessments. Naval Postgraduate School,Sep,1996,AD-A319367.

［1-35］ Malcolm S. Taylor ,Steven B. Boswell. An Application of a Fuzzy Random Variable to Vulnerability Modeling. US Army Ballistic Research Laboratory, Nov, 1989, AD-A216707.

［1-36］ Michael W. Starks. Vulnerability Science：A Response to a Criticism of the Ballistic

Research Laboratory's Vulnerability Modeling Strategy. US Army Ballistic Research Laboratory, Jun,1990,AD-A224785.

[1-37] W. Haverdings. General Description of the Missile Systems Damage Assessment Code (MISDAC). TNO Defence Research, Do-opdrachmr: A92 KM 407,Sep,1994.

[1-38] Thomas L. New Model to Evaluate Weapon Effects and Platform Vulnerability: AJEM. Wasmund Naval Surface Warfare Center, Dahlgren Division, Sep,2001.

[1-39] Kim J. Allen, Craig Black. Implementation of a Framework for Vulnerability/ Lethality Modeling and Simulation[C]. Proceedings of the 2005 Winter Simulation Conference.

[1-40] Bo Johansson. A Tri Service Vulnerability/Lethality Model. 22nd International Symposium on Ballistics. Defence Material Administration, Jan,2004.

[1-41] Michael W. Starks. Assessing the Accuracy of Vulnerability Models by Comparison with Vulnerability Experiments. US Army Ballistic Laboratory, Jul, 1989, AD-A210871.

[1-42] David W. Webb. Test for Consistency of Vulnerability Models. Ballistic Research Laboratory,Aug,1989, AD-A213899.

[1-43] Joseph C. Collins. Sensitivity Analysis in Testing the Consistency of Vulnerability Models. US Army Research Laboratory, Feb,2002, AD-A399746.

第2章　目标易损性评估理论

2.1　弹药作用原理及毁伤元分析

目标易损性是指目标在某种弹药威胁下的易损程度,目标易损性的研究和评估与弹药是密不可分的,是两个重要研究对象之一,所以本章首先分析弹药的作用原理及毁伤元的一些基本特性。

2.1.1　弹药及其作用原理

弹药的主要用途是杀伤敌方各类目标,完成某些特定战术任务。由于目标性质的差异,弹药需要采用不同的原理才能达到其毁伤目的,因而出现了各种各样的弹药,如杀爆弹、穿甲弹、破甲弹、燃烧(纵火)弹以及核弹等,分别用于毁伤不同类型的目标。

按照弹药的毁伤原理,战场上常用的几类主用弹药有:动能弹、杀伤弹、破甲弹、爆破弹、燃烧弹,此外还有核弹药。下面简要叙述这几类弹药的特点及其作用原理。

1. 动能弹

动能弹通过对目标的侵彻而起毁伤作用,其终点弹道效应主要是由命中目标时的动能决定,如枪弹、穿甲弹。动能弹丸通常以单个形式发射,产生一个毁伤元,即弹丸本身,且沿直线方向入射目标。除具有侵彻作用外,对可引燃或引爆类部件(如油箱、弹药),还具有引燃或引爆作用。

2. 杀伤弹

这类弹药在终点处通过爆炸或解体,用其自身携带的预制破片或壳体破碎形成的自然破片毁伤目标,如杀爆弹。其毁伤的目标主要是人员、轻型车辆、飞机等,毁伤效应与形成的破片大小、形状、初速及分布等因素有关。

3. 爆破弹

爆破弹于终点处爆炸时,在极短的时间内释放出巨大的能量,爆轰产物转化为高温气体,急剧膨胀并压缩周围介质,将介质从原来的位置上排挤出去,介质的压力、密度迅速增大形成一个压缩层,压缩层的状态参数(压力 p、密度 ρ、温度 T)与原来状态相比有一个突跃,同时该压缩层以超音速从爆心向四周运动,此运动的压缩层称为冲击波。

由于冲击波阵面具有很高的压力,且介质质点也以较高的速度随波一起运动,当遇到障碍物时,目标遭到破坏,具体的破坏程度随装药尺寸、目标离炸点的距离、爆炸高度、介质特性及目标抗冲击波的能力而异。

4. 破甲弹

利用成型炸药的聚能效应产生的高速金属射流侵彻目标。破甲弹的终点效应完全来自金属罩微元构成的高速射流,该射流是侵彻主体,其侵彻能力基本与弹丸着速无关;命中目标后,弹丸壳体总是停留在目标外表面。

聚能破甲弹对付的主要目标为坦克,设计时,除了要求形成的射流具有足够的侵彻能力外,还要求射流在贯穿钢甲后具有一定的后效作用,以破坏坦克内部部件,杀伤乘员,使坦克最终失去战斗力。

5. 燃烧弹

燃烧弹又称纵火弹,主要是利用其燃烧的火种分散在被燃目标上,将目标引燃并通过燃烧的扩展和蔓延来实现最终烧毁整个目标。火引起的破坏作用,包括破坏建筑物或车辆的实际效用或结构完整性,引起爆炸物或发动机油料爆炸,从肉体或精神上使人员丧失战斗力,导致装备器材失效等。其毁伤效能是由纵火剂的性能和被燃目标的性质、状态(目标的可燃性、几何形状及目标数量)两方面因素决定的。

6. 核弹药

和常规弹药相比,核弹药具有更强的毁伤和破坏能力。核弹药爆炸时,除产生强大的冲击波外,主要通过热辐射和核辐射效应来毁伤周围目标。热辐射能够引起大面积范围的火灾;核辐射的毁伤效应更是可怕,尤其对生物,可以引起有害的基因突变,这种损伤具有遗传性和永久性。

2.1.2　毁伤元及其毁伤特性

由弹药战斗部产生的、具有一定的能量、对所触及的目标具有毁伤作用的单元体,称为毁伤元,如动能弹丸、破片、爆炸冲击波、金属射流、热辐射、激光、核辐射等。尽管各种弹药毁伤目标的作用原理不同,但它们具有共同的特点,就是在终点处产生一种或多种毁伤元,并把战斗部自身具有的能量传递给毁伤元,通过毁伤元毁伤目标。

可见,毁伤元是决定弹药毁伤能力的一个主要因素。为了定量描述目标的易损性,在此,引入毁伤参量和特征度两个概念,来定量地描述毁伤元。

不同类型的毁伤元,其毁伤机理不同,描述毁伤元的物理量亦不同。如常用破片的质量 m、速度 v、密度 ρ、形状系数 c 等描述破片的特性;用射流速度 v_j、密度 ρ_j 等量描述金属射流的特性。把这些描述毁伤元特性的物理量称为毁伤元的毁伤参量。描述毁伤元的毁伤参量很多，如破片，除 m、v、ρ、c 之外，还有动量 mv、动能 $\frac{1}{2}mv^2$ 等，但这些毁伤参量间不是相互独立的，如破片的动量（或动能）由破片的速度 v 和质量 m 决定。

对于任一毁伤元，至少存在一组相互独立的毁伤参量，它可以完全确定该毁伤元的全部特征，称这组毁伤参量为毁伤元的基本毁伤参量。而其他的毁伤参量可用基本毁伤参量来表示。

这里需要指明的是，毁伤元的毁伤参量虽然取决于战斗部的结构参量，但毁伤参量只由毁伤元自身固有的物性值来描述。此外，毁伤元对不同目标将呈现不同的作用，而毁伤参量亦与目标结构及物理量无关。

由毁伤元的基本毁伤参量所构成的空间，称为毁伤元的状态空间。状态空间中的任一点，则完全确定了该毁伤元的全部毁伤参量值，并可用下列矢量形式表征[2-1]：

$$L = (l_1, l_2, \cdots, l_n) \qquad\qquad (2.1.1)$$

其中，$l_1, l_2, \cdots, l_n$ 为基本毁伤参量值，n 为状态空间的维数。称矢量 L 为毁伤元的特征度。状态空间中的矢量和具有一定毁伤参量值的毁伤元是一一对应关系。

例如，选 m、v、ρ、σ、c 为破片毁伤元的基本毁伤参量，则 $L_f = (0.005, 1\,000, 7.8 \times 10^3, 440 \times 10^6, 0.97)$ 表示质量为 0.005 kg、速度为 1 000 m/s、密度为 7 800 kg/m³、强度为 440×10^6 Pa、形状系数为 0.97 的破片。

不同类型的毁伤元，其基本毁伤参量和数目不同，也即状态空间不同。

下面分析几种典型毁伤元的毁伤机理及基本毁伤参量。

1. 破片

破片是通过对目标的侵彻产生破坏作用的，如破片撞击钢板或混凝土之类的坚硬目标时，将其动能传递给目标。若破片传递的能量很大，致使目标材料的受力超过其屈服强度，就会出现侵彻现象。当破片命中人体之类的软目标时，侵彻过程中损耗的能量要少得多，破片常常可以贯穿人体，破坏人体器官，达到毁伤目的。

破片对目标的侵彻能力完全由破片的特征度 L_f 决定。

2. 动能弹丸

动能弹丸对目标的破坏形式有两种，一种是通过侵彻作用而毁伤目标；另一种是通过对目标甲板的撞击使其内部产生应力波，应力波在自由表面反射产生拉伸波，拉伸波达到一定强度时，使甲板出现层裂，产生二次破片，从而产生辅助破坏作用。动能弹丸的破坏形式和对目标的破坏程度与弹丸的质量 m、速度 v、弹丸材料密度 ρ、材料强度 σ、直径 d、长度 l 及弹形系数 i 有关。这些参量相互独立，是动能弹丸的基本毁伤参量。

3. 冲击波

冲击波撞击目标时，将产生一定的超压和动压或冲量，从而使目标毁伤。冲击波可以毁伤人员、地面建筑、车辆、飞机等不同的目标。破坏效应主要由超压峰值 Δp_m、正压时间 t_+ 及正压段压力冲量 i_+ 三个毁伤参量决定。

4. 金属射流

金属射流撞击目标甲板时,在撞击点处产生高温、高压、高应变率的"三高"区,后续射流继续对处于"三高"状态的靶板进行侵彻,依靠这种侵彻作用穿破靶板并使目标内部遭到破坏。此外,金属射流还能够点燃燃料,引爆爆炸物。在侵彻过程中,射流由于其速度梯度使其自身不断延伸,当延伸至一定程度时出现缩颈与断裂。不连续射流的侵彻能力将明显降低。

金属射流的毁伤能力主要与射流头部速度 v_j、射流尾部速度 v_t、射流初始长度 l_0、射流密度 ρ_j 及材料的动态延伸率 α 有关。因此,金属射流的基本毁伤参量为 v_j、v_t、l_0、ρ_j、α。

5. 热辐射

热辐射能量冲击目标时,部分能量被目标表面吸收并立即转化为热能,几乎所有的热辐射都是在很短的时间(几秒钟)内作用于目标的,没有足够的时间向其他地方传热,故表面温度急剧上升,将引起火灾或者使目标部件的强度降低。热辐射还能伤害人体,导致痛苦的皮肤烧伤和眼睛灼伤。

热辐射的毁伤能力主要与辐射强度有关。

6. 核辐射

核辐射对活体组织细胞具有电离作用和刺激作用,使某些对维持细胞正常功能具有重要作用的成分遭到破坏。在细胞破坏过程中又会形成某些毒害细胞的产物,这就是核辐射的生理性毁伤。此外,核辐射对一些感光器材和电子元件可产生物理性破坏,如电影胶片会因中子与乳胶上的微粒相互作用而感光。

核辐射的毁伤能力主要与辐射剂量有关。

2.1.3　毁伤元的作用域及毁伤元特征度的分布

不同类型的弹药所产生的毁伤元不同,分布的空间也不同,一般机械毁伤元(如破片、动能弹丸)呈直线运动,冲击波及辐射性毁伤元可呈二维、三维空间传播。这里将弹药的毁伤元运动和作用空间称为毁伤元的作用域。

由于毁伤元通常在介质内运动或传播,某些毁伤参量(如破片速度、冲击波超压、辐射强度等)将随运动距离的增加而衰减。为了定量描述毁伤元特征度 L 在作用域内的分布规律,引入如下特征度的分布函数 ψ:

$$L = \psi(\boldsymbol{r}, t) \tag{2.1.2}$$

其中,$\boldsymbol{r}$ 表示毁伤元在域内的位置;t 表示时刻。

特征度分布函数 ψ 给出作用域内任一时刻、任一位置处毁伤元特征度的值。毁伤元特征度分布函数是决定弹药毁伤能力的一个主要因素。一般来说,分布函数是不均匀的非定常函数,即毁伤元的特征度在不同时刻不同位置是不同的。所以,在不同时刻同一位置的目标,或同一时刻不同位置的目标,可能受到不同程度的毁伤。

作用域内的毁伤元有连续的,也有离散的;毁伤元特征度的分布函数在空间分布上,有一维的,也有多维的。例如动能侵彻体、金属射流都是一维的,就动能侵彻体来讲,毁伤元为其本身,且沿着一定的轨道运动,所有的毁伤参量中,主要是速度 v 的变化。对于爆炸形成的冲击波及核弹药的核辐射和热辐射,毁伤元的作用域都是连续的、三维的。

影响毁伤元特征度分布的因素有:弹药战斗部的结构;弹药战斗部的终点条件,如终点速度等;毁伤场所处介质类型等。如相同的战斗部在水和空气中爆炸,毁伤元的作用域是不同的。

战斗部就是通过不同的结构合理地建立毁伤元的分布,从而达到对目标的最佳毁伤效果。

2.1.4　毁伤场

在毁伤元的作用域内,毁伤元对目标表现为不同程度的作用。而不同易损性的目标对毁伤元则呈现不同程度的响应。因而,处于域内不同位置上的各类目标,有的可能被摧毁,或者遭受重伤、轻伤,有的可能不受损伤。这说明,对于确定的目标,在毁伤元作用域内存在某个有效的区域,此区域内的目标将至少遭受给定程度的毁伤。因此定义该区域为弹药战斗部的毁伤场。

影响毁伤场大小的因素有:弹药战斗部结构;弹药终点条件;毁伤场所处介质类型;毁伤元的特性;目标类型。

前三种因素前面已经分析,它们通过影响毁伤元特征度的分布,进而影响毁伤场。不同的毁伤元具有不同的衰减特性,因此毁伤场不同。例如,在战斗部结构基本相同的条件下,球形破片的毁伤场比自然破片的毁伤场大。目标类型是影响毁伤场大小的又一个因素,根据毁伤场的定义,其范围是根据对目标的毁伤效应来确定的,对于相同的毁伤元作用域,如果目标的抗毁伤能力强,则毁伤场就小。

2.2　战场目标分析

战场上弹药攻击的对象称为目标。目标种类繁多,按其构成状况可分为:单个目标,即单独的个体目标,如一个人、一辆车、一个火力点;集群目标,即由许多单个目标组成的目标群。按其运动与否可分为:固定目标,即位置不变的目标;运动目标,即位置、方向和速度不断变化的目标。按其活动的空间可分为:地面目标,如坦克、人员等;海上目标,如舰艇、船只等;空中目标,如飞机、导弹、降落中的伞兵等。不同类型的目标,其功能、所处环境、抗弹强度、机动性及大小都各不相同,下面针对几种典型目标进行分析。

1. 人员

人员为有生力量,战场上的主要功能是操作和使用武器与装备,完成一定的战斗任务。其所处环境要么直接暴露于战场上,要么处在各种掩体内或车辆、飞机的舱体内,其自身的防护能力较差,属于软目标。凡能形成或产生破片、冲击波、热辐射及核辐射或生物化学战剂的弹药,均可使人员伤亡。对于常规炮弹,其破片致伤是对付人员最有效的手段。一般认为具有78 J 动能的破片即可使人员遭到杀伤。冲击波对人员致伤主要取决于超压。当超压大于0.1 MPa,可使人员严重受伤致死;当超压低于 0.02～0.03 MPa 时,则只能引起轻微挫伤[2-2]。另外,常规弹药的热辐射对人员的伤害也是有限的,而且大部分伤害是由爆炸引起的环境火灾所致。

2. 飞机

飞机为空中活动目标,分为战斗用机(包括轰炸机、歼击机、强击机等)和非战斗用机(包括侦察机、运输机等)两大类。这类目标的特点为体积小、航速高、机动性好、飞行高度大、有一定的防护能力。战斗机还装备各种攻击性武器。另一方面,空中飞机作为目标亦有其脆弱性,由于飞机结构紧凑,设计载荷条件限制严格,使得飞机结构的抗毁伤能力较低。小口径动能弹丸或杀爆弹通过直接命中或内部爆炸作用可使其毁伤;大中口径杀爆弹或导弹战斗部在目标附近爆炸形成的破片和冲击波也可使其毁伤。

3. 车辆

车辆为地面活动目标,按有无装甲防护分为装甲车辆和无装甲车辆。前者包括坦克、装甲载运车及装甲自行火炮等;后者包括一般军用卡车、拖车、吉普车等。

坦克为进攻性武器,主要用于和敌方坦克或其他装甲车辆作战,也可以压制、消灭反坦克武器,摧毁野战工事,歼灭有生力量。它具有装甲面积大、装甲厚、抗弹能力强、火力猛、机动性好等特点。各种穿甲弹、破甲弹、碎甲弹在击中坦克时,可引起坦克不同程度的失效。直接作用于钢甲结构的爆炸效应,亦可使甲板产生强烈振动,引起内部设备严重破坏,或使某些运动部件运转失灵。装甲载运车广泛用于野战之中,承担运载步兵、轻型火炮、战地救护等任务。

4. 战术导弹

战术导弹是用于毁伤战术目标的导弹,多属近程导弹。主要用于打击敌方战役战术纵深内集结的部队、坦克、飞机、舰船、雷达、指挥所、机场、港口、铁路枢纽和桥梁等目标。主要特点是系统复杂、运动速度高,但防护能力不强,且携带有战斗部、推进剂等易燃易爆舱段。在冲击波、破片等毁伤元素作用下容易出现导弹结构毁伤或关键部件毁伤,从而不能完成既定战斗任务;如果易燃易爆舱段被破片击中,可能引起燃烧或爆炸,导致导弹灾难性毁伤。

5. 舰船目标

舰船目标为水上活动目标,主要包括水面舰船和水下舰船两类。水面舰船包括航空母舰、导弹护卫舰、导弹驱逐舰、巡洋舰等;水下舰船主要为潜艇,包括核潜艇和常规动力潜艇。舰船目标的主要特点是具有较强的火力防护能力、体积大、甲板较厚,内部为多舱室结构。半穿甲战斗部侵入舱室内部爆炸可使其毁伤,或者爆破战斗部在舰船目标附近接触或非接触爆炸,使船体形成较大的破口,可导致舰船沉没。

6. 建筑物

建筑物为固定目标,包括各种野战工事、掩蔽所、指挥所、火力阵地、各种地面及地下建筑设施。爆炸冲击以及火焰等是对付这类目标最主要的破坏手段。对于地面目标,可以通过弹丸在目标近处爆炸,利用爆轰产物的直接作用和空气冲击波的作用来毁伤目标;对于地下或浅埋结构,由于其抗空气冲击波能力较高,这时可采用地下或内部爆炸所形成的冲击波给予毁伤;对于某些易燃性建筑物亦可采用纵火的方式达到毁伤目的。

2.3　目标的功能及结构分析

由于现代作战环境的复杂性,目标必须具备许多相应的功能才能顺利完成其作战任务。例如,装甲车为了完成作战使命,必须具备运动、火力、射击瞄准、保护乘员、通信等功能,而任何一种功能的丧失都可能影响其完成战斗任务。因此,研究目标的易损性之前,必须首先进行目标功能分析,它是目标分析的一项重要内容。

在此,采用功能框图描述具有既定任务的战场复杂目标的各种功能。图 2.3.1 所示为装甲车的作战功能框图。

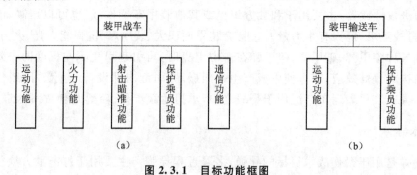

图 2.3.1　目标功能框图
(a) 装甲战车;(b) 装甲输送车

目标功能框图表示了具有既定战斗使命的目标所应具有的各种功能,使研究人员对目标的功能有一个总体的、全面的认识。目标的各种功能都是通过分系统及相应的物理零部件协调运转而获得的。目标功能的多样性决定了目标结构的复杂性,如飞机、战车等,它们都是由许多功能系统构成的,而各个功能系统又由许多子功能系统及部件构成,部件再由零件构成。为了研究目标的易损性,必须进行目标的结构分析,它是目标分析的另一项重要内容。

下面以装甲输送车为例进行目标分析。

装甲输送车为履带式车辆,具有较高的运动速度、越野性能和一定的装甲防护能力;此外,车前的倾斜甲板上设有可调节的防浪板,在前部两侧设有浮箱,使车辆具有较好的浮渡能力。战场上的装甲输送车主要的军事使命是载运步兵,尽管装有 12.7 mm 高射机枪,但其火力功能是次要的,主要用于防卫,由此可见,输送车必须具备运动功能和保护乘员安全功能,才能完成其战场使命。功能框图如图 2.3.1(b)所示。

装甲输送车采用动力装置前置形式。车上设置有操纵系统、动力系统、传动系统、供给系统、行动系统、载员室、武器弹药等。下面对此逐一简介。

1. 操纵系统

操纵系统是驾驶、控制全车运动及作战行为的核心部分,由正驾驶室和副驾驶室构成,驾驶室内装有操纵杆、控制仪表、通信联络和战场指挥设备。

2. 动力和传动系统

动力和传动系统是全车最主要的结构部分。动力系统的任务是提供车辆所需的动力,保证车辆的正常、连续行进,主要由起动系统和发动机组成。传动系统的作用是将发动机输出的高速旋转运动经减速调制传至车的主动轮,主要由离合器、变速器及冷却、润滑系统组成。

3. 供给系统

供给系统的作用是适时地供给发动机清洁的柴油和空气,保证发动机的正常运转。主要由燃料供给系统和空气供给系统两部分组成。燃料供给系统又由油泵、油箱、柴油滤清器等组成。油箱分左油箱和右油箱,分别放置于车后部两侧。

4. 行动系统

行动系统位于车的外侧,主要由主动轮、履带、负重轮和诱导轮组成。发动机通过传动系统传至主动轮的运动与履带啮合,使整车具有良好的整体行动和越野能力。

5. 载员室

载员室位于车后部的中间,其内有乘员座椅,可乘坐乘员 13 人。

6. 武器弹药

装甲输送车在乘员室的顶部装有 12.7 mm 高射机枪一挺,主要用于打击俯冲的来袭敌机和空降目标。此外在左右弹药室内设有弹药架,左侧放有 12.7 mm 高射机枪弹药两盒,散装弹药三箱;右侧有弹药三盒。

图 2.3.2 为履带式装甲输送车的简易结构框图。

目标的结构框图用树图的形式形象而直观地标示出构成复杂目标的所有部件,同时也表明构成目标的部件之间及部件与目标之间的相互关系。它是关键部件分析的基础。

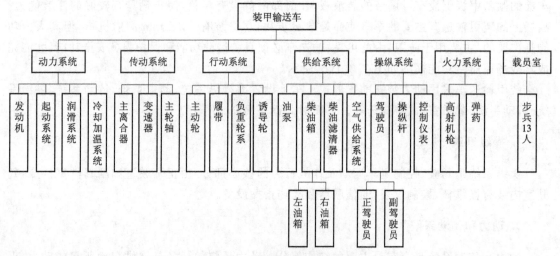

图 2.3.2　装甲输送车结构框图

2.4　目标的毁伤及毁伤级别

战场目标均是为了执行或完成一定军事作战任务,因而,目标的生命表现为执行既定任务的各种功能的正常发挥,目标的毁伤则意味其相应功能的丧失。

过去,人们对目标毁伤的研究较少,尤其对复杂目标,研究其毁伤时,常将它们简化为具有规则形体的等效靶,对于破片毁伤元来说,认为具有一定数量的破片穿透其等效靶,目标就毁伤。这种简化方法,可以有效地解决一些工程问题,但有很大的局限性。由于目标结构复杂,功能多样。目标的毁伤可能是各种功能的同时丧失,也可能是几种功能的丧失或几种功能的不同程度的丧失,例如装甲车具有运动功能、火力功能、通信功能等,它的毁伤可能是完全处于瘫痪状态,既不能用火力攻击对方,也不能运动或和己方保持通信联络;也可能是装甲车失去火力功能,但是它可以运动,且可与其他车辆进行联络或者运动速度降低等。而简化模型既不能反映目标何种功能的丧失,也不能说明目标功能的丧失程度。

为了更加准确合理地反映目标的毁伤情况,把目标的毁伤分为很多级别。例如,坦克的毁伤级别有:

"M"级毁伤(运动性毁伤):坦克瘫痪,不能进行可控运动,且不能由乘员当场修复。

"F"级毁伤(火力性毁伤):坦克主用武器及其配套设备的功能丧失,且不能由乘员当场修复或射手已丧失操作能力。

"K"级毁伤(摧毁性毁伤):坦克被击毁,丧失机动能力,根本无法修复。

本书从一般性出发,给出适用于任何目标的毁伤级别划分原则[2-1],如下:

① 根据目标不同功能的丧失,把目标毁伤划分为大的毁伤级别;

② 根据各功能丧失程度,再把大的级别划分为次级。

例如,上面讲到的装甲车,根据图 2.3.1(a)所示的功能框图,其毁伤级别可分为五级:运动功能丧失(M 级);火力功能丧失(F 级);探测功能丧失(A 级);保护乘员功能丧失(C 级);通信功能丧失(X 级)。对于 M 级毁伤,可根据其运动功能丧失程度分为三个次级:运动速度轻微降低(M1 级);运动速度严重降低(M2 级);完全丧失运动功能(M3 级)。如图 2.4.1 所示。

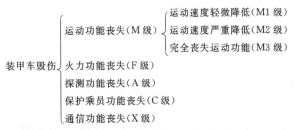

图 2.4.1 装甲车毁伤级别划分图

对于装甲输送车,根据其功能,其毁伤级别可分为两级:运动功能丧失(M 级);保护乘员功能丧失(C 级)。和上例一样,其运动功能丧失分为 M1、M2 和 M3 三个次级;根据被输送人员的伤亡情况,把 C 级毁伤也分为三级:死亡人数不超过 10%(C1 级);有 10%～50%乘员死亡(C2 级);有 50%以上乘员死亡(C3 级)。如图 2.4.2 所示。

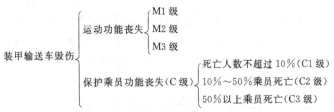

图 2.4.2 装甲输送车毁伤级别划分图

需要强调的是,目标的毁伤是指在一定毁伤手段下的毁伤。本书提供的毁伤级别划分方法只是一般性方法。在目标毁伤级别划分时,根据毁伤目标的弹药、目标类型、目标使命、研究问题的侧重点和方便性,可以采用不同的依据和方法来划分,如划分车辆运动功能毁伤级别时,可以以速度为依据,但也可以以击中后车辆运动时间、运动距离或是否可修复为标准,进行毁伤级别划分。

在飞机易损性评估过程中,常将飞机的毁伤等级分为损耗毁伤、任务放弃毁伤和迫降毁伤三个大的级别[2-3]。

（1）损耗毁伤

损耗毁伤是一种非常严重的毁伤，该级别的损伤使飞机无法修复或不值得修复而被放弃，飞机将从编制中去掉。由于出现损伤到飞机的最终损失之间的时间是易损性的一个重要参数（损伤的飞机能继续飞行的时间越久，则机组获救的机会就越大），故定义了4种不同的损耗毁伤等级。

① KK级毁伤：飞机遭到打击后受到的损伤会引起飞机立即解体，也称为灾难性毁伤；

② K级毁伤：飞机遭到打击后，30 s内其损伤将引起飞机失控；

③ A级毁伤：飞机遭到打击后，5 min内其损伤将引起飞机失控；

④ B级毁伤：飞机遭到打击后，30 min内其损伤将引起飞机失控。

（2）任务放弃毁伤

任务放弃毁伤是指飞机的损伤程度使它无法完成规定任务，但尚不足以将它从编制中去掉，也称为C级毁伤。

（3）迫降毁伤

迫降毁伤属于直升机的范畴，是指直升机损伤导致飞行员由于收到一些损伤指示（例如红灯、低油位告警等）、操纵困难或失去动力，因而在有动力或无动力情况下降落。在这种损伤程度下，很可能只需很小一些修复，飞机便可飞回基地，但是，如果飞行员不迫降而继续飞行，则飞机会毁掉。迫降毁伤等级包括损伤出现后任何时间的迫降，但必须在飞机燃油消耗完之前。

2.5　目标关键部件分析

战场上的目标大多非常复杂，它们由很多系统构成，同时各系统又由许多子系统和部件构成。在毁伤元作用下，有些部件的毁伤将导致目标某种级别的毁伤，而有些部件的毁伤则不致使目标毁伤。因此，把构成目标的部件分为两类：关键部件和惰性部件。若部件毁伤能导致目标毁伤，这类部件称为关键部件，否则为惰性部件。例如，单发动机直升机，若发动机毁伤，则整个直升机将毁伤，因此它为关键部件；对于输送车上的机枪，它的毁伤不至于造成输送车毁伤，因此，不是关键部件。

如果目标某部件有两个以上的冗余（如两台发动机），失去其中任意一个冗余部件（例如发动机），不会导致其基本功能的彻底丧失（例如推力），这样，这个部件按以上对关键部件的定义它就不是一个关键部件（这一结论假定一个冗余部件的毁伤不会导致任一其他冗余部件的毁伤。例如，如果一台发动机起火，则假定火势不会蔓延到另一台发动机并毁掉它。如果发生这种情况，则实际上发动机并无冗余，所有两台发动机均是无冗余的关键部件）。然而，一般的弹目遭遇条件下，目标可能会遭受多次打击，所有冗余部件最终都可能会被毁伤，最终引起目标的毁伤，因此，关键部件的冗余部件也是关键部件，但需要将冗余部件和无冗余部件区别开来。

关键部件是针对某种毁伤级别而言的，有些部件对某毁伤级别来讲是关键部件，而对其他毁伤级别则不一定是关键部件。例如装甲车的通信设备，对于装甲车的X级毁伤（通信功能丧失)来说,是关键部件,而对其他级别毁伤无很大影响,所以就不是关键部件。部件对一种毁伤级别可能是无冗余的,而对另一种毁伤级别则是有冗余的。例如,在一架双发的直升机上,如果损失了一台发动机导致了任务失败,则发动机对任务失败级别来说是无冗余的。另一方面,如果只有失去两台发动机才会导致坠毁或迫降,则对于这两种毁伤等级来说发动机是有冗余的。

进行目标易损性评估之前,要首先确定关键部件,即关键部件分析,关键部件分析有两种方法,一种方法是自下向上分析法,也叫失效/毁伤模式及影响分析法;另一种方法是自上而下分析法,也叫毁伤树分析法。

2.5.1　失效/毁伤模式及影响分析法

1. 失效模式、毁伤机理、毁伤模式与毁伤效应

部件不能正常地工作,称为失效。部件失效的类型很多,如寿命缩短、不能运行、运行中终止、不能终止运行、降级或超载运行等,这些类型称为部件失效模式。部件失效的原因很多,失效可能与战斗损伤有关,也可能无关,当部件的失效由战斗损伤(如射弹或破片撞击或穿透)引起时,称为部件毁伤。

在毁伤元作用下,部件毁伤机理(或原因)各种各样,有机械性毁伤,包括穿孔、裂缝、折断、变形、刻痕等,如齿轮的变形、叶片的折断;激活性毁伤,如弹药、油箱在毁伤元作用下的爆炸;燃烧性毁伤,如可燃性材料在热辐射作用下,温度达到其着火点引起燃烧;电磁性毁伤,如核爆炸中产生的大量电信号,使那些能够对快速、短周期瞬变信号产生响应的电子仪器激励;生理性毁伤,如核辐射引起的人体基因突变。

毁伤机理的多样性决定了部件毁伤方式的多样性,如油箱在破片毁伤元作用下,其毁伤可能有三种方式:穿孔漏油、燃烧和爆炸。把部件的这些不同毁伤方式,称为部件的毁伤模式。部件的毁伤模式是由作用在上面的毁伤元和部件自身的特性决定的,不同的毁伤元可能引起不同的毁伤模式;相同的毁伤元,不同的特征度也可能引起不同的毁伤模式。如破片以较低的速度撞击油箱,引起穿孔漏油;若破片速度很高,达到激活的阈值时,则引起爆炸性毁伤。

部件毁伤引起的后果,称为毁伤效应。部件的毁伤效应表现为自身功能的丧失或由它引起的其他部件的功能丧失。如油箱的穿孔漏油,其毁伤效应表现为自身功能全部或部分丧失。而爆炸性毁伤,毁伤效应表现为自身和周围许多部件功能丧失,甚至使整个目标解体。

毁伤机理决定毁伤模式,而毁伤模式又决定毁伤效应。部件的毁伤机理、毁伤模式和毁伤效应分析涉及许多学科的理论,是一项比较复杂的工作,并且是确定关键部件和建立部件毁伤准则的基础,因而,又是一个很关键的问题。所以要对所有部件的毁伤机理、毁伤模式和毁伤效应进行详细的分析和研究。

2. 失效模式及影响分析（FMEA）

失效模式和影响分析是这样的一个过程：确认和指出部件或子系统的所有可能的失效模式；根据系统或子系统完成基本功能的能力，确定每种失效模式的影响。

表 2.5.1 所示为飞行控制操纵杆失效模式及影响分析摘要。由表 2.5.1 可以看出，对损耗性毁伤而言，拉杆卡滞时，拉杆为关键部件，而当断裂时，拉杆是非关键部件。

表 2.5.1　FMEA 汇总表示例

部件	子系统 位置	失效 模式	对子系统 的影响	功能降阶的子系统 对飞机的影响	飞机毁伤级别
飞行控制 操纵杆	左机翼	割断	副翼到上位	副翼的上位效应可 由其他控制面平衡	飞机能在由其他控制面 的操纵下飞行和着陆
		卡住	驾驶员的控 制杆被锁死	不能控制飞行	损耗毁伤

FMEA 既要分析单个部件也要分析多个部件同时失效的影响。当失效由战斗损伤引起时，多个部件的失效分析相当重要。这是因为当飞机被击中时，有可能不止一个部件受损。

3. 毁伤模式及影响分析（DMEA）

在 FMEA 中，部件失效的原因并不明确，失效可能与战斗损伤有关，也可能无关。当识别和检查由于战斗损伤（例如射弹或破片穿透引起的机械毁伤，或燃烧爆炸引起的毁伤）引起的部件失效时，这种分析称为毁伤模式及影响分析。在毁伤模式及影响分析（DMEA）中，将 FMEA 中确定的潜在的部件或子系统失效以及其他可能的由毁伤引起的失效与损伤机理和损伤过程联系起来，同时加以估算以确定它们与选定的毁伤等级的关系。在 DMEA 过程中，初次损伤引起的二次毁伤的可能性也应明确。例如，发动机吸入燃油和由于燃烧产生的有毒气体渗入座舱等。

通过毁伤模式及影响分析（DMEA）将部件、部件毁伤模式及毁伤级别联系起来，进而可以确定部件是否是关键部件以及对应的毁伤级别。

2.5.2　毁伤树分析法

失效/毁伤模式及影响分析法是从下向上分析，先假定某部件失效，分析其后果；而毁伤树分析方法是一种自顶向下的分析方法，从其不希望发生的事件（毁伤）开始，然后分析是哪个事件或哪些事件组合引起这一不希望发生的事件。毁伤树分析法的逻辑图如图 2.5.1 所示。事件 U 只有在事件 A 和事件 B 同时发生时发生（逻辑"与"）。事件 A 是在事件 C 或事件 D 发生或两者同时发生时发生（逻辑"或"）。事件 B 是在事件 E 或事件 F 发生或两者同时发生时发生。

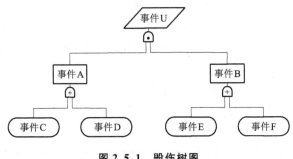

图 2.5.1　毁伤树图

毁伤树是用一系列有特定含义的专门符号按一定规则绘制而成的倒立树状图形,是毁伤树分析法的结果,它标示出了可能造成目标毁伤的所有原因事件,同时也表明了各原因事件与目标毁伤之间的逻辑关系。下面首先介绍与毁伤树有关的概念及符号。

1. 毁伤树的有关概念及符号说明

（1）基本事件及其符号

在毁伤树分析中,各种毁伤状态或情况皆称为毁伤事件。毁伤事件可分为原因事件和结果事件两类。

① 原因事件。原因事件是仅仅导致其他事件发生的事件,它位于所讨论毁伤树的底端,总是某个逻辑门的输入事件而不是输出事件,因此,又叫做底事件,如图 2.5.1 中的事件 C～F。底事件又分为基本事件和未探明事件。基本事件是在特定的毁伤树分析中无须再探明其发生原因的底事件,基本事件用图 2.5.2(a)所示符号表示。未探明事件是原则上应进一步探明其原因,但暂时不必或暂时不能探明其原因的底事件,未探明事件用图 2.5.2(b)所示的符号表示。

② 结果事件。结果事件是由其他事件或事件组合所导致的事件,总位于某个逻辑门的输出端(如图 2.5.1 中的事件 U、A 和 B),结果事件又分为顶事件与中间事件。

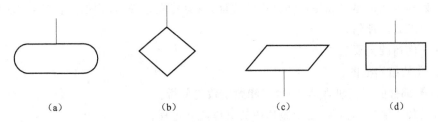

(a)　　　　　　　(b)　　　　　　　(c)　　　　　　　(d)

图 2.5.2　毁伤树的事件符号

(a) 基本事件;(b) 未探明事件;(c) 顶事件;(d) 中间事件

　　顶事件是毁伤树分析中所关心的结果事件,它位于毁伤树的顶端,总是所讨论毁伤树中逻辑门的输出事件而不是输入事件(如事件 U)。顶事件用图 2.5.2(c)所示的符号表示。

　　中间事件是位于底事件和顶事件之间的结果事件。它既是某个逻辑门的输出事件,同时又是另一个逻辑门的输入事件(如事件 A 和 B),中间事件用图 2.5.2(d)所示符号表示。

　　(2) 逻辑门及其符号

　　在毁伤树中用逻辑门描述事件间的逻辑因果关系。与门表示仅当所有的输入事件发生时,输出事件才发生,与门符号如图 2.5.3(a)所示。或门表示至少一个输入事件发生时,输出事件才发生,或门符号如图 2.5.3(b)所示。非门表示输出事件是输入事件的对立事件,非门符号如图 2.5.3(c)所示。表决门表示仅当 n 个输入事件中有 r 个或 r 个以上的事件发生时输出事件才发生,表决门的符号如图 2.5.3(d)所示。

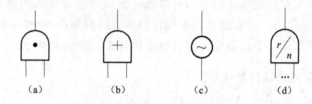

图 2.5.3　毁伤树的逻辑门符号

(a) 与门;(b) 或门;(c) 非门;(d) 表决门

　　需要强调的是,以上各逻辑门的输出端位于逻辑门的上端,总和一个结果事件相连,输入端位于逻辑门的下端,总和原因事件相连。

2. 毁伤树及其建立

　　毁伤树是一种特殊的倒立树状逻辑因果关系图,它用前述的事件符号、逻辑门符号描述各种毁伤事件之间的因果关系。逻辑门的输入事件是输出事件的"因",逻辑门的输出事件是输入事件的"果"。毁伤树的顶事件所对应的是目标某种级别的毁伤,底事件是造成目标毁伤的直接原因。

　　建立目标毁伤树是目标易损性分析的关键,只有建立正确、合理的毁伤树,才能对目标的易损性做出准确的评估。

　　建立毁伤树的主要依据是:

　　① 目标的结构框图;

　　② 目标部件的毁伤机理、毁伤模式和毁伤效应分析。

　　下面以装甲输送车为例,说明毁伤树的具体建立过程。

　　从装甲输送车的结构框图(图 2.3.2)可以看出,动力系统、传动系统、行动系统、供给系统和操纵系统的毁伤都将引起运动功能的丧失(M 级毁伤),另外,弹药的引爆也将引起 M 级毁伤。由此可得,输送车运动功能的丧失或者是由动力系统毁伤引起的,或者是由传动系统、供给系统、操纵系统毁伤引起的，或者由弹药爆炸引起的，以上事件只要有一件发生，就能导致输送车 M 级毁伤，它们是逻辑或关系。

动力系统是由发动机、起动系统、润滑系统、冷却加温系统构成，因此造成动力系统毁伤的事件有四个：发动机毁伤；启动系统毁伤；润滑系统毁伤；冷却加温系统毁伤。这四个事件只要有一件发生，就能引起动力系统毁伤，它们是逻辑或的关系。

行动系统的主动轮、履带、负重轮系和诱导轮四个组成部分的毁伤也是逻辑或的关系，即只要有一部分毁伤都将引起行动系统毁伤。

传动系统由主离合器、变速器和主轮轴三部分组成，这三部分的每一部分毁伤都将引起传动系统毁伤。因此，主离合器毁伤、变速器毁伤和主轮轴毁伤是逻辑或关系。

供给系统由油泵、油箱、柴油滤清器和空气供给系统四部分组成，只要有一部分毁伤，都将导致供给系统毁伤，它们是逻辑或的关系。其中油箱分为左油箱和右油箱，油箱的毁伤是指左、右油箱全部毁伤，即左油箱毁伤和右油箱毁伤是逻辑与关系。

操纵系统由驾驶员、操纵杆和控制仪表组成，驾驶员的死亡、操纵杆和控制仪表的毁伤都将引起操纵系统毁伤，因此，驾驶员死亡、操纵杆毁伤、控制仪表毁伤是逻辑或关系。而输送车上配有两名驾驶员，驾驶员死亡是指两名驾驶员全部死亡，即正驾驶员死亡和副驾驶员死亡是逻辑与关系。

通过以上分析，可得装甲输送车 M 级毁伤的毁伤树图，如图 2.5.4 所示。

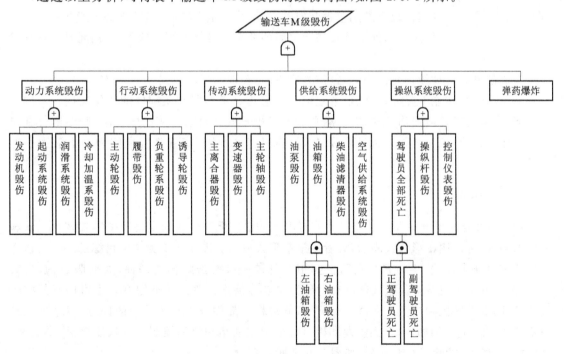

图 2.5.4　装甲输送车 M 级毁伤树图

3. 目标的关键部件和毁伤表达式

毁伤树的底事件是造成目标某种级别毁伤的根本原因事件,因此与底事件相关的部件则为该毁伤级别的关键部件。如上例中的发动机、离合器、主轮轴、驾驶员等为装甲输送车 M 级毁伤的关键部件。

部件毁伤与目标毁伤的关系也可由逻辑关系来表示。例如,图 2.5.1 中的毁伤树可由下列逻辑表达式表示:(事件 C 或事件 D)与(事件 E 或事件 F),这种逻辑表达式称作毁伤表达式。

2.6　部件的毁伤准则

2.6.1　毁伤准则的定义和形式

一旦确定了目标的关键部件,就必须确定这些部件在特定威胁下每一种失效模式的毁伤准则,只有确定了部件的毁伤准则,才能定量地分析和计算部件在毁伤元作用下的毁伤。

毁伤准则是部件失效的定量描述,如轴、齿轮、结构部件的失效必须去除的材料体积;使发动机在一定时间内不能正常工作的油箱、油管上的最小孔径。简单地讲,毁伤准则就是判断部件是否毁伤的一个判据。毁伤准则包含两层含义:毁伤的定义,即给出部件是否毁伤的量化标准;部件受损程度与作用在部件上的毁伤元之间的关系。毁伤准则是部件、毁伤元基本毁伤参量的函数。

关键部件在各种毁伤元作用下,毁伤模式不同,表现出来的形式也不同,如部件出现裂缝、变形、面积损失、功能下降等,因此很难用统一的形式表示不同类型部件的毁伤准则。不同的毁伤元、不同的部件或毁伤模式,毁伤准则的形式也不同。目前常用的毁伤准则有:部件在击中下的毁伤概率($P_{k/h}$ 函数)、面积消除准则、临界速度准则、能量密度准则和冲击波毁伤准则等。

1. $P_{k/h}$ 函数

$P_{k/h}$ 函数定义了部件在破片或侵彻体打击下的毁伤概率。该准则是侵彻体或破片质量和速度的函数,可以用图形形式表示,或者用解析形式表示。图 2.6.1 为飞机目标的一个飞行操纵杆的 $P_{k/h}$ 函数曲线[2-4]。$P_{k/h}$ 准则主要用于可被一次打击毁伤的部件,如伺服机构、驾驶员、操纵杆和电子设备等。这些部件有时称为单破片易损部件。该准则有时也可用于某些较大的部件,如发动机和油箱。在这种情况下,通常将大部件分为几个较小的部分,每个部分给出不同的 $P_{k/h}$ 值。例如,一个涡喷发动机可细分为副油箱和滑油控制、叶扇、压缩机、燃烧室、涡轮机、后燃室、喷管等几个部分,如图 2.6.2 所示。

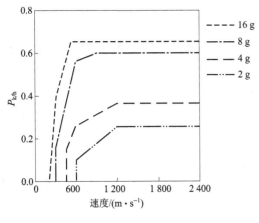

图 2.6.1   飞行操纵杆的 $P_{k/h}$ 函数曲线

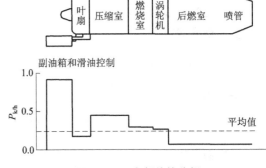

图 2.6.2   大部件的分解

部件在目标内部的位置会影响给定打击下的毁伤概率值,但不会影响到 $P_{k/h}$ 函数。布置在厚的结构或高密度设备后面的部件将得到一定程度的保护,因为毁伤元在试图穿透这些屏蔽部件时毁伤能力减弱了。低速撞击的毁伤概率 $P_{k/h}$ 值小于未经减速的侵彻体的 $P_{k/h}$。例如,一个 2 g 的破片以 1 500 m/s 速度撞击图 2.6.1 所示的操纵拉杆时毁伤概率为 0.25,但如果破片被中间部件减速到 900 m/s,则 $P_{k/h}$ 值将降到 0.2。但另一方面,由侵彻体或破片侵彻遮挡部件产生的二次碎片可能会变得重要。

确定每个部件或部件的每个部分的 $P_{k/h}$ 值是非常困难的。它需要将关键部件的分析数据和工程判断综合起来。尽管有限的射击试验使研究者对弹丸和破片的毁伤能力有了一定的了解,但没有一个通用的方法能得到 $P_{k/h}$ 函数。为了评估侵彻体或破片的打击速度、打击倾角以及质量、形状对关键部件毁伤准则的影响,必须对每个关键部件仔细地分析。此外,还应考虑引燃微粒及火花的存在。由于大量的局部环境、不断变化的弹目交会条件和许多不同的毁伤模式,$P_{k/h}$ 的数值最终是在经验数据、工程判断和试验的基础上综合得到的[2-5]。

2. 面积消除准则

面积消除准则定义了毁伤某一部件而必须从该部件上消除的面积的具体数值。该准则应用于较大的侵彻体(如杆)和许多破片的小间距打击。多破片小间距打击产生的部件损伤要比同样数量的大间距打击产生的损伤大得多。这是因为孔之间的裂纹和花瓣状裂缝的叠加,使得部件结构大面积被消除或破坏。该准则主要适用于气动外形类部件。

3. 能量密度准则

能量密度准则用作用在部件上毁伤元的能量密度阈值来判断部件的毁伤。该准则适用于多破片小间距的打击,主要用于结构部件以及其他一些较大的部件,如油箱和发动机等。对某些部件存在最小质量临界值,毁伤元的质量低于该临界值时,这一准则就不再适用。

4. 临界速度准则

Ipson 等在试验的基础上建立了预测切断电线或电缆的临界速度准则,其方程见式 (2.6.1)～式 (2.6.5)[2-6]。

实心铜导线:

$$v_b = 122\left(1 + \frac{0.096\,3d_w^2}{m_f^{2/3}}\right)\sec\theta \tag{2.6.1}$$

实心铝导线:

$$v_b = 213\left(1 + \frac{0.03d_w^2}{m_f^{2/3}}\right)\sec\theta \tag{2.6.2}$$

标准铜导线:

$$v_b = 98\left(1 + \frac{0.096\,3d_w^2}{m_f^{2/3}}\right)\sec\theta \tag{2.6.3}$$

标准铝导线:

$$v_b = 171\left(1 + \frac{0.096\,3d_w^2}{m_f^{2/3}}\right)\sec\theta \tag{2.6.4}$$

同轴电缆:

$$v_b = (98 + 12.6d_I)\left(1 + \frac{0.096\,3d_w^2}{m_f^{2/3}}\right)\sec\theta \tag{2.6.5}$$

其中,v_b 是使电线或电缆切断的临界速度(m/s);d_w 是导线直径(mm);d_I 是绝缘体直径(mm);m_f 是破片质量(g);θ 是破片入射角(°)。

图 2.6.3 是一个由 25 根导线组成的电缆的毁伤试验结果曲线。

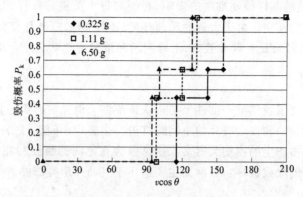

图 2.6.3 电缆(25 根导线)毁伤概率与破片质量和速度的关系曲线(垂直入射)

很显然,对于导线或电缆,如果被切断则意味着毁伤,而对于多导线电缆,其毁伤是逐渐增加的,直到完全毁伤(如全部导线被切断)。

5. 冲击波毁伤准则

冲击波毁伤准则通常用作用于目标上的压力和冲量的临界值表示。例如，0.014 MPa 的冲击波超压作用于飞机水平尾翼上表面 1 ms 就足以使蒙皮压伤，从而导致蒙皮刚度损失，不能再承受飞行载荷[2-7]。虽然这一准则经常用于结构部件和控制面，但冲击毁伤效应可能会扩展到飞机的内部，从而损坏电子线路、液压管路、油箱壁以及其他接近飞机蒙皮的内部部件。

近年来，一些学者提出了 p-I 毁伤准则，其形式为[2-8]

$$(p-p_c)(I-I_c)=C \qquad (2.6.6)$$

其中，p 为冲击波峰值超压；I 为冲量；p_c、I_c、C 为常数，与部件的材料、结构等特性有关。其曲线形式如图 2.6.4 所示，当冲击波参数在曲线上方时表示冲击波能够对部件造成毁伤，在曲线下方时不能够对部件造成毁伤。该准则不仅考虑了作用在部件或目标上的超压，同时也考虑了压力持续时间。

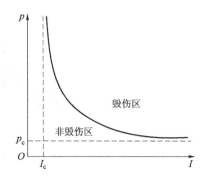

图 2.6.4　冲击波毁伤的 p-I 准则

2.6.2　部件毁伤准则的建立

建立部件毁伤准则就是确定部件在某一种威胁下某一失效模式的量化判据。毁伤准则的确定，需要进行大量的理论与试验工作。

通常采用两种方法确定：通过基本试验（包括实物试验和模型试验）建立经验公式；建立物理模型，通过理论推导得到定量关系，然后再由试验进行验证或修正[2-9~2-11]。

下面通过一个例子介绍部件毁伤准则（$P_{k/h}$ 形式）的建立方法和过程[2-12]。

大多数部件并不是各个方向都是易损的，击中部件并不能保证百分之百将部件毁伤，部件上有些特定的面积，对毁伤元比较敏感，这些面积称为易损面积。部件的 $P_{k/h}$ 可用下式计算：

$$P_{k/h}=\frac{A_V}{A_P} \qquad (2.6.7)$$

其中，A_V 为部件的总的易损面积；A_P 为部件总的呈现面积。

部件总的易损面积与破片侵彻和毁伤机理的类型有关，易损部件的呈现面积与毁伤机理和侵彻能力无关，只与部件的初始形状有关。

图 2.6.5 所示为目标内部的一个部件单元，它可能被一个破片击中，且破片能够以很多不同的入射角和方向击中该部件。

根据部件的形状特点，其外表面用一个六面体来模拟，如图 2.6.6 所示，六面体的六个面就是部件的呈现面。

确定了部件的呈现面之后，下一步就是确定哪些内部面对破片是易损的。根据破片质量、

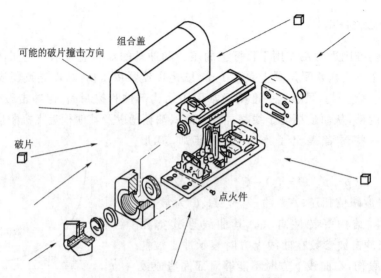

图 2.6.5　破片以任意方向撞击易损部件

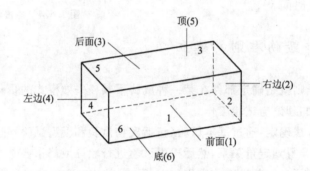

图 2.6.6　用六面体模拟部件单元的呈现面

速度、入射角和部件的抗侵彻能力,确定其易损区域,如图 2.6.7 所示。

　　给每个部件面取一个参考面,破片可以从很多不同的方向入射每一个参考面,通过系统分析,确定可能遭受攻击的方向,这里取 θ 为 $0°$ 和 $45°$。

　　如果破片能够碰撞部件的任何面,则部件的呈现面积为

$$A_{\mathrm{P}}=A_1+A_2+A_3+A_4+A_5+A_6+4(A_1+A_2+A_3+A_4+A_5+A_6)\sin\theta \qquad (2.6.8)$$

令 $\xi=A_1+A_2+A_3+A_4+A_5+A_6$,则

$$A_{\mathrm{P}}=\xi+4\xi\sin\theta \qquad (2.6.9)$$

其中,$A_i(i=1\sim6)$ 为部件外表面的面积。

　　下面通过试验和分析的方法确定部件的易损面积。部件的易损面积与破片质量、速度、入射角等因素有关,破片的质量不同,部件的易损区域也不同,对高侵彻能力易损的部位对低侵彻能力的破片就不一定是易损的。例如,一个 5 g 的破片以 610 m/s 的速度射向部件,和 10 g

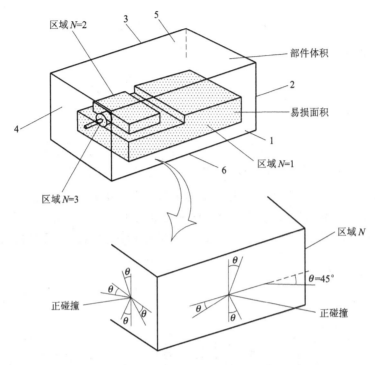

图 2.6.7　部件易损区域和攻击方向(0°和 45°)

1 800 m/s 的破片相比将具有不同的毁伤效应,所以部件的易损区域不同,如图 2.6.8 所示。

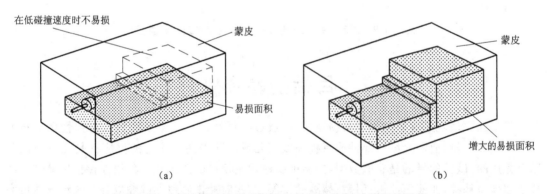

图 2.6.8　毁伤元素参数(速度、入射角和质量)决定易损面积

(a) 5 g 610 m/s;(b) 10 g 1 800 m/s

用 a 表示法向入射破片的易损面积,b 表示 θ 角入射破片的易损面积,则 $a+b$ 表示总易损面积。并不是内部部件的所有区域都是易损的,有特定数目的易损区域,在此用 α 表示内部部件易损区域编号,设共有 N 个易损区,则部件某个面(用 i 表示其编号)的易损面积为

$$A_{Vi} = \sum_{\alpha=1}^{N} a_{i\alpha} + \sum_{\alpha=1}^{N} 4\sin\theta b_{i\alpha} \qquad (2.6.10)$$

累加所有部件面的易损面积得到总的易损面积为

$$\sum_{i=1}^{6} A_{Vi} = \sum_{i=1}^{6}\sum_{\alpha=1}^{N} a_{i\alpha} + 4\sin\theta \sum_{i=1}^{6}\sum_{\alpha=1}^{N} b_{i\alpha} \qquad (2.6.11)$$

则 $P_{k/h}$ 为

$$P_{k/h} = \frac{\sum_{i=1}^{6} A_{Vi}}{\xi(1+4\sin\theta)} = \frac{\sum_{i=1}^{6}\sum_{\alpha=1}^{N} a_{i\alpha} + 4\sin\theta \sum_{i=1}^{6}\sum_{\alpha=1}^{N} b_{i\alpha}}{\xi(1+4\sin\theta)} \qquad (2.6.12)$$

该方程可用于计算单个破片命中时的杀伤概率。上例中假定破片能从任何方向攻击部件,但在有些情况下,部件仅能遭受某一个方向的攻击,这时只需要考虑一个方向即可。

研究不同的破片速度和质量,就可得到 $P_{k/h}$ 随碰撞速度和破片质量的变化曲线,如图 2.6.9 所示。

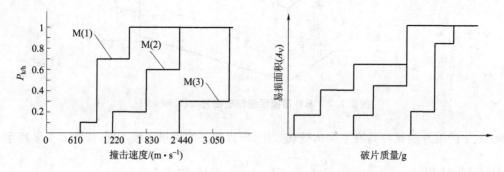

图 2.6.9 某部件的毁伤准则曲线(给定碰撞速度和质量)

2.7 目标的易损性评估

易损性评估就是定量地确定易损性指标,通过易损性评估技术来完成。易损性评估技术包括试验和分析,前面介绍的部件或目标在毁伤元或威胁弹药作用下的反应都是在分析的基础上完成的;试验的目的是获取数据,并验证所建理论模型的正确性。易损性评估以物理学的基本原理为基础,如液压冲击、引燃、裂缝的扩展、结构对冲击和侵彻的响应等。这种评估可完全由手工完成,也可由一个或多个计算机程序完成。易损性评估通常用于目标设计阶段,更重要的是预测目标遭遇威胁下的生存力。

进行目标易损性评估时,可根据详细程度及要求针对每个毁伤级别对目标的不同方位进行评估,图 2.7.1 和图 2.7.2 所示分别考虑了目标的 6 个和 26 个方位。

易损性度量指标的计算方法如下。

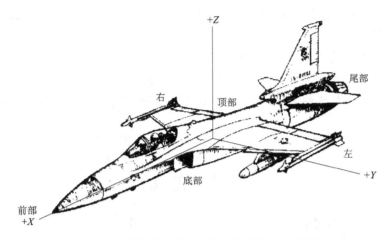

图 2.7.1　易损性评估考虑的 6 个目标(飞机)方位

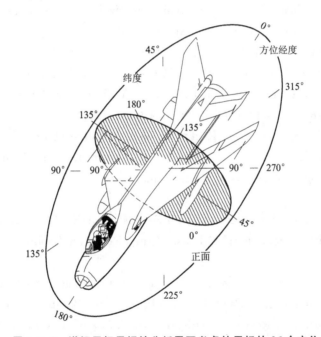

图 2.7.2　详细目标易损性分析需要考虑的目标的 26 个方位

　　前面已介绍目标易损性度量指标有目标总的易损面积 A_V 和目标的毁伤概率 $P_{K/H}$。目标的易损面积可根据各个关键部件的易损面积及部件之间的关系(冗余或重叠)进行计算,第 4 章将详细介绍。得到目标的易损面积后可根据下式计算目标的毁伤概率:

$$P_{K/H}=\frac{A_V}{A_P} \tag{2.7.1}$$

其中,A_V 为目标的总易损面积;A_P 为目标的总呈现面积。

另一种方法是根据各个关键部件的毁伤概率及毁伤树图所表示的部件之间的逻辑关系计算目标毁伤概率 $P_{K/H}$。

例如,一个飞机目标由飞行员、油箱和发动机 3 个关键部件组成,任一部件的毁伤都将导致整个目标的毁伤,3 个部件之间是逻辑或的关系。设命中飞机条件下飞行员的毁伤概率 $P_{k/Hp}=0.2$,油箱的毁伤概率 $P_{k/Hf}=0.3$,发动机的毁伤概率 $P_{k/He}=0.4$,则整个目标的毁伤概率为

$$P_{K/H}=1-(1-P_{k/Hp})(1-P_{k/Hf})(1-P_{k/He})=0.664$$

参 考 文 献

[2-1] 李向东. 目标毁伤理论及工程计算[D]. 南京:南京理工大学,1996.

[2-2] 王维和,李惠昌,译. 终点弹道学原理[M]. 北京:国防工业出版社,1988.

[2-3] Bruce Edward Reinard. Target Vulnerability to Air Defense Weapons. Naval Postgraduate School, Monterey, California. 1984,AD-A155033.

[2-4] Robert Edwin Novak, Jr. A Case Study of a Combat Aircraft's Single Hit Vulnerability. Naval Postgraduate School Monterey. California. Sep,1986,AD-A175723.

[2-5] Mats Hartmann. Component Kill Criteria - A Literature Review. Base data report. Swedish Armed Forces,FOI-R-2829-SE ,August,2009.

[2-6] Thomas W. Ipson,Rodney F. Recht,William A. Vulnerability of Wires and Cables, Denver Research Institute, University of Denver for the Systems Development Department, Naval Weapons Center, China Lake, Colifornia, USA, NWC-TP-5966, June, 1977.

[2-7] Abdul R. Kiwan. An Overview of High-Explosive (HE) Blast Damage Mechanisums and Vulnerability Prediction Methods. Army Research Laboratory, ARL-TR-1468, August,1997.

[2-8] Kirk A. Marchand, Charles J. Oswald. Approximate Analysis and Design of Conventional Industrial Facilities Subjected to Bomb Blast Using the P-i Technique. Southwest Research Institute, San Antonio, Texas, USA, Aug, 1992.

[2-9] William Beverly. The Forward and Adjoint Monte Carlo Estimation of the Kill Probability of a Critical Component inside an Armored Vehicle by a Burst of Fragments. USA Ballistic Research Laboratory,Sep,1980,AD-A093503.

[2-10] William Beverly. Tutorial for Using the Monte Carlo Method in Vehicle Ballistic Vulnerability Calculations. US Army Ballistic Research Laboratory, Aug, 1981, AD-A104432.

[2-11] Richard A. Helfman,John C. Saccenti,Richard E. Kinsler ,J. Robert Suckling. An

Expert System for Predicting Component Kill Probabilities. US Army Ballistic Research Laboratory, Oct, 1985, AD-A161827.

[2-12] Richard M. Lioyd. Conventional Warhead Systems Physics and Engineering Design [J]. Progress in Astronautics and Aeronautics. 1998, 179.

第3章 人员目标易损性

人员是战场上各种武器装备的操纵和使用者,几乎无处不在,人员的伤亡情况直接决定着战争的胜负,因此,人员目标既是战场上的主要目标,又是战场上的重要目标。本章主要分析战场人员目标的易损特性、杀伤判据及易损性的评估方法。

3.1 杀伤人员目标的毁伤元及杀伤机理

人员目标在战场上容易被许多毁伤元素致伤,其中主要的毁伤元素有破片、枪弹、冲击波、化学毒剂、生物战剂以及热辐射和核辐射,且每种毁伤元素对人体的损伤机理不同。本节主要分析常规弹药所形成的毁伤元素(如枪弹、破片、冲击波等)对人员目标的杀伤机理。

3.1.1 破片和枪弹对人员的杀伤

破片和枪弹的致伤作用可归属为同一种杀伤机理,它们都是靠侵彻或贯穿作用实施杀伤的。它们能够穿透人体的皮肤、肌肉和骨骼,侵入人体的内脏和肢体,破坏心脏、肺脏、大脑等重要器官,使四肢肌肉产生不同程度的功能失调,或者因一肢或多肢功能缺失而丧失战斗力,或者立即死亡。

1. 破片或枪弹对皮肤的致伤作用

皮肤是由表皮和真皮两层黏性膜组合而成的,其结构特点与弹性体近似,研究时通常采用动物或明胶、肥皂等材料作为替代材料进行试验。

大量的试验结果表明,皮肤以及替代材料具有共同的特性,就是当侵彻体(破片或枪弹)的速度小于某一速度 v_{gr} 时,将从目标面弹回,该速度与侵彻体的断面密度有关,这说明这些材料存在一个能量密度(单位面积上的能量)临界值 E'_{gr},如果侵彻体的能量密度大于该临界值,皮肤被撕裂,侵彻体进入皮内。但是如果侵彻体能够穿过皮肤,其所消耗的能量要小于该临界值,即

$$E_{ds} = E_a - E_{ad} < E_{gr} = E'_{gr} \cdot A \tag{3.1.1}$$

其中,E_a 为侵彻体的撞击能量;E_{ds} 是侵彻体穿过皮肤所消耗的能量;E_{ad} 是侵彻体穿过皮肤后的剩余能量;E'_{gr} 为能量密度临界值(J/mm^2);A 为侵彻体与皮肤的接触面积。

Sellier 的研究结果表明,穿透皮肤的临界能量密度为 $0.1\ J/mm^2$ [3-1]。

因为能量无法直接测量,在应用中,通常采用临界速度来表征侵彻体能否穿透皮肤。临界速度为

$$v_{gr} = \sqrt{\frac{2\ 000 \cdot E'_{gr}}{q}} \tag{3.1.2}$$

其中，q 为枪弹的断面密度（g/mm^2）。

将皮肤的能量密度临界值 $E'_{gr} = 0.1\ J/mm^2$ 代入式（3.1.2），得到：

$$v_{gr} = \frac{14.1}{\sqrt{q}} \tag{3.1.3}$$

由式（3.1.3）可以看出，侵彻皮肤的临界速度值不是常数，其与侵彻体的断面密度有关，断面密度增加，临界速度降低。

人体不同部位皮肤的厚度不同，皮下的支撑情况也不同。用一个临界能量密度表示人体皮肤的抗侵彻能力不是很合理。BIR 等给出了人体不同部位的平均能量密度临界值（侵彻体的穿透概率为 50%），表 3.1.1 为试验测得的结果[3-1]。

表 3.1.1　人体不同部位皮肤的平均能量密度临界值

人体部位	$E'_{gr}/(J \cdot mm^{-2})$	散布均方差
胸骨	0.329	0.018
肋骨（前）	0.240	0.017
肋骨间（前）	0.333	0.036
肝	0.399	0.029
腹部	0.343	0.028
肩胛骨	0.506	0.053
肋骨（后部）	0.527	0.110
臀部	0.381	0.077
股骨近端	0.261	0.097
股骨远端	0.281	0.084

此外，学者 Sperrazza 和 Kokinakis 得到了侵彻皮肤的临界速度公式[3-1]：

$$v_{gr} = \frac{1.25}{q} + 22 \tag{3.1.4}$$

该公式是在试验数据的基础上拟合得到的，其中的常数均为试验常数。计算结果和式（3.1.3）的结果非常一致，尤其是手枪弹。

2. 破片或枪弹对肌肉组织的致伤作用

破片或枪弹侵彻肌体组织时，其作用过程非常复杂，破片或枪弹对肌体组织的作用力可分解为两个方向，一个是破片赋予正前方组织的压力，称为前冲力，此力沿弹道方向作用，直接切断、撕裂和击穿弹道上的组织，形成永久伤道。如果破片的动能大，可产生贯通伤；如果破片的动能较小，在未贯通肌体前已将能量消耗殆尽，则破片存留在肌体内而产生盲管伤。低速破片的致伤主要是由于前冲力直接作用。另一个方向的作用是破片对其侧向四周组织产生的压力,称为侧冲力。此力垂直于弹道方向,它使弹道周围组织迅速膨胀形成瞬时空腔,空腔脉动及压力波的传播使弹道周围组织、临近组织和器官损伤,这是高速破片的致伤机理。

破片或枪弹对肌肉组织的致伤可以分为四种情况:直接接触的组织损伤;高速侵彻时,因高超压引起的周围组织的损伤;瞬时空腔膨胀造成的损伤;瞬时空腔收缩引起的损伤。

肌肉组织的致伤程度与伤口直径和深度有关,下面重点分析破片或枪弹对肌肉组织的侵彻致伤机理。首先作如下假设:

① 在给定位置处破片或枪弹的毁伤能力与在此位置处输出的能量有关,且正比于此处破片或枪弹所具有的能量,即

$$\frac{\mathrm{d}E}{\mathrm{d}x} = -\Re \cdot E(x) \tag{3.1.5}$$

② 破片或枪弹在人体肌肉组织(包括明胶、肥皂等替代材料)内形成的孔腔是轴对称的,且正比于输出的能量,即

$$\mathrm{d}V(x) = -\frac{1}{\beta} \cdot \mathrm{d}E(x) \tag{3.1.6}$$

对式(3.1.6)进行积分,得到破片或枪弹进入人体肌肉组织深度为 x 时的孔腔体积为

$$V(x) = \frac{1}{\beta} \big[E_a - E(x) \big] \tag{3.1.7}$$

其中,E_a 为破片或枪弹的撞击能量;$E(x)$ 为破片或枪弹在位置 x 处(相对于入口处)的剩余能量;β 为与材料相关的常数(J/cm³);$\Re$ 为材料阻滞系数(m^{-1}),$\Re = \dfrac{\rho C_D}{q}$,$C_D$ 为破片或枪弹在介质内的速度衰减系数(表 3.1.2);ρ 为介质材料密度;q 为破片或枪弹的断面密度。

表 3.1.2　不同材料的 C_D 数据

材料	水	明胶	肥皂	肌肉(猫)	肌肉(猪)
C_D	0.29～0.30	0.375～0.4	0.33	0.44	0.36

(1) 伤道的几何形状

将式(3.1.5)代入式(3.1.7)得到伤道的体积为

$$V(x) = \frac{1}{\beta} E_a (1 - \mathrm{e}^{-\Re x}) \tag{3.1.8}$$

根据伤道是轴对称假设,其体积也可表示为

$$V(x) = \frac{\pi}{4} \int_0^x \big[\mathrm{d}(\xi) \big]^2 \mathrm{d}\xi \tag{3.1.9}$$

由式(3.1.8)和式(3.1.9)可得到伤道不同位置处的直径:

$$\mathrm{d}(x) = 2\sqrt{\frac{\Re}{\beta \cdot \pi} E_a} \cdot \mathrm{e}^{-\frac{1}{2}\Re \cdot x} \tag{3.1.10}$$

将 $x=0$ 代入方程(3.1.10)可以得到伤道入口直径为

$$d_0 = 2\sqrt{\frac{\rho C_D}{\beta \cdot \pi}} \cdot \sqrt{\frac{E_a}{q}} = \lambda_1 \cdot \sqrt{\frac{E_a}{q}} \tag{3.1.11}$$

其中,$\lambda_1 = 2\sqrt{\dfrac{\rho C_D}{\beta \cdot \pi}}$。

伤道入口的直径决定了伤口表面的大小,它与撞击能量的平方根成正比,与破片或枪弹的端面密度的平方根成反比。

人体肌肉组织的外层都有皮肤,破片或枪弹侵入皮肤需要消耗一定的能量,而该能量值 E_{ad} 没有出现在上述的模型中,因为该模型适用于已经侵入的破片,必须将 E_{ad} 加入到式(3.1.11)中,如下:

$$d_0 = \lambda_1 \cdot \sqrt{\frac{E_a - E_{ad}}{q}} \tag{3.1.12}$$

根据该方程可以得到下面的线性方程:

$$d_0^2 \cdot q = \lambda_1^2 \cdot E_a - \lambda_1^2 \cdot E_{ad} \tag{3.1.13}$$

如果代入一组 E_a 和 d_0 的值,根据直线的斜率和与轴的交点可得到 λ_1 和 E_{ad} 的值。

通过大量的球形和立方体破片的射击试验得到 $\lambda_1 = 0.009\ 46\ \text{m/s}$,$E_{ad} = 4.15\ \text{J}$。试验数据及拟合直线如图 3.1.1 所示[3-1]。

对于任意形状、材料的破片,伤道入口直径的计算公式为

$$d_0 = \frac{0.95}{\sqrt{q}} \cdot \sqrt{E_a - 4.15} \tag{3.1.14}$$

(2)破片或枪弹的侵彻深度方程

为了描述侵彻体在肌肉组织及替代材料中的侵彻过程,引入两个速度:破片或枪弹穿透材料表面的速度降 v_{ds},$v_{ds} = v_a - v$,其中,v_a 为撞击皮肤表面的速度,v 为穿透皮肤后的剩余速度;枪弹在介质中停下前的瞬时速度 v_{stk}。

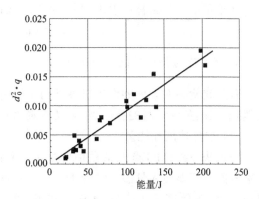

图 3.1.1　撞击能量与断面密度及入口直径的关系(钢和钨质球形及立方形破片)

侵彻体在肌肉中的运动方程为

$$a = \frac{dv}{dt} = -\Re \cdot v^2 \tag{3.1.15}$$

对式(3.1.15)积分可以得到侵彻深度为

$$s = -\frac{1}{\Re}\ln v + C \tag{3.1.16}$$

其中,$\Re$ 为材料阻滞系数(m^{-1});C 为常数。

假设破片或枪弹已经侵入皮肤,但是还没有进入肌肉(即 $s=0$),此时速度为 $v=v_{stk}$,则常

数 C 可通过下式求出:

$$C = \frac{1}{\Re} \ln v_{stk}$$

因此

$$s = -\frac{1}{\Re} \ln \frac{v}{v_{stk}} \qquad\qquad (3.1.17)$$

将 $v = v_a - v_{ds}$ 代入式(3.1.17)得侵彻体的侵彻深度为

$$s = \begin{cases} -\dfrac{1}{\Re} \ln \dfrac{v_a - v_{ds}}{v_{stk}} & v_a > v_{gr} \\ 0 & v_a \leqslant v_{gr} \end{cases} \qquad (3.1.18)$$

其中,v_{gr} 为肌肉外层皮肤的临界速度。

为了计算的需要,有时将撞击速度表示为侵彻深度的函数,即

$$v_a = v_{stk} \cdot e^{-\Re \cdot s} + v_{ds} \qquad\qquad (3.1.19)$$

如果 $v_a \leqslant v_{gr}$,则 $s = 0$,由式(3.1.19)可得到:

$$v_{gr} > v_{stk} + v_{ds} \qquad\qquad (3.1.20)$$

根据式(3.1.19),通过试验测得一组 v_a 和 s_a 数据就可以确定 v_{ds} 和 v_{stk}。Kneubuehl 用直径为 4.5 mm 的铅球对明胶进行射击试验,测得 $v_{ds} = 28.7$ m/s,$v_{stk} = 14.0$ m/s[3-1]。

如果侵彻体从目标中射出,则可通过下式计算剩余速度:

$$v_r = (v_a - v_{ds}) \cdot e^{-\Re \cdot s} \qquad\qquad (3.1.21)$$

3. 破片或枪弹对骨骼的致伤作用

破片或枪弹对骨骼的作用机理不同于软组织,因为骨骼是一种复合材料,具有优异的力学性能,既能避免硬材料的脆性破坏,又能避免软材料的过早屈服。

(1) 临界速度和能量

和皮肤一样,对于骨骼的侵彻也存在一个临界的速度或能量,如果枪弹或破片的速度低于该临界值则不能侵入骨骼。学者 Huelke 和 Harger 研究得到了一些枪弹侵入骨骼的临界能量和临界能量密度(单位面积上的能量),见表 3.1.3。对于骨骼,该临界速度约为 60 m/s[3-1]。

表 3.1.3   枪弹侵入骨骼的临界能量和临界能量密度

枪弹类型	临界能量/J	临界能量密度/(J · mm^{-2})
6.35 Browning	6.0	0.19
7.65 Browning	8.7	0.19
9 mm Luger	14.0	0.22

可见,子弹或破片的直径越大,侵入骨骼所需要的能量也越大。

（2）破片或枪弹对骨骼的侵彻深度

枪弹或破片对骨骼的侵彻能力通常用侵彻深度或侵彻一定深度所损失的能量表示。
Grundfest 在大量试验（奶牛骨骼）的基础上建立了球形破片对骨骼的侵彻深度方程[3-1]：

$$s = 0.863 \times 10^{-4} \times d^2 (v_a - v_{gr})^2 \tag{3.1.22}$$

其中，s 为侵彻深度（mm）；d 为球的直径（mm）；v_a 为撞击速度（m/s）；v_{gr} 为临界速度（约为 60 m/s）。

该公式是在球形破片射击试验基础上得到的，不具有通用性，因此对公式进行修改得到了通用的侵彻深度方程：

$$s = a \cdot \frac{m}{d} (v_a - v_{gr})^2 \tag{3.1.23}$$

其中，m 为破片或枪弹的质量（kg）；a 为与侵彻体有关的常数，对于球形破片，$a = 0.002\,1$，对于近似球头的枪弹，$a = 0.004$。

4. 破片对眼睛的致伤作用

眼睛仅占人体表面积的 2‰，被击中的概率很小，但从易损性的角度，它是非常重要的器官，所以国外一些研究机构进行了眼睛的易损性研究工作，表 3.1.4 和表 3.1.5 分别为球形钢和立方体钢破片致伤眼睛的速度和能量密度临界值。

表 3.1.4　球形钢破片致伤眼睛（兔）的临界速度和临界能量密度

d/mm	A/mm^2	m/g	$q/(g \cdot mm^{-2})$	$v_{gr}/(m \cdot s^{-1})$	$E_{gr}/(J \cdot mm^{-2})$
1.0	0.79	0.004	0.005 2	146	0.056
2.36	4.4	0.054	0.012 3	108	0.072
3.20	8.0	0.135	0.016 8	100	0.084
4.37	15.0	0.341	0.022 7	77	0.068
4.37	15.0 *	0.513	0.034 2	65	0.072
6.4	32.2	1.037	0.032 1	47	0.035

注：* 为铅球的试验结果。

表 3.1.5　立方体钢破片致伤眼睛的临界速度和临界能量密度

d/mm	A/mm^2	A_m/mm^2	m/g	$q/(g \cdot mm^{-2})$	$v_{gr}/(m \cdot s^{-1})$	$E_{gr}/(J \cdot mm^{-2})$
2.60	6.8	10.2	0.136	0.013 5	63	0.027
3.27	10.7	16.1	0.272	0.016 9	38	0.012
5.11	26.1	39.2	1.037	0.026 5	36	0.017
8.11	65.8	98.7	4.147	0.042 0	29	0.018
12.3	147.6	221.4	14.58	0.063 9	22	0.015

表中，d 为破片的直径，或立方体破片的棱边长；A 为迎风面积；A_m 为平均迎风面积，对于立方体破片，$A_m = 6d^2/4$；m 为破片质量；q 为断面密度；v_{gr} 为临界速度；E_{gr} 为临界能量密度。

3.1.2 冲击波对人员的杀伤

1. 冲击波对人员的杀伤机理

冲击波的杀伤作用可分为两类：直接冲击波作用和间接冲击波作用。

（1）直接冲击波作用

冲击波阵面到达时，空气中的压力急剧上升，冲击波的压力通过压迫作用可严重损伤人体，破坏中枢神经系统，直接震击心脏而导致心脏病。尤其是充有空气的器官或者组织密度变化较大的部位（如肺部），最容易受到冲击波的伤害，肺的伤害直接或间接地引起许多病理生理学效应，如肺出血、肺水肿、肺破裂、血栓对心脏和中枢神经系统的伤害、肺活量减少、使肺脏的许多纤维密集或产生许多微细伤害等。此外，冲击波还会引起耳鼓膜破裂、中耳损伤、喉咙、气管、腹腔等身体部位的损伤。

冲击波对人员的直接杀伤作用与冲击波的超压、上升到峰值超压的速度以及冲击波持续时间等因素有关。

（2）间接冲击波作用

间接冲击波作用又分为次生作用、第三作用和其他作用。

次生作用是指瞬时风驱动的侵彻性或非侵彻性物体对人体的撞击损伤效应。该效应取决于物体的速度、质量、大小、形状、成分和密度，以及命中人体的具体部位和组织。侵彻性飞行体的杀伤威力判据与破片和枪弹的杀伤判据相同。非侵彻性物体命中胸部可导致与初始冲击波效应十分类似的两肺损伤，使人很快死亡。较重的砖石块及其他建筑材料能造成压迫性损伤，以及颅骨碎裂、脑振荡、肝脾出血或破裂、骨折等。使用装甲和防护装备可以削弱物体的速度，减少损伤概率，从而达到对抗冲击波次生作用的目的。

第三作用是指冲击波效应，指冲击波和瞬时风使目标发生宏观位移而导致的损伤。该损伤又分为两种类型。一类为四肢或其他附件与人体分离导致的损伤；另一类为整个身体移动产生的损伤，这类损伤多在身体平移的减速阶段出现。这两类损伤大致与汽车和飞机事故中的损伤相仿。至于伤势的轻重，则需根据身体承受加速和减速负荷的部位、负荷的大小以及人体对负荷的耐受力来决定。

冲击波的其他作用还有：使人置身于爆炸烟尘和高温环境中，使人与炽热的爆炸烟尘或溅飞物相接触以及受到爆炸火焰高温的烧灼等。现已证实，在一定的条件下，高浓度爆炸烟尘可以大量沉积在两肺的毛细气管内，阻塞空气通道，使人窒息而死。这种危险的大小由危害时间的长短和适当粒度的尘埃在空气中的浓度决定。因高温而造成的损伤中，还包括由热辐射等原因导致的烧伤。

爆炸冲击波对人员的杀伤程度取决于多种因素，主要包括装药尺寸、爆炸冲击波持续时间、人员相对于炸点的方位和距离、人体防护措施以及个人对冲击波载荷的敏感程度。

2. 冲击波超压的杀伤作用

虽然人体比较能够耐受空中爆炸波的压力作用,但是,巨大的超压还是能够造成肺部、腹部和其他充气性器官的损伤。关于人员对冲击波超压的耐受度有两点结论极其重要。其一是瞬间形成的超压比缓慢升高的超压会造成更严重的后果;其二是持续时间长的超压比持续时间短的超压对人体的损伤更为严重。

冲击波的直接杀伤效应与环境压力的变化有关,动物对入射的或反射的动压、冲击波到达后上升到峰值压力的速度、冲击波的作用时间等因素都非常敏感,冲量对冲击波杀伤来说也是一个非常重要的因素。此外,周围环境的压力、动物的类型、质量、年龄等因素对冲击波的杀伤程度也有一定的影响。密度差别较大的身体部位对冲击波的直接杀伤作用非常敏感,因此,含有空气的肺部组织相对其他器官易损性较高。

① 冲击波杀伤效应与周围空气压力有关,用相对超压表示,即

$$\overline{p}_s = \frac{p_s}{p_0} \tag{3.1.24}$$

其中,$\overline{p}_s$ 是相对峰值超压(Pa);p_s 是峰值超压(Pa);p_0 是初始环境空气压力(Pa)。

② 冲击波相对正压时间与环境初始空气压力和人员目标的质量有关,相对正压时间 $\overline{T}$ 为

$$\overline{T} = \frac{T \cdot p_0^{1/2}}{m^{1/3}} \tag{3.1.25}$$

其中,T 是正压时间(s);m 为人员目标质量(kg)。

③ 比冲量近似等于

$$i_s = \frac{1}{2} p_s T \tag{3.1.26}$$

这里近似认为冲击波为不变三角形波,相对比冲量为

$$\overline{i}_s = \frac{1}{2} \overline{p}_s \overline{T} \tag{3.1.27}$$

根据方程(3.1.25)~方程(3.1.27)可得到

$$\overline{i}_s = \frac{1}{2} \frac{p_s T}{p_0^{1/2} m^{1/3}} = \frac{i_s}{p_0^{1/2} m^{1/3}} \tag{3.1.28}$$

由上式可以看出相对比冲量与周围大气压力和人员目标的质量有关。

Baker 等人建立了压力、冲量与人员杀伤之间的关系曲线,如图 3.1.2 所示[3-2]。曲线表示了人员生存概率与相对压力和相对比冲量之间的关系,相对压力和冲量越大,人员的生存概率就越小。该曲线使用方便,适宜于不同大气压力和不同质量的人员目标。

人员的伤残程度不仅与冲击波参量有关,还与身体相对于冲击波阵面的方向有关。图 3.1.3 和图 3.1.4 是人员生存等级与冲击波阵面超压 Δp_m、冲击波压力作用时间 T 以及冲击波作用时刻阵面相对人员方向的关系[3-3]。

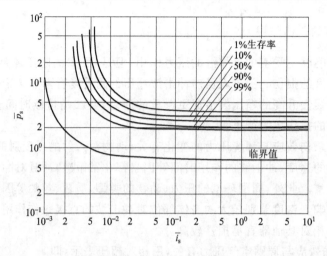

图 3.1.2　冲击波参量与人员生存概率的关系曲线(肺部损伤引起的)

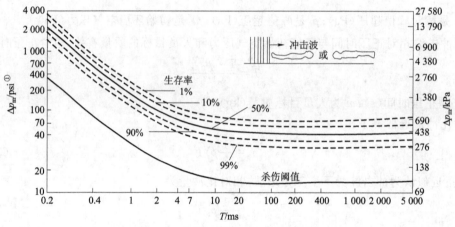

**图 3.1.3　质量为 70 kg 的人员相对平行入射冲击波的生存
概率与冲击波超压及压力作用时间的关系**

3. 冲击波对人耳的伤害

人耳是人体非常重要而敏感的听觉器官，能够感受到频率为 20~20 000 Hz 的声波信号。人耳通过鼓膜的振动将声信号转换为神经信号，因此鼓膜的破裂是判断听觉是否丧失的最佳依据，一些学者在动物试验的基础上建立了鼓膜破裂百分比与冲击波超压的关系。Hirsh 建立了如图 3.1.5 所示的曲线，当冲击波超压达到 0.1 MPa 时鼓膜破裂的百分比为 50%；超压

① 1 psi＝6 895 Pa。

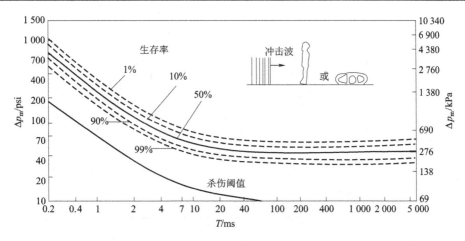

**图 3.1.4　质量为 70 kg 的人员相对垂直入射冲击波的生存概率
与冲击波超压及压力作用时间的关系**

为 0.034 MPa 是鼓膜破裂的临界值。当超压较低时,虽然不能使鼓膜破裂,但可能使人员临时丧失听觉。Ross 等人建立了临时听觉丧失(TTS)与超压和作用时间的关系,由于比冲量与冲击波的作用时间有关,距炸点任意距离处的冲击波峰值超压和冲量都可以通过计算得到,因此,通常用峰值超压和比冲量来表示人耳的毁伤曲线,如图 3.1.6 所示[3-4]。

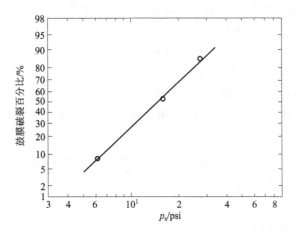

图 3.1.5　峰值超压和鼓膜破裂关系曲线

4. 冲击波第三杀伤作用

冲击波的第三杀伤作用是由爆炸风产生的,包括整个身体的错位、人体抛射的加速以及减速撞击过程,加速及减速碰撞阶段都有可能使人体受伤,但是,通常认为严重损伤多发生在与具有较大质量的坚硬物体相碰撞的减速过程中。受伤程度由速度的变化量、减速过程的时间

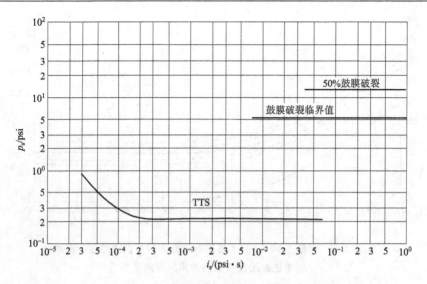

图 3.1.6　人耳损伤与冲击波参量的关系曲线

和距离、撞击面的类型、人员的面积等因素决定。

建立人员第三杀伤作用准则时，很多学者提出应以人头部的壳体结构的损伤或振荡为基础建立毁伤准则，因为身体在减速撞击过程中头部是最易损的部分。但是，人体在撞击地面或物体时，撞击的部位是随机的，另一部分学者提出在建立准则时应考虑这些因素，所以冲击波第三杀伤准则考虑了头部和身体其他部位两种撞击类型。

影响人员在减速撞击过程致伤的因素很多，为了简化问题，做如下假设：撞击的对象为硬表面目标；撞击致伤仅与撞击速度有关。

White 等人给出了冲击波的第三杀伤标准[3-4]，表 3.1.6 所示为头部受到撞击时的伤害标准，表 3.1.7 所示为身体被抛射撞击时的伤害标准。表中给出了不同撞击条件下人员安全的撞击速度临界值。

表 3.1.6　冲击波的第三杀伤标准(头部受到撞击)

整个头部撞击伤害程度	撞击速度/(m·s⁻¹)
基本上安全	3.05
死亡临界值	4.52
50%死亡	5.49
接近 100%死亡	7.01

表 3.1.7　冲击波的第三伤害标准(身体受到撞击)

整个身体撞击伤害程度	撞击速度/(m·s⁻¹)
基本上安全	3.05
死亡临界值	6.40
50%死亡	16.46
接近 100%死亡	42.06

　　Baker 等人提出了一种冲击波对人员伤害评价方法,他们将冲击波的超压和冲量与表 3.1.6 和表 3.1.7 中人员撞击速度建立了对应关系,如图 3.1.7 和图 3.1.8 所示。根据爆炸形成冲击波的参量可直接用于对人员目标的杀伤评估[3-2]。

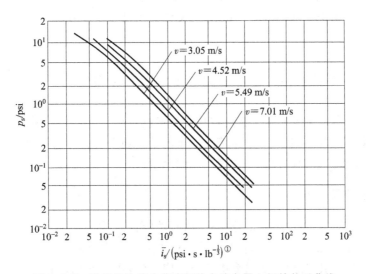

图 3.1.7　脑壳结构撞击速度与冲击波参量之间的关系曲线

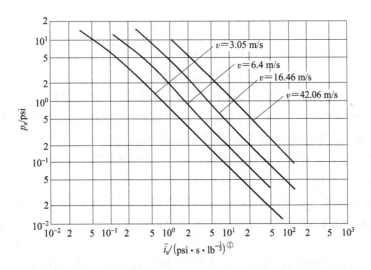

图 3.1.8　身体撞击速度与冲击波参量之间的关系曲线

3.2 杀伤人员目标的判据

战场上,人员主要是执行特定的战斗任务,当人员受伤或死亡时,其执行战斗任务的能力就不同程度地降低或丧失,因此,判断战场上人员目标是否被杀伤的主要依据是是否丧失战斗力。

3.2.1 人员目标丧失战斗力概念及影响因素

人员丧失战斗力是指丧失了执行既定战斗任务的能力。士兵的作战任务是多种多样的,既取决于他的军事职责,又取决于战术情况的不同。影响人员丧失战斗力的因素主要有:创伤的程度及位置;作战任务;时间因素;心理及气候因素等。

1. 创伤的程度及位置

人体并非简单的均质目标,各部分结构复杂,功能各异,毁伤元素命中人员的部位不同,伤情差别很大;同一部位创伤程度不同,对战斗力的影响程度也很大。如命中颅脑或其他主要脏器,则伤情严重,甚至引起死亡;如果命中四肢肌肉组织,则一般伤情较轻,基本上不会丧失继续作战的能力。

2. 作战任务

在判断是否丧失战斗力时,共考虑了四种战术情况,即进攻、防御、预备队和后勤供应队。不同的战术任务条件下,人员必须具备的功能不同。

步兵在进攻时需要利用手臂和双腿的功能。能够奔跑,并灵活地使用双臂,这是理想条件,能向四周移动,且至少能使用一只手臂,这是必要条件。若士兵不能移动其身体,或不能用手操纵武器,也就不能有效地参加进攻,这是进攻条件下丧失战斗力的判据。

防御中,只要士兵能够用手操纵武器就行,至于有无移动能力是无关紧要的。能够转移阵地固然很理想,但却不是执行某些重要防御使命所必不可少的。

第三种情况是在靠近战场的地区充当随时准备投入进攻或防御的预备队。一般认为,预备队比已投入战斗的部队更易丧失战斗力,因为他们可能由于受伤(即使伤势较轻)而不能投入战斗。

最后一种情况是后勤部队,包括车辆驾驶员、弹药搬运人员及其他远离战斗的各类人员。他们可能因为一只手或一条腿失去功能而住进医院,故被认为很容易丧失战斗力。

无论在哪种情况下,看、听、想、说能力均被认为是必须具备的最基本的条件。失去了这些能力,也就丧失了战斗力。

3. 时间因素

丧失战斗力判据中采用的时间是指自受伤起直到肌体功能失调程度达到不能有效执行战斗使命为止的时间。为了说明时间因素的必要性，现在来考虑一名处在防御条件下不一定要求到处走动的士兵的情况。假定他的腿部受了伤，弹片穿进肌肉，切断了一条微动脉血管。虽然他的行动能力受到了限制，却不能认为他已经丧失了战斗力。但是，如果不采取医疗措施，由于腿部出血，他最后将不能有效地进行战斗，至此，就必须将他看成已经丧失了战斗力。

4. 心理及气候因素

各种心理因素对丧失战力也具有很大的影响，甚至能够瓦解整个部队的士气。这些因素包括：新兵常常会经历的不可名状的临阵恐惧，受敌方宣传的影响，个人问题带来的忧虑，由于长期置身于危险、酷热、严寒、潮湿的战斗环境中而导致的理智过度丧失、情绪变化无常等。但是，当前缺乏相应的测量标准，在判断是否丧失战斗力时不考虑这些因素。

3.2.2　人员目标丧失战斗力的准则

目前判断人员是否丧失战斗力的准则主要有三类，分别为：穿透能力等效准则；临界能量准则；条件杀伤概率准则。

1. 穿透能力等效准则

此类准则比较简单，它根据破片或枪弹是否穿透特定厚度和材料的靶板判断人员是否丧失战斗力，通常采用厚度为 20～40 mm 的松木或杉木板，或者采用厚度为 1～3 mm 的钢板或铝板。例如，德国用枪弹是否能穿透厚度为 1.5 mm 的白铁皮板作为人员丧失战斗力的判据。

这类准则早期应用比较普遍，其缺点是误差大，因为枪弹或破片的穿透能力主要是由枪弹或破片的能量密度决定的，而对目标的毁伤能力主要是由传递给目标的能量决定的。也就是说，穿透能力强的破片或枪弹其致伤能力不一定强。

2. 临界能量准则

临界能量准则用枪弹或破片所具有的能量作为判断人员是否丧失战斗力的判据，如果枪弹或破片具有的能量大于某个临界值，认为能够使人员丧失战斗力，否则不能。但是世界各国采用的能量标准不同，表 3.2.1 为一些国家人员杀伤的能量标准。

表 3.2.1　使人员丧失战斗力的能量临界值

国家	法国	德国	美国	中国	瑞士	苏联
能量临界值/J	40	80	80	98	150	240

这类准则的主要缺点是：既没有考虑枪弹或破片的形状、命中人体部位等对人员丧失战斗力所需能量具有重要影响的因素，也没有考虑人员战术及心理状态。很多情况下判断结果与客观实际情况不符，所以很多国家在研究新的更加合理的准则。

3. 条件杀伤概率准则

条件杀伤概率准则用杀伤元素命中人员条件下使其丧失战斗力的概率 $P_{I/H}$ 来表示，此类准则除了考虑与破片或枪弹能力有关的因素（如速度、质量）外，还考虑了对人体的命中位置以及战场的环境、心理状态等因素。很多学者根据研究结果建立了准则的方程，下面介绍比较典型的几个准则。

（1）美国的艾伦（Allen）和斯佩拉扎（Sperrazza）提出的适宜于球形和立方形破片的人员杀伤准则

该准则既考虑了人员从受伤到丧失战斗力的时间，又考虑了士兵在战场上具体承担的战斗任务，其形式为[3-5]

$$P_{I/H} = 1 - e^{-a(91.7mv^{\beta}-b)^n} \tag{3.2.1}$$

式中，$P_{I/H}$ 表示破片的某一随机命中使执行给定战术任务（即不同战术情况，如防御、突击等）的士兵丧失战斗力的条件概率；m 为破片质量（g）；v 为着速（m/s）；a、b、n 和 β 是对应不同战术情况及从受伤到丧失战斗力的时间的试验系数。

试验结果分析表明，$\beta = 3/2$ 时与试验数据符合得最好。其他参量值按战术情况和致伤后至丧失战斗力的时间的 14 种组合分别确定。在所考虑的各种情况下，$P_{I/H}$ 随 $mv^{\frac{3}{2}}$ 的变化曲线呈现出多处相似性，按平均值考虑，四条曲线似乎可以代表 14 条曲线的大多数，因此用这四条曲线对应的战术情况作为标准来代表各种战术情况。表 3.2.2 给出了四种标准情况及其所代表的战术情况。每种情况后面所标出的时间是在该条件下使士兵丧失战斗力所需的最长时间。

表 3.2.2　人员杀伤采用的四种标准情况

标准情况		所代表的情况	
编号	战术情况		
1	防御 0.5 min	防御	0.5 min
		突击	0.5 min
2	突击 0.5 min	防御	5 min
		突击	5 min
3	突击 5 min	防御	30 min
		防御	0.5 d

续表

标准情况		所代表的情况	
编号	战术情况		
		后勤保障	0.5 d
		后勤保障	1 d
4	后勤保障 0.5 d	后勤保障	5 d
		预备队	0.5 d
		预备队	1 d

表 3.2.3 和表 3.2.4 分别为非稳定破片和稳定破片在四种标准战术情况下的 a、b 和 n 值。$P_{I/H}$ 随 $mv^{\frac{3}{2}}$ 的变化曲线如图 3.2.1~图 3.2.4 所示。

该准则的优点是考虑了战术及时间等因素；缺点是对应的系数都是在试验基础上得到的，使用范围有限。

表 3.2.3　非稳定破片的 a、b、n 值

标准战术情况编号	a	b	n
1	$0.887\ 71 \times 10^{-3}$	31 400	0.451 06
2	$0.764\ 42 \times 10^{-3}$	31 000	0.495 70
3	$1.045\ 4 \times 10^{-3}$	31 000	0.487 81
4	$2.197\ 3 \times 10^{-3}$	29 000	0.443 50

表 3.2.4　稳定箭形破片的 a、b、n 值

标准战术情况编号	a	b	n
1	$0.553\ 11 \times 10^{-3}$	15 000	0.443 71
2	$0.461\ 34 \times 10^{-3}$	15 000	0.485 35
3	$0.691\ 93 \times 10^{-3}$	15 000	0.473 52
4	$1.857\ 9 \times 10^{-3}$	15 000	0.414 98

（2）DZIEMIAN 准则

该准则建立了 $P_{I/H}$ 与破片或枪弹传递给长 15 cm（假设小于 1 cm 的创伤不能毁伤任何肌体组织使人员丧失战斗力，15 cm 长度的创伤能够到达人体任何致命器官）明胶材料的能量之间的关系，方程为[3-1]

$$P_{I/H} = \frac{1}{1 + e^{-(a + b\ln E_s)}} \tag{3.2.2}$$

其中，E_s 为破片或枪弹传递给明胶材料的能量；a、b 是试验系数。

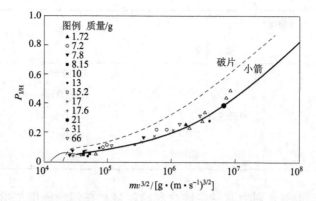

图 3. 2. 1　第一种战术情况的 $P_{I/H}$-$mv^{3/2}$ 曲线(防御 0. 5 min)

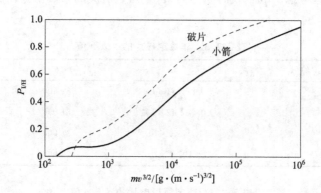

图 3. 2. 2　第二种战术情况的 $P_{I/H}$-$mv^{3/2}$ 曲线(突击 0. 5 min)

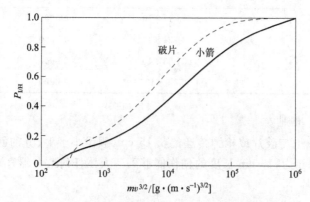

图 3. 2. 3　第三种战术情况的 $P_{I/H}$-$mv^{3/2}$ 曲线(突击 5 min)

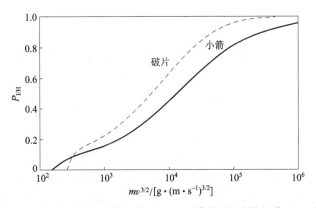

图 3.2.4　第四种战术情况的 $P_{I/H}$-$mv^{3/2}$ 曲线(后勤保障 0.5 d)

（3）NATO 的人员杀伤准则

该准则由 Sturdivan 提出，其方程为[3-1]

$$P_{I/H} = \cfrac{1}{1 + \alpha \cdot \left(\dfrac{\overline{E}}{\gamma} - 1\right)^{-\beta}} \tag{3.2.3}$$

其中，α、β 和 γ 是与环境有关的常数（数据没有公开）；$\overline{E}$ 是能量的平均值，通过下式计算：

$$\overline{E} = \int g(x)\,F(x)\mathrm{d}x \tag{3.2.4}$$

其中，$F(x)$ 为 x 位置处枪弹所受的阻力；$g(x)$ 为枪弹在人体 x 位置处的概率；由于人体的大小、命中部位以及毁伤参数都是有散布的，所以破片或枪弹在人体中的位置是随机的，服从某种分布规律。图 3.2.5 所示是枪弹在人体不同部位创伤弹道深度的概率。

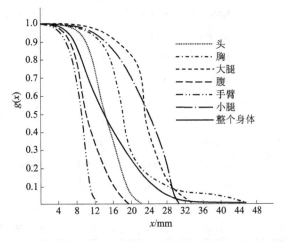

图 3.2.5　枪弹在人体不同部位创伤弹道深度的概率分布曲线

4. 伤残等级准则

前面的准则建立了毁伤元毁伤参量与人员丧失战斗力之间的关系,但是这些准则大多没有考虑毁伤元素命中人体的部位,实际上相同参量(形状、质量和速度)的毁伤元素命中人体的不同部位对人员的杀伤能力是不同的。

美国在医学评估的基础上建立了不同部位伤口尺寸大小与人员丧失战斗力之间的关系,表3.2.5所示为肌肉系统的映射表,该表表示了不同部位肌肉组织伤口大小与时间从 30 s 到 5 d 四肢功能的丧失情况,四肢中每肢的功能具有完全功能、完全丧失功能或丧失部分功能三种状态。根据四肢的功能状态将其分为不同的伤残等级,由等级确定其丧失战斗力的概率,表3.2.6表示了不同伤残等级与人员在四种战术情况下丧失战斗力的关系[3-6]。

表 3.2.5　肌肉系统创伤与四肢功能之间的关系

组织名称	伤口直径/mm	伤后不同时间的四肢状态(顺序为左臂、右臂、左腿、右腿)					
		30 s	5 min	30 min	12 h	24 h	5 d
头或颈部肌肉	31	NFNN	FFFF	FFFF	FFFF	FFFF	FFFF
	23	NFNN	NFNN	NFNN	NFNN	NFNN	NFNN
喉部肌肉	31	NFNN	NFNN	FFFF	FFFF	FFFF	FFFF
	23	NFNN	NFNN	NFNN	NFNN	NFNN	NFNN
腹部肌肉	31	NNNN	NNNN	FFFF	FFFF	FFFF	FFFF
	23	NNNN	NNNN	NNNF	NNNF	NNNF	NNNF
胯部肌肉	17	NNNN	NNNN	FFFF	FFFF	FFFF	FFFF
上臂肌肉	29	NTNN	NTNN	NTNN	NTNN	NTNN	NTNN
	21	NFNN	NFNN	NFNN	NFNN	NFNN	NFNN
前臂肌肉	29	NTNN	NTNN	NTNN	NTNN	NTNN	NTNN
	21	NFNN	NFNN	NFNN	NFNN	NFNN	NFNN
腕肘肌肉	29	NTNN	NTNN	NTNN	NTNN	NTNN	NTNN
	21	NFNN	NFNN	NFNN	NFNN	NFNN	NFNN
大腿肌肉	34	NNNF	NNNF	NNNF	FFFF	FFFF	FFFF
	17	NNNF	NNNF	NNNF	NNNF	NNNF	NNNF
小腿肌肉	34	NNNF	NNNF	NNNF	FFFF	FFFF	FFFF
	17	NNNF	NNNF	NNNF	NNNF	NNNF	NNNF
足部肌肉	34	NNNF	NNNF	NNNF	FFFF	FFFF	FFFF
	17	NNNF	NNNF	NNNF	NNNF	NNNF	NNNF

注:N 表示对功能无影响;F 表示肌肉控制能力变弱;T 表示完全丧失功能。

表 3.2.6　四肢功能与丧失战斗力的关系

每个		伤残	丧失战斗力的概率/%			
臂	腿	等级	突击	防御	预备队	后勤保障
NN	NN	Ⅰ	0	0	0	0
NN	NF	Ⅱ	50	25	75	25
NN	FF	Ⅲ	75	25	100	50
NN	NT	Ⅳ	100	50	100	100
NN	TT	Ⅴ	100	50	100	100
NF	NN	Ⅵ	50	25	75	25
FF	NN	Ⅶ	75	50	100	50
NT	NN	Ⅷ	75	75	100	75
TT	NN	Ⅸ	100	100	100	100
FF	FF	Ⅹ	75	75	100	75
FF	FT	Ⅺ	100	75	100	100
FF	TT	Ⅻ	100	75	100	100
FT	FF	XⅢ	100	100	100	100
TT	TT	ⅩⅣ	100	100	100	100
NN	FT	ⅩⅤ	100	50	100	100
NF	FF	ⅩⅥ	75	50	100	75

3.3　人员目标在破片场作用下的易损性

杀伤爆破弹、火箭弹、炸弹、手榴弹、地雷、枪榴弹等弹药爆炸后均形成一个破片场,处在破片场内的人员目标将遭受破片的杀伤作用,本节介绍人员目标在破片场作用下的易损性评估方法。

3.3.1　破片的初速及速度衰减

在弹丸装药爆炸所释放能量作用下,壳体膨胀破裂形成破片并以一定的速度向外运动,此时后面的爆轰产物仍然作用在破片上,使其继续加速,当破片上爆轰产物作用力和空气阻力平衡时,破片速度达到最大值,该速度称为破片初速,以 v_0 表示。破片初速是其杀伤能力的重要性能参数。

破片的初速可以通过试验的方法测定,也可以通过 Gurney 公式估算:

$$v_0 = \sqrt{2E}\sqrt{\frac{m_e}{m_s + 0.5m_e}} \tag{3.3.1}$$

其中，m_s 为弹体金属质量；m_e 为炸药质量；$\sqrt{2E}$ 为炸药的 Gurney 常数（m/s），可通过试验的方法获得。常用炸药 Gurney 常数值见表 3.3.1[3-7]。

表 3.3.1　常用炸药 Gurney 常数

炸药	$\sqrt{2E}/(\mathrm{m \cdot s^{-1}})$	炸药	$\sqrt{2E}/(\mathrm{m \cdot s^{-1}})$
C-3 混合炸药	2 682	含铝混合炸药	2 682
B 炸药	2 682	H-6 炸药	2 560
膨脱立特	2 560	梯铝炸药	2 316
TNT	2 316	巴拉托儿	2 073

　　破片向外运动过程中，受到重力及空气阻力的作用，由于弹丸爆炸后到破片命中目标的时间很短，所以一般不考虑重力的影响，仅考虑空气阻力的影响。

　　由空气动力学可知，破片在空气中所受的阻力为

$$F = \frac{1}{2}\rho\,\overline{A}C_D v_f^2 \tag{3.3.2}$$

式中，ρ 为空气密度；$\overline{A}$ 为破片平均迎风面积；C_D 为阻力系数，取决于破片的形状和飞行速度；v_f 为破片飞行速度。

　　根据破片的受力情况，可得破片的运动方程为

$$m_f\frac{\mathrm{d}v_f}{\mathrm{d}t} = -\frac{1}{2}C_D\rho\,\overline{A}v_f^2 \tag{3.3.3}$$

式中，m_f 为破片质量。

　　阻力系数 C_D 与破片的形状和速度有关。不同形状的破片，在相同速度条件下，C_D 值也是不同的。对于形状已选定的破片，C_D 是速度的函数。在亚音速阶段，系数 C_D 基本不变，约等于 0.5，超音速时，C_D 随破片速度增加而增大。系数 C_D 随速度变化的关系式为[3-3]

$$C_D = \begin{cases} 0.5 & v_f \leqslant 150 \text{ m/s} \\ 1.49 + 0.51\sin(860° - 350°\ln v_f)^{-1} & 150 \text{ m/s} < v_f \leqslant 550 \text{ m/s} \\ 0.865(1 + 50/v_f) & v_f > 550 \text{ m/s} \end{cases} \tag{3.3.4}$$

如果 C_D 是常数，解式（3.3.3）可得

$$v_f = v_0 \mathrm{e}^{-\frac{C_D\overline{A}x}{2m_f}} = v_0 \mathrm{e}^{-Kx} \tag{3.3.5}$$

其中，$K = \dfrac{C_D\rho\,\overline{A}}{2m_f}$；$x$ 为破片飞行距离。

　　因为破片的形状很不规则，而且飞行姿态又是不稳定的，所以迎风面积的计算及阻力系数的测试都有一定的困难。所谓迎风面积，是指破片在其速度矢量方向上的投影面积。对于球形破片，该面积是定值。对于形状不规则的自然破片，破片在飞行中是不稳定的，各

瞬时的迎风面积都是变化的,很难定出破片飞行过程中迎风面积随时间的变化规律,为了计算破片飞行过程中所受的阻力,用破片在飞行过程中的平均迎风面积近似认为是破片的迎风面积。破片平均迎风面积获取有两种方法,一种是理论估算,另一种是测量方法(已有专门的测量仪器)。

　　为了简化,将不规则破片近似表示成一个六面体(美国则是把破片近似看做椭球体),由六面体(或椭球体)表面积计算破片的平均迎风面积 $\overline{A}$。

　　设六面体破片的三边棱长,按长短排列分别为 a、b、c,按图 3.3.1 所示方式置于单位球的中心,其长轴与球的极轴 y 重合。破片的飞行方向为 $\overline{n}$,可用球坐标 (φ,θ) 标示(φ 称为纬角,θ 称为径角),也可用微元立体角 $\mathrm{d}\Omega$ 的中心线来标示。此时破片在 $\overline{n}$ 方向的投影面积即瞬时面积可写为[3-8]

$$A(\varphi,\theta)=A_1\cos\varphi+A_2\sin\varphi\cos\theta+A_3\sin\varphi\sin\theta$$
$$(3.3.6)$$

其中,A_1、A_2、A_3 分别为六面体三个面的面积值。

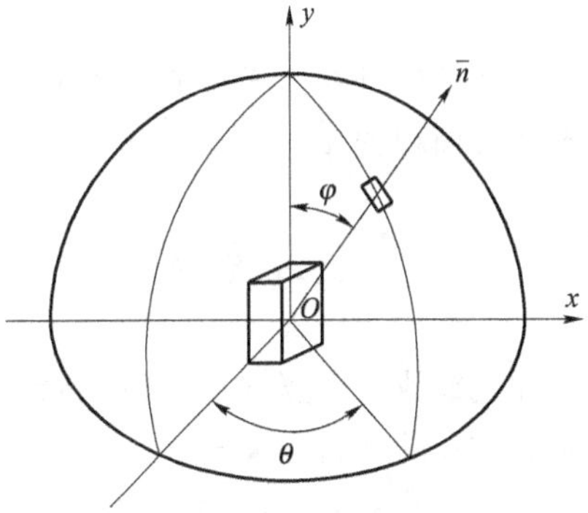

　　破片的平均迎风面积为

$$\overline{A}=\int_0^\pi\int_0^{2\pi}A(\varphi,\theta)\rho(\varphi,\theta)\mathrm{d}\theta\mathrm{d}\varphi \quad (3.3.7)$$

图 3.3.1　破片飞行速度的空间方位

式中,$\rho(\varphi,\theta)$ 为破片沿方位 (φ,θ) 飞行的概率密度。其含义为

$$\rho(\varphi,\theta)=\frac{P(\varphi<\xi<\varphi+\mathrm{d}\varphi,\theta<\eta<\theta+\mathrm{d}\theta)}{\mathrm{d}\varphi\mathrm{d}\theta}=\frac{\mathrm{d}P(\varphi,\theta)}{\mathrm{d}\varphi\mathrm{d}\theta} \quad (3.3.8)$$

其中,$\mathrm{d}P(\varphi,\theta)$ 为破片飞行方向处在微元内的概率。

　　$\rho(\varphi,\theta)$ 与 $P(\Omega)$ 的关系可根据立体角公式导出。由

$$\mathrm{d}\Omega=\sin\varphi\mathrm{d}\varphi\mathrm{d}\theta \quad (3.3.9)$$

及

$$\mathrm{d}P(\Omega)=\rho(\Omega)\mathrm{d}\Omega=\mathrm{d}P(\varphi,\theta)=\rho(\varphi,\theta)\mathrm{d}\varphi\mathrm{d}\theta \quad (3.3.10)$$

得

$$\rho(\Omega)=\frac{\rho(\varphi,\theta)}{\sin\varphi} \quad (3.3.11)$$

　　由式(3.3.7)可见,破片的平均迎风面积不仅与破片的几何构形 $A(\varphi,\theta)$ 有关,还与破片飞行取向的趋势 $\rho(\varphi,\theta)$ 有关。例如,稳定飞行的破片与随机翻滚的破片将对应不同的 $\rho(\varphi,\theta)$ 函数。

　　自然破片的飞行是不稳定的,假设破片能沿任何方位做翻滚飞行,且不存在任何优先取向的趋势,即飞行中呈现的姿态是等概率分布的,在 4π 立体角内呈均匀分布,其概率密度函数为

$$\rho(\Omega)=\frac{\mathrm{d}P(\Omega)}{\mathrm{d}\Omega}=\frac{1}{4\pi} \quad (3.3.12)$$

或
$$\rho(\varphi,\theta)=\rho(\Omega)\sin\varphi=\frac{\sin\varphi}{4\pi} \qquad (3.3.13)$$

将式(3.3.6)及式(3.3.13)代入式(3.3.7)得

$$\overline{A}=\frac{1}{4\pi}\int_0^\pi\int_0^{2\pi}(A_1\cos\varphi+A_2\sin\varphi\cos\theta+A_3\sin\varphi\sin\theta)\sin\varphi d\theta d\varphi \qquad (3.3.14)$$

积分后得

$$\overline{A}=\frac{1}{2}(A_1+A_2+A_3) \qquad (3.3.15)$$

上式虽然是在六面体破片基础上推出的,但该公式具有通用性,即破片的平均迎风面积等于破片表面积的 1/4。

3.3.2　破片密度

弹丸或战斗部爆炸后,形成的破片近似呈球形向外飞散,单位面积上的破片数与破片的飞散角和破片的飞行距离有关。

如图 3.3.2 所示,在静态爆炸条件下,破片的飞散区间为 $\varphi_1 \sim \varphi_2$,破片数为 $N(R)$,则弹丸或战斗部静态爆炸时破片密度为

$$\rho=\frac{N(R)}{2\pi R^2(\cos\varphi_1-\cos\varphi_2)} \qquad (3.3.16)$$

式中,φ_1、φ_2 为弹丸或战斗部静态爆炸时破片前、后缘飞散角。而弹丸或战斗部在终点处爆炸时,存在终点速度 v_c,因此应叠加弹丸或战斗部的终点条件,得到动态弹丸或战斗部的破片飞散速度和飞散区间,如图 3.3.2 所示,破片的初速由 v_0 变为 v_d,与弹轴的夹角由 φ 变为 φ'。

弹丸或战斗部在动态条件下的飞散角为

$$\varphi_i'=\arctan\frac{v_0\sin\varphi_i}{v_c+v_0\cos\varphi_i} \quad i=1,2 \qquad (3.3.17)$$

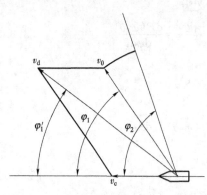

图 3.3.2　弹丸或战斗部的破片飞散速度

其中,v_c 是弹丸或战斗部的终点速度;v_0 为静态弹丸或战斗部爆炸形成破片的平均初始速度。

距离炸点 R 处的破片密度为

$$\rho(R)=\frac{N(R)}{2\pi R^2(\cos\varphi_1'-\cos\varphi_2')} \qquad (3.3.18)$$

其中,$N(R)$ 为距离炸点 R 处的破片数目,由于破片速度的衰减,随着距离的增大,破片数目逐渐减少。

3.3.3　人员目标的易损性评估

如图 3.3.3 所示,弹丸或战斗部在高度为 H_c 的空中爆炸,其终点速度为 v_c,速度与地面的夹角为 θ_c,以炸点在地面的投影为坐标原点,以地面为 xOy 面,以射击面为 xOz 面建立右手坐标系。下面分析破片分布场内任一位置 (x,y) 处人员目标被杀伤的概率。

1. 人员目标的呈现面积

如图 3.3.3 所示,假设人员正面面向炸点直立,弹丸或战斗部在空中爆炸时,目标在垂直于炸目连线方向的平面上的投影即为呈现面积。

对于直立人员目标,其面法线与弹目连线的夹角 α 为

$$\alpha = \arctan \frac{2H_c - H_t}{2\sqrt{x^2 + y^2}} \qquad (3.3.19)$$

其中,H_t 为人员目标高度。

对于跪姿人员,目标高度取人员目标高度的一半即可。对于卧姿人员,人员面法线与弹目连线的夹角 α 为

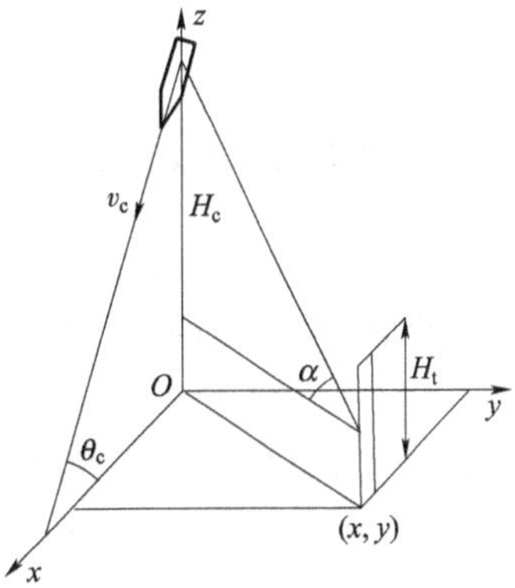

图 3.3.3　弹目关系示意图

$$\alpha = \frac{\pi}{2} - \arctan \frac{H_c}{\sqrt{x^2 + y^2}} \qquad (3.3.20)$$

人员目标正面面积为

$$A_n = H_t \cdot W_t \qquad (3.3.21)$$

其中,W_t 为人员目标的宽度。通常将人体的形状等效为高 1.5 m、宽 0.5 m、厚 0.02 m 的松木靶板,即 $H_t = 1.5$ m,$W_t = 0.5$ m。

破片场中任意位置处人员目标的呈现面积为

$$A_P(x,y) = \frac{A_n}{\cos \alpha} = \frac{H_t \cdot W_t}{\cos \alpha} \qquad (3.3.22)$$

2. 人员目标的杀伤概率

根据弹目关系可以得到命中人员目标的破片数目为

$$n = \rho(x,y) A_P(x,y) \qquad (3.3.23)$$

人员在位置 (x,y) 处被杀伤的概率等于被 n 个破片打击下而杀伤的概率,即

$$P(x,y) = \overline{P}_{I/H}^{(n)} \qquad (3.3.24)$$

设人员在第 j 次单个弹片的随机打击下而杀伤的概率为 $P_{I/H}^{(j)}$,则被 n 个独立的随机破片命中杀伤的概率 $\overline{P}_{I/H}^{(n)}$ 为

$$\overline{P}_{\text{I/H}}^{(n)} = 1 - \prod_{j=1}^{n}(1 - P_{\text{I/H}}^{(j)}) \tag{3.3.25}$$

因 $P_{\text{I/H}}^{(j)}$ 的值很小,所以

$$\prod_{j=1}^{n}(1 - P_{\text{I/H}}^{(j)}) \approx e^{-\sum_{j=1}^{n} P_{\text{I/H}}^{(j)}} \tag{3.3.26}$$

而

$$\sum_{j=1}^{n} P_{\text{I/H}}^{(j)} = \sum_{j=1}^{n} \frac{A_{\text{V}}^{(j)}}{A_{\text{P}}} \tag{3.3.27}$$

将式(3.3.25)和式(3.3.27)代入式(3.3.24)可得

$$P(x,y) \approx 1 - e^{-\frac{\rho}{n}\sum_{j=1}^{n} A_{\text{V}}^{(j)}} \tag{3.3.28}$$

如果假设 $A_{\text{V}}^{(j)}$ 对所有的打击都是常数,$P(x,y)$ 可简化为

$$P(x,y) \approx 1 - e^{-\rho A_{\text{V}}} \tag{3.3.29}$$

其中,A_{V} 为人员的易损面积,由下式计算:

$$A_{\text{V}} = P_{\text{I/H}} \cdot A_{\text{p}}(x,y) \tag{3.3.30}$$

参 考 文 献

[3-1] B. P. Kneubuehl (Ed.), et al. Wound Ballistics. DOI 10.1007/978-3-642-20356-5_3, Springer-Verlag Berlin Heidelberg,2011.

[3-2] Baker, Wilfred E., James J. Kulesz. A Manual for the Prediction of Blast and Fragment Loadings on Structures. U. S. Department of Energy Albuquerque Operations Office Amarillo Area Office Amarillo,Texas. DOE/TIC-11268,Aug, 1981.

[3-3] [俄]Л. П. ОРЛЕНКО. 爆炸物理学(上册)[M].孙承伟,译.北京:科学出版社,2011.

[3-4] 张国顺,文以民,刘定吉,等,译.爆炸危险性及其评估(下)[M].北京:群众出版社,1988.

[3-5] 王儒策,赵国志.弹丸终点效应[M].北京:北京理工大学出版社,1993,8.

[3-6] Michaelw. Starks. Improved Metrics for Personnel Vulnerability Ananlysis. Ballistiv Reasarch Laboratory. Aberdeen Proving Ground,Maryland. BRL-MR-3908,May 1991.

[3-7] Richard M. Lioyd. Conventional Warhead Systems Physics and Engineering Design[J]. Progress in Astronautics and Aeronautics,1998,179.

[3-8] 魏惠之,姚涵养.用蒙特卡罗方法解自然破片迎风面积分布及应用[C].第四届榴弹技术会议论文集,1990.

第4章 飞机目标易损性

飞机是航空兵的主要技术装备,大量用于作战,在夺取制空权、防空作战、支援地面部队和舰艇部队作战等方面有着极其重要的作用,是战场上的主要空中目标之一。

4.1 飞 机 构 造

本节以固定翼飞机为例,简单介绍飞机的构造及系统组成[4-1]。

4.1.1 飞机的构造特征

飞机的任务决定了飞机应采用的形状、尺寸和外形。流线型高速截击机具有薄的三角形机翼和庞大的吸气式发动机;低速短粗的攻击机,其必须承受巨大的战斗载荷并长途飞行或在战区附近长时间盘旋,以垂直起飞和着陆能力而受重视的直升机,可以是大而笨重的,以携带大量的货物,或者以瘦而尖的形式出现以获得在攻击任务中的敏捷和速度。

若不去考虑要完成的任务或作用,最终的产品将拥有可以提供升力的面(固定的或旋转的)、提供推力的动力装置以及用于控制飞行方向的方法。这三种基本的功能(升力、推力和控制)通常由以下5个主要的飞机系统提供:结构、推进系统、飞行控制、燃油、乘员[4-1]。

在大多数飞机上还有其他几个系统,包括:航空电子、武器装备、环境控制、电气、发射及回收。

上面列出的每个系统均与飞机的易损性有关,为了使读者了解每个系统在飞机中所扮演的角色,下面给出固定翼飞机各系统的简要描述。在后面的说明中,假定一个系统由一组子系统组成,一个部件是一个子系统的特定部分。例如,油箱是燃油储存子系统的一个部件,而燃油储存子系统是燃油系统的一个子系统。

4.1.2 固定翼飞机的常规布局及系统组成

1. 常规布局

一般地,飞机前面部分包含了乘员和许多航空电子设备;飞机的中段包括机翼、油箱和武器装备。燃油和武器装备布置在飞机的质量中心附近,因为执行任务过程中,燃油会被消耗,武器弹药被投放,使质量上产生剧烈的变化,将这些物品布置在质心附近,可使质心在整个任务过程中不会有明显的改变。尽管发动机有时在机翼下部,但在本例中,发动机和部分飞行控制系统放置在飞机的尾部。

2. 结构系统

结构系统的主要功能是提供飞机结构的完整性,主要的结构子系统或结构部件是机翼、机身、尾部或尾翼。

结构中使用的典型材料有铝、钢、钛合金、镀铝薄板、夹芯结构以及先进的碳基、硼基和环氧树脂基复合材料。

（1）机翼结构

机翼由一根或更多的沿机翼展向（根部到翼尖）的翼梁以及几个沿着弦向（前缘到后缘）的翼肋或肋组成。翼梁有上和下缘条,由坚固的腹板或撑杆连接起来。翼肋形成飞机翼的空气动力学外形或翼型,并且作为一个刚性的结构或构架来构造,非常坚固,就像一个隔板。翼梁和翼肋之上的机翼蒙皮提供飞机的主要升力平面。蒙皮如果太薄,可以用较轻的长桁的展向部件来加强。翼梁、翼肋以及加强蒙皮的整体形成盒梁或扭矩盒,盒式梁可能以悬臂梁形式与机身相连,或者从一侧翼尖连通到另一个翼尖。

（2）机身结构

典型的机身结构是半硬壳结构,通常被分为前部、中部和尾部三个部分。应力蒙皮的半硬壳结构中,机身蒙皮由一些沿机身方向的部件加强,当这些部件很轻时,它们被称为长桁;当它们很重时,称为机身大梁。蒙皮的形状由一些横向的结构框或隔板来维持。主要的一根纵向机身梁称为龙骨。

（3）尾翼结构

尾翼部分连于后部机身,通常由一至多个垂尾或垂直安定面和一个水平安定面或全动平尾组成。当机翼的后缘向后延伸至机身的后部末端时,水平安定面便被完全取消,或被安装在前机身两侧的小安定面（称作鸭翼）取代。垂直或水平安定面的结构与机翼相似。安定面被牢牢地安装在机身上,或通过扭矩管及轴承布置来连接,允许整个安定面旋转。安定面的作用是提供升力面,升力面提供用于控制飞机飞行所必需的空气动力。

3. 推进系统

推进系统的主要功能是提供可控的推力,使空气进出发动机,并为一些附属装置提供动力。推进系统由发动机、螺旋桨、发动机空气进气口和排气口、润滑系统、发动机控制、传动附件以及传动机匣等组成。如果飞机有螺旋桨,在高转速的发动机轴和低转速的螺旋桨传动之间的减速齿轮和轴系称为动力传动齿轮系统。

（1）发动机

固定翼飞机的发动机既可以埋在飞机结构中,也可以埋在吊舱中,飞机飞行必需的推力是由发动机驱动的螺旋桨或内部风扇提供的,或由一个或多个发动机的喷气流提供,或由这两种方法联合提供。发动机的类型有活塞式喷气发动机、冲压式喷气发动机以及燃气涡轮发动机。

（2）发动机润滑、冷却、控制以及附属设备

润滑子系统通常是独立的加压滑油子系统，可以向发动机齿轮组和附属设备提供压力润滑。它由一个贮油箱、压力及温度指示器、泵、管路以及制冷剂组成。常采用的制冷剂是空气或燃油。

发动机冷却子系统由封闭的带有泵、管路和散热器的加压液体子系统组成，或者采用自由流空气进行冷却。

主要的发动机控制部件由动力调节或节流阀操纵杆和发动机上的燃油控制机构组成，其作用是调节推力。

附属设备为以下部件提供动力：燃油泵和开关、超速限速器、转速计、一个或多个发电机、滑油泵、一个或多个液压泵，以及可变排气面积的动力单元。

4. 飞行控制系统

飞机飞行路线的控制是通过控制器实现的。飞机位置可动的平面称为控制面。操纵控制面的力通常由伺服作动器的液压动力单元提供。因此，飞行控制器、控制面和液压子系统组成了飞行控制系统。其功能是按飞行员发出的指令对飞机三轴运动进行控制。

飞机具有三个轴：纵向或转轴，它由飞机尾部指向头部；横向或俯仰轴，它由左翼尖指向右翼尖；垂直或偏航轴，它垂直于上述两轴所决定的平面。飞机关于这三个轴的运动取决于飞机的飞行特性和飞行员控制运动的能力。

（1）飞机稳定性

飞机可以是静稳定和动稳定的、中性的或是不稳定的。当飞机的平衡被阵风或载荷的小变化所轻微扰动后，一架静稳定的飞机可以利用空气动力和力矩使飞机恢复到原来的位置。如果飞机也是动稳定的，可以阻尼振荡的方式返回到原位置，也可以非振荡的或无振荡的方式返回，这取决于飞机的阻尼特性。当飞机随扰动产生的振荡发散时，静稳定的飞机被称为是动态不稳定的。当振荡既不减弱也不发散时，这架飞机就具有中性的动态稳定性。

飞机纵向俯仰稳定性主要由水平安定面来提供，航向安定性由垂直安定面和腹鳍提供，横向滚转安定性由机翼上下倾斜（向上为上反角，向下为下反角）、机翼布置以及机翼的后掠角综合提供。

飞机的安定性越好，飞行员要改变飞机的方向就越困难。非常安定的飞机是反应缓慢的并难以机动。另外，如果飞机具有较小的安定性，飞行员可以使飞机机动性增强，但对飞行路线的精确控制程度下降。

（2）控制面

常规的控制面是基本的翼体，它们铰接在机翼、机身以及垂直和水平安定面上。翼片的移动改变支撑构件上的气流，由此改变空气动力。

常规的控制翼面是副翼、升降舵和方向舵。副翼和方向舵共同使用以使飞机滚转和转向，升降舵用来改变飞机爬升角和迎角。副翼通常布置在每个机翼后缘的外端，它们可向上或向

下差动偏转,当左副翼向上偏转,右副翼向下偏转时,左翼上的升力下降,而右翼上的升力上升,便引起飞机绕滚转轴做逆时针滚转。偏航轴方向的运动由方向舵来控制,方向舵是一个铰接在垂直安定面上并可以向两个方向转动的翼面。升降舵是铰接在水平安定面上的翼面,它们影响飞机的俯仰力矩。例如,向上偏转升降舵可导致机头向上仰,这是由于在水平尾翼上的空气动力减少所致。

另外,被用于控制的两个铰接面是扰流板和减速板。扰流板,有时又叫做襟副翼,是常见的被铰接在机翼上表面的翼面,它们仅仅在一个方向转动并用于减少机翼上的升力,在有或没有副翼的情况下帮助飞机的滚转控制。减速板是铰接在机身或机翼上的翼面,它们伸入气流中并使飞机减速,在紧急状态下,也可被用于控制飞机的运动。

（3）飞行控制

用来移动控制面的飞行控制器包括:用于移动升降舵和副翼的操纵杆（手柄或转向盘）以及用于移动方向舵的操纵脚蹬。操纵杆和脚蹬以机械方式与控制面或伺服作动器相连,或通过电线、传动杆、扭力管、摇臂和扇形摇臂与伺服作动器相连,或者操纵杆与脚蹬通过电线连接到伺服作动器上。

（4）自动飞行控制系统

自动飞行控制系统可提供两方面的功能:增强飞机的自然阻尼特性;提供自动指令来控制和保持由驾驶员选定的高度、姿态和航向。前者通过对电机阻尼特性的修正,减少飞机发生振荡的趋势,由稳定性增强子系统或控制增强子系统完成。

（5）液压系统

在低速飞行的小飞机上,飞行员直接通过座舱控制装置及控制面间的机械传动装置,手动地移动控制面。但是在高速或大飞机上操纵控制面所要求的力很大,于是就采用了有回力助力操纵系统和无回力助力操纵系统。有回力助力操纵系统采用与机械传动装置并联的伺服作动器来辅助飞行员操纵控制面;无回力助力操纵系统用伺服作动器提供所有操纵控制面需要的力。

大多数动力系统使用伺服作动器,作动器中含有压力非常高的液体介质。伺服作动器有一个控制器或伺服阀,它接收输入的控制信号并据此控制液压介质进入一个或多个组成作动器的作动筒中,通常伺服作动器位于可动控制面的附近。这些加压的液压介质供给所有作动筒和其他液压操作部件,如襟翼和起落架等,通过由发动机驱动的液压泵、蓄压器和贮存器等构成的液压管路来传输。

一架完全靠液压动力来提供控制力的飞机在发生液压失灵的情况下会变得无法操纵,飞行员无法移动控制面,所以,大多数飞机为了飞行安全会采用一套以上的液压子系统,这些子系统通常独立地执行控制系统的一部分功能。每个子系统都有一个以上的回路,通常每个伺服作动器由两个或两个以上子系统加压。

5. 燃油系统

飞机常用的燃油有两种:较轻的汽油和较重的煤油。美国空军现在使用 JP-4,美国海军使用 JP-5,它们是提纯过程中几种不同等级的可提炼的燃油混合体。JP-4 是一种汽油和煤油的混合物,JP-5 是一种低挥发性的较重的以煤油为主的燃油。

燃油系统的主要功能是为动力装置提供燃油。燃油也可以用于冷却和液压动力。该系统包括内部和外部贮油箱、分配子系统、加油/排油子系统以及指示子系统。

（1）贮油装置

大多数飞机所携带的燃油通常贮存在机身或机翼的一个或多个封闭的油箱或舱位中,油箱或舱位靠近飞机的质量中心。油箱可能是"防漏"的金属盒或由诸如蒙皮、梁、翼肋以及隔板等飞机结构元件组成的金属空腔,称为整体油箱。燃油也可贮存于油箱内的半柔性包或软油箱中。软油箱通常是由橡胶或尼龙纤维制成的,它需要一种特殊的支撑结构或支撑板使软油箱与飞机内蒙皮或其他结构分隔开。

外部贮油装置由挂在机身或机翼下的金属或非金属副油箱组成。通常在紧急情况下可投弃,所以称为可投弃油箱。

（2）燃油分配装置

大多数飞机使用多个内部和外部油箱,而且燃油不断地在油箱之间交换以维持燃油载荷的均匀和平衡,当机翼油箱将其燃油输到机身油箱时,外部燃油通常要输入到机翼油箱中。如果燃油用做冷却剂,则热的燃油需要重新回输到机翼油箱进行冷却。

燃油可采用电子增压泵、引射流或重力流等几种方法从一个油箱输到另一个油箱。油箱空腔(指油面上部内部空间)的净正压由空气通风孔和压力气体供应(通常是发动机引气)的组合来提供,这样可以帮助燃油顺利地输送并防止在高海拔时燃油沸腾。空腔压力的调节可防止当飞机上升时相对大的净内压增加及飞机下降时的大的净外压增加。

提供燃油到发动机的油箱称为消耗油箱,燃油从消耗油箱被泵抽出或流入输油管,然后流入发动机。如果在输油管中的燃油没有加压,就会发生汽化和蒸汽阻塞进而引起发动机熄火。向发动机燃烧室提供高压燃油的油泵为主燃油泵,经常与发动机附件布置在一起。

除了供应发动机和冷却系统,燃油有时也用做液压介质来操纵某些部件,比如发动机的可变截面喷管。

（3）加油/排油子系统

加油/排油子系统由管路和阀门组成,这些管路和阀门用于贮油箱的填充以及从油箱中排放多余燃油。在某些飞机上安装了空中加油接头,而几乎所有的飞机都具有从油箱向机外排油的能力。

6. 其余系统

其余系统包括乘员、航空电子、武器装备、环境控制、电气以及发射和回收等。

乘员是操纵飞机的,可以根据飞机的大小设置一个至多个乘员。

航空电子系统包括前面所讨论的自动飞行控制系统、贮藏管理、火力控制、导航、运动传感器以及内部和外部的通信子系统。

武器装备系统由炸弹、航炮和弹药箱、火箭弹、导弹、水雷以及鱼雷等组成。

环境控制系统包括空气调节、氧气和空气增压子系统。空气调节子系统提供通风、加热、降温、湿度控制,并且为乘员舱及设备舱增压。典型的氧气子系统由液态氧贮存容器以及控制装置、阀门和连到乘员舱的管系组成。空气增压子系统通常使用燃气涡轮发动机的压力为燃油箱提供内部压力。

电气系统由交流和直流子系统组成,这两个子系统包括发电机、电池、控制装置以及分配组件,为整机提供电能。

发射及回收系统包括起落架和用于快速制动的阻力伞或拦阻钩。

4.2　飞机目标主要毁伤模式分析

飞机上每个系统有许多可能发生的各种各样的能够引起毁伤的毁伤模式。按系统对飞机总易损性的贡献大小排列顺序,简要描述如下[4-1,4-2]。

1. 燃油系统毁伤模式

① 燃油供给毁伤:这种毁伤模式是由燃油存储部件毁伤导致燃油大量泄漏,使得飞机可用燃油大量减少,或者燃油泵及其供油管路受损使得燃油无法供给发动机引起的。

② 油箱内的燃烧或爆炸:由于燃烧物或高温箱壁引起的油箱上部空腔内的油汽混合物起火而产生的。油箱内燃烧或爆炸可能对油箱及其相邻的结构与部件产生巨大的毁伤,而且火势可能会迅速蔓延到飞机其他部位。

③ 油箱外的燃烧或爆炸:因燃油泄漏到周围空间或干燥舱(与被穿孔的油箱和油管相邻的),被潜在的燃烧物、高温金属表面、从穿孔的发动机引气管或发动机机匣内逸出的高温气体引燃。油箱周围空间的燃烧或爆炸可对附近的子系统或部件产生明显的毁伤,从而使其失效。燃烧爆炸产生的烟与毒气也可能进入乘员舱,有可能导致任务中断、迫降或弃机跳伞[4-3,4-4]。

④ 飞机外部燃油持续燃烧:这种毁伤模式是由油箱受损伤后引起燃油泄漏出飞机外,接着着火产生持续燃烧。

⑤ 液压冲击:当侵彻体撞击或穿过油箱时,在内部液体中产生强大的冲击波,使油箱壁或油箱内的部件损伤,称为液压冲击毁伤。液体冲击波可使油箱壁产生大的裂缝和孔洞,导致大量燃油泄漏到外部或干燥舱以及发动机进气道等处[4-5]。

2. 推进系统毁伤模式

① 吸入燃油:紧靠进气道的油箱壁破裂后,燃油流入发动机进气道而使发动机吸入燃油。吸入燃油后通常会引起压气机喘振、严重失速、进气道和尾喷管内产生不稳定燃烧或发动机熄火。

② 吸入异物:异物包括射弹、破片或受损飞机部件产生的破片,它们进入发动机进气道后

损坏风扇和压气机叶片，可能使发动机失效或叶片抛出穿过发动机筒体，导致其他部件损伤。

③ 进气道流场畸变：因进气道战斗损伤而使得供给发动机的气流发生畸变将产生严重后果，使得发动机产生不可控的喘振或引起发动机失效。

④ 滑油枯竭：侵彻体、破片或燃烧对润滑系统和冷却子系统的损伤可能导致滑油损失和随后的轴承面工作环境恶化，导致发动机不能工作。滑油损失故障通常与轴承相关，由于不能带走轴承热量，最终导致轴承故障。

⑤ 压气机筒体穿孔或变形：这种毁伤模式可能是由侵彻体或破片穿过筒体、筒体变形或受损的压气机叶片穿出筒体等原因引起的。

⑥ 燃烧室筒体穿孔：燃烧室筒体被侵彻体或破片穿孔后，热燃气或火焰会蹿出筒体，产生二次毁伤效应（如相邻的燃油箱或操纵杆严重受热），也可能导致燃烧室压力降低，使发动机动力明显下降。

⑦ 涡轮段故障：涡轮故障可能是由侵彻体或破片对涡轮的叶轮、叶片和筒体毁伤引起的，可导致发动机推力损失或二次穿孔。

⑧ 尾喷管故障：侵彻体和破片穿透、进入尾喷管可导致尾喷管控制管路和动作机构毁伤，如尾喷管被击中时，假如燃烧室正在工作，可能使燃油泄漏产生二次燃烧毁伤。

⑨ 发动机操纵拉杆和附件故障：发动机操纵拉杆和附件毁伤是由侵彻体、破片或燃烧损伤引起的，其结果可能是发动机操纵失效或某一重要的发动机附件失效。

3. 飞控系统毁伤模式

① 控制信号线路毁伤：从飞行员到操纵面或助力器之间传输控制信号的机械或电气线路被切断或卡滞后，可使控制系统部分或完全失灵。

② 控制动力丧失：液压动力部件受损后引起液压压力损失，从而导致控制动力丧失。液压动力系统毁伤的类型包括：燃烧导致热降解；液压油箱、活塞杆或液压管路被穿孔导致液压油泄漏；引起液压锁住、液压部件和助力器失去动力。

③ 飞机运动参数损失：飞机运动参数传感器受损或传感器至飞控计算机信号线路被切断，将阻碍自动驾驶和增稳系统正确控制飞机运动。结果可能是控制能力部分失效，导致任务中断甚至使飞机失控。这些部件相对较软，容易受侵彻体、破片和燃烧的损伤。

④ 控制面和铰链受损：侵彻体、破片、冲击波和燃烧损伤可导致飞行控制面部分或全部物理变形，或引起伺服动作器和控制面之间的铰链、拉杆和其他连接件卡滞。

⑤ 液压油燃烧：泄漏的液压油点火后可能引起燃烧，燃烧产生的油烟或毒气可能影响机组人员。

4. 动力线路和旋翼桨叶/螺旋桨系统毁伤模式

① 滑油损失：这种毁伤模式因射弹或破片穿透滑油容器导致滑油损失而产生。滑油损失阻碍了摩擦面的热量散失和润滑，最后将导致部件卡滞。对于直升机变速器及齿轮箱而言，出

现故障后将产生灾难性后果。

② 机械结构损伤:动力部件的机械或结构失效可能是由破片和侵彻体的撞击或穿孔引起的,也可能是由燃烧引起的。轴承、齿轮和轴受撞击时易于损伤而失效,轴可能断裂,轴承和齿轮可能卡滞,受损部件飞出的碎片可能使滑油泵卡滞,引起滑油枯竭。旋翼及螺旋桨受打击后可能导致转轴失衡、桨叶失稳、升力丧失。转轴失去平衡是撞击引起的最致命的毁伤模式,当一部分桨叶被打断后就发生这种毁伤;一片桨叶损失部分质量可引起较大的、交替的轴心力强烈的座舱振动和控制振荡,导致结构失效或失控。

5. 乘员系统毁伤模式

飞行员及其助手由于受伤、失去能力或死亡而无法操纵飞机,通常将导致飞机在极短的时间内毁伤。

6. 结构系统毁伤模式

① 结构被毁伤:由众多侵彻体或破片、冲击波、燃烧或辐射效应作用于飞机承载结构使其弯曲或折断,可导致飞机毁伤[4-6~4-8]。

② 压力过载:飞机受外部冲击波作用导致承载结构应力超载,从而导致飞机毁伤。

③ 热疲劳:当部分承载结构受到内部燃烧、外部持续燃烧热辐射时,可能产生热疲劳,使结构毁伤。

7. 电气系统毁伤模式

电气系统部件毁伤通常是由电流被切断或接地、旋转的电气部件(如发电机)受损伤或失去平衡以及电池过热或被穿透引起的。

8. 军械系统毁伤模式

当炮弹、炸弹、火箭弹或导弹战斗部被毁伤元素击中后可发生两种毁伤模式,一种是在弹舱内持续燃烧,另一种是发生爆炸。

9. 航空电子系统毁伤模式

航空电子部件一般较弱,易受侵彻体、冲击波、辐射及热危害(燃烧或热气流)作用而损伤。它们的失效模式是工作降级,或者是工作失灵。

4.3　飞机相对于动能侵彻体的易损性

由单个侵彻体或破片撞击引起的飞机易损性可用总的易损面积 A_V 表示,也可用飞机在给定的随机打击下的毁伤概率 $P_{K/H}$ 表示。易损面积的概念既可用于飞机,也可用于它的关键部件。设第 i 个部件的易损面积为 $A_{\mathrm{V}i}$,给定打击下的毁伤概率为 $P_{\mathrm{k}/\mathrm{h}i}$。分别通过小写的和大写的下标注明部件和飞机相应变量的区别,表 4.3.1 列出了变量的定义。

表 4.3.1　易损性评估变量的定义

含　义	第 i 个部件	飞机
给定打击下的毁伤概率	$P_{\mathrm{k}/\mathrm{h}i}$	$P_{\mathrm{K}/\mathrm{H}}$
随机命中飞机下第 i 个部件的毁伤概率	$P_{\mathrm{k}/\mathrm{H}i}$	
给定打击下的生存概率	$P_{\mathrm{s}/\mathrm{H}i}$	$P_{\mathrm{S}/\mathrm{H}}$
易损面积	$A_{\mathrm{V}i}$	A_{V}
呈现面积	$A_{\mathrm{P}i}$	A_{P}

第 i 个部件的易损面积为部件在垂直于侵彻体入射方向的平面内的呈现面积 $A_{\mathrm{P}i}$ 与部件在给定打击下的毁伤概率的积,即

$$A_{\mathrm{V}i}=A_{\mathrm{P}i}\cdot P_{\mathrm{k}/\mathrm{h}i} \tag{4.3.1}$$

由于 $A_{\mathrm{P}i}$ 与 $P_{\mathrm{k}/\mathrm{h}i}$ 为威胁方向或方位角的函数,所以易损面积随方位角变化。飞机或部件的毁伤概率 $P_{\mathrm{K}/\mathrm{H}}$ 加上飞机或部件的生存概率 $P_{\mathrm{S}/\mathrm{H}}$ 等于 1,即

$$P_{\mathrm{S}/\mathrm{H}}=1-P_{\mathrm{K}/\mathrm{H}} \tag{4.3.2}$$

其中,$P_{\mathrm{S}/\mathrm{H}}$ 为飞机或部件在打击下的生存概率。

在随机命中飞机条件下,第 i 个部件的毁伤概率 $P_{\mathrm{k}/\mathrm{H}i}$ 是该部件被击中的概率 $P_{\mathrm{h}/\mathrm{H}i}$ 与部件在给定打击下毁伤概率 $P_{\mathrm{k}/\mathrm{h}i}$ 之积,即

$$P_{\mathrm{k}/\mathrm{H}i}=P_{\mathrm{h}/\mathrm{H}i}\cdot P_{\mathrm{k}/\mathrm{h}i} \tag{4.3.3}$$

及

$$P_{\mathrm{s}/\mathrm{H}i}=1-P_{\mathrm{k}/\mathrm{H}i} \tag{4.3.3*}$$

由式(4.3.1)解出 $P_{\mathrm{k}/\mathrm{h}i}$,得

$$P_{\mathrm{k}/\mathrm{h}i}=\frac{A_{\mathrm{V}i}}{A_{\mathrm{P}i}} \tag{4.3.4}$$

若动能毁伤元击中飞机上的位置是随机的,$P_{\mathrm{h}/\mathrm{H}i}$ 可由下式给出:

$$P_{\mathrm{h}/\mathrm{H}i}=\frac{A_{\mathrm{P}i}}{A_{\mathrm{P}}} \tag{4.3.5}$$

其中,A_{P} 是全飞机在垂直于毁伤元入射方向的呈现面积。

根据式(4.3.3)~式(4.3.5),对作用于飞机上的任何随机打击,第 i 个部件的毁伤概率为

$$P_{\mathrm{k}/\mathrm{H}i}=\frac{A_{\mathrm{V}i}}{A_{\mathrm{P}}} \tag{4.3.6}$$

$P_{\mathrm{k}/\mathrm{H}i}$ 的数值依赖于关键部件的呈现面积 $A_{\mathrm{P}i}$、全机的呈现面积 A_{P} 以及部件的毁伤概率 $P_{\mathrm{k}/\mathrm{h}i}$。关键部件和全机的呈现面积可通过有效的飞机技术说明得到。确定 $P_{\mathrm{k}/\mathrm{h}}$ 数值的步骤在前面关键部件毁伤准则部分已叙述。

在任何给定的战斗任务中，飞机可能不被击中或者被击中一次、或者被击中多次。当然，对未击中的情况不需考虑。易损性评估中假定在飞机呈现面积上的单个或多个打击的击中位置为随机分布，并且每个毁伤元以相同的方向攻击。下面分别考虑无冗余和有冗余部件以及部件的重叠等情况对易损面积的影响。

4.3.1　单个毁伤元打击下的易损性评估

本节主要分析无冗余关键部件飞机模型和有冗余关键部件飞机模型在单次打击下的易损性。无冗余关键部件飞机模型是指飞机的所有关键部件无备份，仅有一个。因此任何一个关键部件的毁伤将导致飞机毁伤。有冗余关键部件飞机模型是指飞机一些关键部件的功能可由其他同样的或不同的部件来完成。同时，考虑无冗余或冗余关键部件的重叠对易损性的影响。

1. 无冗余且无重叠部件的飞机易损性评估

假设飞机由 N 个无冗余关键部件组成，这些部件以这样一种方式安排，从给定的方向看过去，没有一个部件与其他任何关键部件重叠。所以，在这种情况下，任何一个射击线上不会有两个以上关键部件被击中。如图 4.3.1 所示，飞机由驾驶员、油箱和发动机三个关键部件组成，而且在这一方向上没有关键部件的重叠[4-9~4-11]。

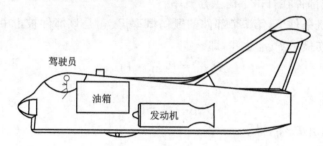

图 4.3.1　无部件重叠的非冗余飞机模型

在图 4.3.1 所示的呈现面积上给定一个随机打击，飞机的毁伤概率可通过毁伤表达式和方程(4.3.1)及方程(4.3.6)导出。利用前文中给出的毁伤表达式中的逻辑"与"和"或"关系由部件毁伤来定义飞机的毁伤。对于由 N 个无冗余关键部件构成的飞机，毁伤表达式仅用到逻辑"或"关系，其形式为

$$毁伤 = C_1 \text{ 或 } C_2 \text{ 或}\cdots\text{或 } C_N \tag{4.3.7}$$

其中，C_i 表示无冗余部件 i 的毁伤。也就是说，飞机的毁伤可定义为无冗余部件 1 的毁伤，或者无冗余部件 2 的毁伤，……，或者无冗余部件 N 的毁伤。因为任何一个关键部件的毁伤会导致全机的毁伤，飞机只有在所有的无冗余关键部件生存的情况下才会生存，从而

$$P_{S/H} = P_{s/H1} \cdot P_{s/H2} \cdots P_{s/HN} = \prod_{i=1}^{N} P_{s/Hi} \tag{4.3.8}$$

利用方程(4.3.3*)，$P_{S/H}$可写为

$$P_{S/H} = (1 - P_{k/H1}) \cdot (1 - P_{k/H2}) \cdots (1 - P_{k/HN}) = \prod_{i=1}^{N} (1 - P_{k/Hi}) \tag{4.3.9}$$

如果 $N=3$，方程(4.3.9)可写为

$$P_{S/H} = 1 - (P_{k/H1} + P_{k/H2} + P_{k/H3}) + P_{k/H1}P_{k/H2} +$$
$$P_{k/H1}P_{k/H3} + P_{k/H2}P_{k/H3} - P_{k/H1}P_{k/H2}P_{k/H3} \tag{4.3.10}$$

因为部件只有被击中时才会被毁伤，并且部件之间没有相互重叠，因此部件的毁伤是相互独立的。也就是说，一次击中飞机目标，最多能毁伤一个部件。因而，式(4.3.10)中 $P_{k/H}$ 的乘积项为 0。

所以式(4.3.9)可以简化为

$$P_{S/H} = 1 - (P_{k/H1} + P_{k/H2} + \cdots + P_{k/HN}) \tag{4.3.11}$$

这样，飞机受到一次随机打击情况的毁伤概率正好等于每个关键部件毁伤概率之和。从而飞机在给定打击下的毁伤概率为

$$P_{K/H} = P_{k/H1} + P_{k/H2} + \cdots + P_{k/HN} = \sum_{i=1}^{N} P_{k/Hi} \tag{4.3.12}$$

将式(4.3.6)中的 $P_{k/Hi}$ 代入式(4.3.12)得

$$P_{K/H} = \sum_{i=1}^{N} \frac{A_{Vi}}{A_P} = \frac{1}{A_P} \sum_{i=1}^{N} A_{Vi} \tag{4.3.13}$$

将式(4.3.4)代入式(4.3.13)得

$$P_{K/H} = \frac{A_V}{A_P} \tag{4.3.14}$$

其中，A_V 为飞机的易损面积，其值为

$$A_V = \sum_{i=1}^{N} A_{Vi} \tag{4.3.15}$$

对该例中的飞机，毁伤表达式为：驾驶员或油箱或发动机。根据式(4.3.12)与式(4.3.15)，命中飞机条件下的毁伤概率和易损面积分别为

$$P_{K/H} = P_{k/Hp} + P_{k/Hf} + P_{k/He} \tag{4.3.16}$$
$$A_V = A_{Vp} + A_{Vf} + A_{Ve} \tag{4.3.17}$$

这里下标 p、f、e 分别表示驾驶员、油箱和发动机。根据式(4.3.1)，各部件的易损面积为

$$A_{Vp} = A_{Pp} \cdot P_{k/hp}, \quad A_{Vf} = A_{Pf} \cdot P_{k/hf}, \quad A_{Ve} = A_{Pe} \cdot P_{k/he} \tag{4.3.18}$$

如表 4.3.2 所示，假设部件与飞机呈现面积和部件毁伤准则已知，可以算出 A_{Vi} 与 $P_{k/Hi}$，A_V 与 $P_{K/H}$ 的值。

表 4.3.2 无冗余关键部件飞机的易损面积和毁伤概率

关键部件	A_{Pi}/m^2	$P_{k/hi}$	A_{Vi}/m^2	$P_{k/Hi}$
驾驶员	0.4	1.0	0.4	0.013 3
油箱	6	0.3	1.8	0.060 0
发动机	5	0.6	3.0	0.100 0
	$A_P=30$		$A_V=5.2$	$P_{K/H}=0.173 3$

对于关键部件的二次毁伤以及同一个关键部件的多种毁伤模式的影响,在该模型中可通过增大部件毁伤准则的数值间接地加以考虑。例如,假设飞机在油箱被击中发生起火破坏而导致飞机毁伤的概率为0.3。进一步假设油箱被穿透从而液压作动筒破坏使得油进入进气道被发动机吸入,这也会导致飞机的失效,概率为0.1(注意:这两种毁伤模式并非互不相容的,也就是说,当油箱被击中时两者可能同时发生)。飞机油箱被击中时,仅在既不起火也没有油料吸入发动机的情况下才能幸存。当油箱被击中时,这两种毁伤模式均不发生的概率是由不起火的概率(1-0.3)及发动机没有油料吸入毁伤的概率(1-0.1)的乘积给出的,即0.63。从而,若油箱受到打击,存在起火毁伤或油料吸入毁伤的概率为(1-0.63)或0.37(注意:修改的$P_{k/hi}$并不是两种毁伤概率各自简单的相加,因为一次击中可能存在起火毁伤及油料吸入毁伤的双重破坏)。从而,计入发动机吸入燃油的附加毁伤模式,将油箱的$P_{k/h}$从0.3增加到0.37,该方法同样可应用于关键部件由于多种毁伤模式的$P_{k/hi}$计算。

2. 有重叠无冗余部件飞机的易损性评估

现将模型扩展为允许有2个或多个关键部件以任意方式重叠。

图 4.3.2 给出表示飞机部件重叠的示例。重叠区域的尺寸或面积由重叠区的几何轮廓确定。重叠区内沿任一条射击线可以有多个关键部件。为了使飞机在受到沿着 c 个无冗余关键部件的重叠区内的射击线的打击后仍能生存,在这射击线上的任何一个关键部件都必须生存。因而,飞机在重叠区受到打击后生存的概率可通过类似于式(4.3.8)或式(4.3.9)的形式给出:

$$P_{s/ho} = P_{s/h1} \cdot P_{s/h2} \cdot P_{s/h3} \cdots P_{s/hc} = \prod_{i=1}^{c} (1 - P_{k/hi}) \qquad (4.3.19)$$

其中,c 为重叠区内关键部件数目。

因为重叠区可能会有2个或更多关键部件被一次打击而毁伤,多个部件毁伤的情况不是相互独立的,因而式(4.3.11)不适宜于重叠区,在重叠区内的打击必须用式(4.3.19)。

如果将面积为 A_{po} 的重叠区作为一个独立的部件考虑,则该部件受到打击时的毁伤概率为

$$P_{k/ho} = 1 - P_{s/ho} \qquad (4.3.20)$$

这里 $P_{s/ho}$ 是由式(4.3.19)计算得到的生存概率,因而,重叠区的易损面积 A_{Vo} 为

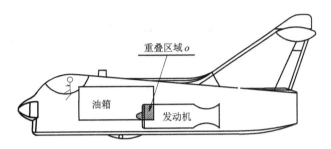

图 4.3.2　重叠无冗余部件飞机模型

$$A_{Vo} = A_{po} \cdot P_{k/ho} \qquad (4.3.21)$$

设图 4.3.2 中重叠区的面积为 1 m^2，与前相同，油箱的 $P_{k/h}$ 取为 0.3，重叠的发动机的 $P_{k/h}$ 取为 0.6；假设燃油可使毁伤元减速，但不足以改变发动机的 $P_{k/h}$。因为 $P_{k/h}$ 值与非重叠的例子相同，所以飞机易损面积的改变都是由部件重叠引起的。根据方程(4.3.19)～方程(4.3.21)，重叠区的毁伤概率和易损面积为

$$P_{k/ho} = 1 - P_{s/ho} = 1 - (1 - 0.3) \times (1 - 0.6) = 0.72$$
$$A_{Vo} = A_{po} \cdot P_{k/ho} = 1 \times 0.72 = 0.72 (m^2)$$

重叠区的易损面积对飞机易损面积的贡献和无冗余、无重叠情形下所计算的易损面积相同。但是，重叠部件的总呈现面积应减去重叠部分的面积，重叠区外的部件面积按正常方式处理。表 4.3.3 列出了有重叠部件的飞机易损面积。可见，将两个关键部件重叠布置，飞机的易损面积从 5.2 m^2 降为 5.02 m^2。

表 4.3.3　带有重叠部件的飞机易损面积

关键部件	A_{Pi}/m^2	$P_{k/hi}$	A_{Vi}/m^2
驾驶员	0.4	1.0	0.4
油箱	6.1	0.3	1.5
发动机	5.1	0.6	2.4
重叠区域	1	0.72	0.72
	$A_P = 30$		$A_V = 5.02$

如果打击在重叠区引起的毁伤不产生二次毁伤，部件的重叠可减小飞机的易损面积。例如，考虑弹道穿过重叠在发动机上的油箱，如图 4.3.2 所示。燃油可能会从被击穿的油箱中流到热的发动机表面，引起燃烧。从而发动机因为油箱的重叠使其毁伤概率高于 0.6。其发动机起火的概率由表 4.3.4 给出，重叠面积假定为 1 m^2，油箱的 $P_{k/h}$ 同前面一样取 0.3，发动机重叠部分的 $P_{k/h}$ 取 0.9，因为假定发动机起火总是由油箱的重叠部分被击中而引起的。从而

$$P_{k/ho} = 1 - (1 - 0.3) \times (1 - 0.9) = 0.93$$

飞机的易损面积增加到 5.23 m²。

表 4.3.4 带有重叠部件和发动机起火的飞机易损面积

关键部件	A_{Pi}/m^2	$P_{k/hi}$	A_{Vi}/m^2
驾驶员	0.4	1.0	0.4
油箱	6.1	0.3	1.5
发动机	5.1	0.6	2.4
重叠区域	1	0.93	0.93
	$A_P=30$		$A_V=5.23$

比较表 4.3.2~表 4.3.4 给出的飞机易损面积,可以发现如果不发生着火,油箱与发动机重叠将飞机易损面积从 5.2 m² 减小到 5.02 m²。然而,如果发生着火,易损面积就增加到了 5.23 m²。可见,如果没有二次毁伤模式发生,无冗余关键部件重叠可以降低易损性。

值得注意的是,部件重叠时要考虑连续穿透多个部件时引起的侵彻体速度衰减和质量的损失。

3. 有冗余且无重叠部件的飞机易损性评估

如图 4.3.3 所示,增加第二台分离的发动机对上述的无冗余部件飞机模型加以扩展。假设第二台发动机的呈现面积与第一台发动机的相同,为 5 m²,但因为是一个附加的辅助发动机,它的 $P_{k/h}$ 值取 0.7(第二个发动机取较大的易损面积有助于在后面的说明中将它与第一台发动机区分开来)。为了比较,假设飞机的呈现面积仍为 30 m²。表 4.3.5 给出了这个例子的易损性参数值。

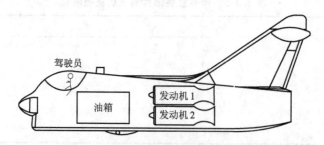

图 4.3.3 有冗余无重叠部件的飞机模型

冗余部件飞机模型的毁伤表达式变为:驾驶员或油箱或(发动机 1 与发动机 2)。

飞机在给定的随机打击下生存的概率为

$$P_{S/H}=P_{s/Hp}P_{s/Hf}(1-P_{k/He1}P_{k/He2}) \tag{4.3.22}$$

也可写为如下形式:

$$P_{S/H}=(1-P_{k/Hp})(1-P_{k/Hf})(1-P_{k/He1}P_{k/He2}) \tag{4.3.22 *}$$

表 4.3.5　冗余部件飞机模型的易损面积

关键部件	A_{Pi}/m^2	$P_{k/hi}$	A_{Vi}/m^2	$P_{k/Hi}$
驾驶员	0.4	1.0	0.4	0.013 3
油箱	6	0.3	1.8	0.060 0
发动机 1	5	0.6	3.0	0.100 0
发动机 2	5	0.7	3.5	0.116 7
	$A_P = 30$		$A_V = 2.2$	$P_{K/H} = 0.073\ 3$

式(4.3.22*)说明如果驾驶员被毁伤或油箱被毁伤或两个发动机均被毁伤,则飞机被毁伤。分解得到

$$P_{S/H} = (1 - P_{k/Hp} - P_{k/Hf} + P_{k/Hp} P_{k/Hf})(1 - P_{k/He1} P_{k/He2}) \qquad (4.3.22**)$$

所有部件的毁伤是相互独立的,单个打击不可能同时毁伤两个关键部件,因而部件毁伤概率的乘积项为 0。因此,飞机仅在驾驶员或油箱被毁伤时才毁伤,$P_{K/H}$ 和 A_V 由下式给出:

$$P_{K/H} = P_{k/Hp} + P_{k/Hf} \text{ 和 } A_V = A_{Vp} + A_{Vf} \qquad (4.3.23)$$

一般而言,只有那些在一次打击下毁伤且能引起飞机毁伤的部件的易损面积对目标总易损面积有贡献。如果一次打击仅毁伤了冗余部件中的一个,飞机不会被毁伤,易损面积不会受到影响。因此,这种情况下飞机总的易损面积仅仅是每个无冗余关键部件易损面积的总和。对表 4.3.5 定义的飞机,由于附加了第二台发动机,一次打击下的易损面积从 5.2 m² 减小到 2.2 m²。可见,冗余可以有效地减小飞机的易损面积。

另外,如果被击中的冗余部件的毁伤产生二次毁伤,或毁伤过程传播到另一个冗余部件并毁伤此部件导致飞机毁伤,这时冗余部件就会影响飞机的易损面积。例如,假设一台发动机受打击产生的二次破片或火焰引燃了另一台发动机的概率为 0.1,只要发动机被击中这一事件发生,部件的呈现面积就变为(5+5) m²,也就是 10 m²,所以两台发动机对易损面积的贡献为 1 m²。因此,这一毁伤模式将飞机易损面积提高为 3.2 m²。

4. 有冗余且重叠部件的飞机易损性评估

如果允许冗余部件相互重叠(如图 4.3.4 中所示的飞机),则式(4.3.23)的易损面积计算公式必须修改,因为重叠区的一次打击会同时毁伤两台发动机。

图 4.3.4 所示阴影面积为重叠区,穿透该区域的一次打击可能同时毁伤这两个冗余部件,进而毁伤飞机。因此,必须将重叠区的易损面积加到无冗余关键部件中。如同重叠的无冗余模型一样,这一重叠区域变为另一个关键部件。其易损面积计算同前,但是,细节上有明显的不同。式(4.3.19)给出的 $P_{s/ho}$ 的表达式必须修改。按式(4.3.19),飞机在无冗余部件的某重叠区受到一次打击下生存的概率由下式给出。

$$P_{s/ho} = P_{s1} P_{s2} P_{s3} \cdots P_{sc} \qquad (4.3.24)$$

然而,如果沿着射击线的这些部件中存在两个冗余部件(例如部件 2 和部件 3),这两个部件均

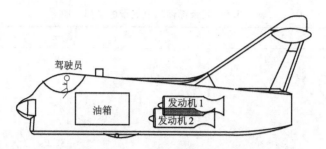

图 4.3.4 冗余部件重叠的飞机模型

被毁伤的概率等于它们单独毁伤概率的积 $P_{k/h2}P_{k/h3}$，这也会导致飞机毁伤。两部件不同时被毁伤的概率是 $P_{k/h2}P_{k/h3}$ 的补集，即 $(1-P_{k/h2}P_{k/h3})$，这是飞机能生存所需要的。因此，像在式(4.3.22*)中那样，式(4.3.24)中的 $P_{s2}P_{s3}$ 必须用 $(1-P_{k/h2}P_{k/h3})$ 代替。即

$$P_{s/ho}=(1-P_{k/h2}\cdot P_{k/h3}) \tag{4.3.24*}$$

该方法可推广到 3 个或更多个冗余部件的重叠情况。

每个冗余部件的非重叠部分不用计算易损面积，因为通过任何冗余部件重叠区外的单一射击线只对该部件产生毁伤而对飞机不产生毁伤，从而不影响飞机的易损面积。

如图 4.3.4 所示，假设第一台发动机重叠部分 $P_{k/h1}$ 值为 0.6，并且被重叠的发动机的 $P_{k/h2}$ 为 0.2(第一台减弱了毁伤元的毁伤能力)。飞机在重叠区受到一次打击下生存的概率为 $(1-0.6\times0.2)$，即 0.88。因此，飞机在重叠区受到打击的毁伤概率为 0.12。如果重叠面积设为 1 m²，则发动机重叠使易损面积升为 2.32 m²，可见，冗余部件的重叠提高了目标的易损性，对飞机的生存是不利的。

4.3.2 多次打击下飞机的易损性评估

在任何战斗任务中，飞机可能受到不止一次的打击。假设这些打击在飞机上的分布是随机的，并且所有的打击均沿着平行的射击线从相同的方向入射目标。

定义飞机受到 n 次随机打击下第 i 个部件仍能生存的概率为 $\overline{P}_{s/Hi}^{(n)}$，它等于部件在飞机所受的 n 次打击中的每一次打击下的生存概率的乘积(P 上面的横线表示它是联合概率，括号中的上标 n 表示打击的次数)，因此

$$\overline{P}_{s/Hi}^{(n)}=P_{s/Hi}^{(1)}P_{s/Hi}^{(2)}\cdots P_{s/Hi}^{(n)}=\prod_{j=1}^{n}P_{s/Hi}^{(j)} \tag{4.3.25}$$

式中，$P_{s/Hi}^{(j)}$ 为飞机在受到第 j 次打击下第 i 个部件的生存概率。

飞机受到第 j 次打击下第 i 个部件的生存概率等于 1 减去飞机在第 j 次打击下第 i 个部件的毁伤概率，即

$$P_{s/Hi}^{(j)}=1-P_{k/Hi}^{(j)} \tag{4.3.26}$$

假定 $P_{k/Hi}$ 对所有的 j 为常数，则式（4.3.25）可以写为

$$\overline{P}_{s/Hi}^{(n)} = \prod_{j=1}^{n} (1 - P_{k/Hi}^{(j)}) = (1 - P_{k/Hi}^{(j)})^n \tag{4.3.27}$$

飞机在 n 次打击后的生存概率可用相似的方法推得

$$\overline{P}_{S/H}^{(n)} = \prod_{j=1}^{n} (1 - P_{K/H}^{(j)}) = (1 - P_{K/H}^{(j)})^n \tag{4.3.28}$$

其中，$P_{K/H}^{(j)}$ 是飞机在第 j 次打击下的毁伤概率。飞机在 n 次打击后的毁伤概率 $\overline{P}_{K/H}^{(n)}$ 是 $\overline{P}_{S/H}^{(n)}$ 的补集，即

$$\overline{P}_{K/H}^{(n)} = 1 - \overline{P}_{S/H}^{(n)} = 1 - \prod_{j=1}^{n} (1 - P_{K/H}^{(j)}) \tag{4.3.28 *}$$

多次打击下的易损性评估中，无冗余部件飞机模型和冗余部件飞机模型是有区别的。因为多次打击并不改变无冗余部件模型的总易损面积和 $P_{K/H}$。如果一次射击击中了飞机，但未击中关键部件，易损面积和 $P_{K/H}$ 保持不变，当打击击中了无冗余关键部件的易损面积时，飞机才被毁伤。

冗余部件飞机模型则完全不同，如果飞机的冗余部件的易损面积受到一次打击，飞机并未被毁伤，但飞机对第 2 次打击的易损面积及 $P_{K/H}$ 将升高，因为冗余部件中的一个已被毁伤。例如，若两台发动机中的一个被第一次打击毁伤，则飞机的易损面积由于失去发动机的冗余而升高，因为随后的打击对余下的发动机的毁伤会使飞机毁伤。

下面用三种方法对多次打击下的飞机目标易损性进行评估，这三种方法分别为毁伤树图法、状态转换矩阵法（也叫马尔可夫链法）和简易评估方法[4-11]。

1. 毁伤树图法

毁伤树图法就是用毁伤树图的形式表示目标受到不同次数打击后所发生的事件及概率，将毁伤树图中表示目标毁伤事件的概率累加得到目标遭受不同次数打击后的概率值。下面结合例子介绍此方法。

（1）无冗余部件模型

图 4.3.5 所示在毁伤树图中标出了每个无冗余关键部件（驾驶员、油箱、发动机）和非关键部件的互不相容的毁伤概率，$P = P_{k/Hp}$，$F = P_{k/Hf}$，$E = P_{k/He}$，N 表示非关键部件

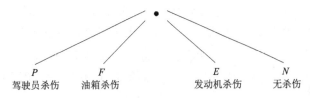

图 4.3.5　毁伤树图（首次击中，无冗余模型）

的毁伤概率，$P + F + E + N = 1$。首次打击下飞机的毁伤概率由 $P + F + E$ 给出。

图 4.3.6 表示第二次打击后的毁伤树图。$P \times P$ 代表第一次打击毁伤驾驶员，而且第 2 次打击也毁伤了驾驶员的情形。但是，应注意一旦定义了第一次打击下一个关键部件的毁伤概率，在后续的所有打击下该部件毁伤概率保持不变（驾驶员不可能被毁伤两次）。在某关键

部件毁伤的条件下,第二次打击对目标的毁伤无任何贡献,也就是说没有必要考虑下属的四个分支。因为两次打击下对目标的毁伤概率为 $PP+PF+PE+PN$,而 $P+F+E+N=1$,所以 $P(P+F+E+N)=P$,这与首次打击下计算的概率 P 相同。飞机的毁伤概率在二次打击下的增加值来自首次打击下未被毁伤的关键部件。因此,只有未毁伤的分支在二次打击时才有意义。

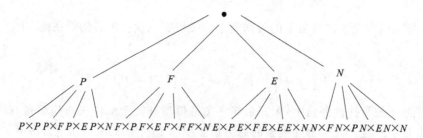

图 4.3.6　毁伤树图(二次击中,非冗余模型)

为了说明毁伤树图方法,假定部件毁伤概率值同表 4.3.2。图 4.3.7 列出了首次打击下各关键部件的毁伤概率,首次打击下飞机的毁伤概率是每个关键部件毁伤概率的总和。

$$\overline{P}_{K/H}^{(1)}=0.013\ 3+0.060\ 0+0.100=0.173\ 3$$

则首次打击下飞机的生存概率为

$$\overline{P}_{S/H}^{(1)}=1-0.173\ 3=0.826\ 7$$

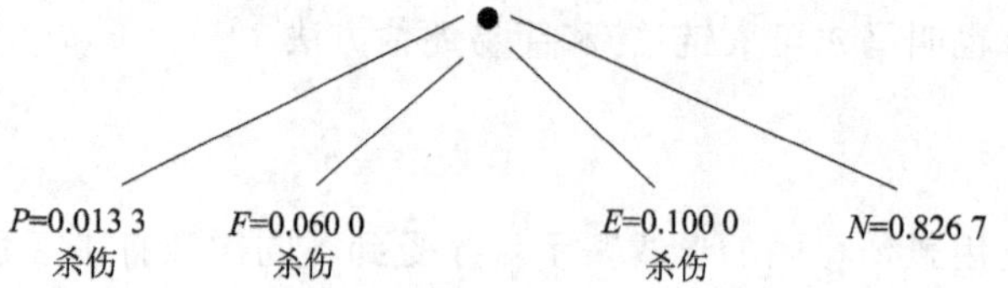

图 4.3.7　毁伤树图及毁伤概率(首次击中)

图 4.3.8 将此例扩展到第二次打击。飞机在第二次打击后的毁伤概率是所有关键部件在第一次打击下的 $P_{k/hi}$ 的总和加上第二次打击下每个关键部件增加的毁伤概率的和:

$$\overline{P}_{K/H}^{(2)}=\overline{P}_{K/H}^{(1)}+0.826\ 7\times(0.013\ 3+0.060\ 0+0.100)$$
$$=0.173\ 3+0.143\ 3=0.316\ 6$$

则

$$\overline{P}_{S/H}^{(2)}=1-\overline{P}_{K/H}^{(2)}=1-0.316\ 6=0.683\ 4$$

毁伤树图法可无限地继续下去以确定任意次打击下的 $\overline{P}_{K/H}$ 和 $\overline{P}_{S/H}$。但是,无冗余部件飞机模型在一系列打击下生存的概率也可由式(4.3.28)来计算。因为对无冗余部件飞机模型来说,$P_{K/H}$ 是常数。因此,飞机在两次打击下生存的概率可由下式给出:

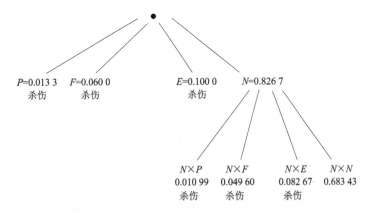

图 4.3.8　毁伤树图及毁伤概率（二次击中）

$$\overline{P}_{\mathrm{S/H}}^{(2)} = (1 - P_{\mathrm{K/H}}^{(1)})(1 - P_{\mathrm{K/H}}^{(2)}) = (1 - P_{\mathrm{K/H}}^{(1)})^2 = (1 - 0.173\ 3)^2 = 0.683\ 4$$

这一数值与由毁伤树图法计算得到的值相同，实际上式（4.3.28）可用于任意次打击的生存概率或毁伤概率的计算，并且使用起来比毁伤树图法更方便。这一公式的本质是所有的无冗余关键部件可被合并为一个组合的关键部件，此例中该组合关键部件的易损面积为 5.2 m²，$P_{\mathrm{K/H}}$ 为 0.173 3。

（2）冗余部件模型

现在考虑由图 4.3.3 及表 4.3.5 给出的冗余关键部件飞机模型。对 $\overline{P}_{\mathrm{K/H}}^{(n)}$ 及 $\overline{P}_{\mathrm{S/H}}^{(n)}$ 的计算用与前面相类似的方法进行。虽然发动机是冗余关键部件，在毁伤树图中都表示为一个独立的分支，因为一台发动机的毁伤是飞机受打击后的可能结果，并且任何一台发动机的毁伤会对飞机的易损性产生影响。图 4.3.9 列出了第一次打击下的毁伤树图，N 表示没有关键部件（冗余部件或者无冗余部件）被毁伤的概率。

冗余部件飞机模型的毁伤表达式为：驾驶员或油箱或（发动机 1 与发动机 2）。因为第一次打击不能毁伤两台发动机，飞机在第一次打击下的毁伤概率仅仅是无冗余关键部件（驾驶员和油箱）的毁伤概率之和。因此，

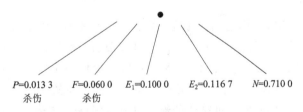

图 4.3.9　毁伤树图及毁伤概率（冗余模型，首次击中）

$$\overline{P}_{\mathrm{K/H}}^{(1)} = 0.013\ 3 + 0.060 = 0.073\ 3$$

图 4.3.10 显示了发动机 1 在第一次打击毁伤条件下第二次打击有可能发生各毁伤事件的概率。表示第一次打击毁伤发动机 1 条件下，第二次打击毁伤驾驶员（0.013 3）、油箱（0.060）或发动机 2（0.116 7）所致的增加的飞机毁伤概率。飞机新增毁伤概率是由无冗余关键部件的毁伤引起的。同理，由发动机 2 毁伤产生的 5 个分支及由 N 产生的 5 个分支也将影响飞机总的毁伤，因此，两次打击后飞机的毁伤概率为

$$\overline{P}_{K/H}^{(2)}=0.073\ 3+0.100\ 0\times(0.013\ 3+0.060\ 0+0.116\ 7)+$$

$$0.116\ 7\times(0.013\ 3+0.060\ 0+0.100\ 0)+0.710\ 0\times(0.013\ 3+0.060\ 0)$$

$$=0.164\ 6$$

从而

$$\overline{P}_{S/H}^{(2)}=1-\overline{P}_{K/H}^{(2)}=1-0.164\ 6=0.835\ 4$$

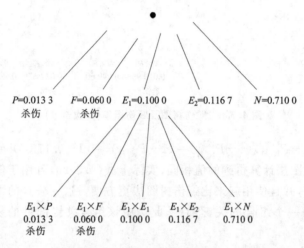

$P=0.013\ 3$　$F=0.060\ 0$　$E_1=0.100\ 0$　$E_2=0.116\ 7$　$N=0.710\ 0$
杀伤　　　　杀伤

$E_1\times P$　$E_1\times F$　$E_1\times E_1$　$E_1\times E_2$　$E_1\times N$
0.013\ 3　0.060\ 0　0.100\ 0　0.116\ 7　0.710\ 0
杀伤　　　杀伤

图 4.3.10　毁伤树图及毁伤概率(冗余模型,二次击中,部分)

第二次打击由于增加了冗余发动机,与单台发动机相比生存力有显著提高。如同无冗余情形,该过程可无限地继续下去。但是,由于运算的复杂性,上面的运算会变得无法进行。下面介绍的状态转换矩阵方法可更好地解决此类问题。

2. 状态转换矩阵法(马尔可夫链法)

毁伤元素击中目标后,可能使目标处于某种状态,如飞机的无冗余关键部件被毁伤而使飞机毁伤,部件及其冗余部件同时被毁伤而使飞机毁伤,有冗余的关键部件被毁伤而使飞机处于非毁伤状态,或者无关键部件被毁伤而使飞机处于非毁伤状态,可以把毁伤元击中飞机看做是一系列独立事件,由于毁伤元命中目标的位置是随机的,所以各事件的结果(飞机所处状态)也是随机的,因此可将此过程模拟为马尔科夫过程。

记$\{X_n,n=0,1,2,\cdots\}$,n表示命中目标的毁伤元数目,$X_n(X_n\in I)$表示目标命中n发毁伤元素后其所处的状态;状态空间$I=\{1,2,\cdots,q,q+1,\cdots,r\}$,其中$1,2,\cdots,q$为毁伤状态,$q+1,\cdots,r$为非毁伤状态。毁伤状态也称为吸收状态,因为不可能从毁伤状态转化为非毁伤状态。

研究目标被击中$0,1,2,\cdots,n$次后的毁伤概率,只需研究目标被击中$0,1,2,\cdots,n$次后其存在于某种状态的概率。

转移矩阵为

$$[T] = \begin{bmatrix} P_{11} & P_{12} & \cdots & P_{1j} & \cdots & P_{1r} \\ P_{21} & P_{22} & \cdots & P_{2j} & \cdots & P_{2r} \\ \vdots & \vdots & & \vdots & & \vdots \\ P_{i1} & P_{i2} & \cdots & P_{ij} & \cdots & P_{ir} \\ \vdots & \vdots & & \vdots & & \vdots \\ P_{r1} & P_{r2} & \cdots & P_{rj} & \cdots & P_{rr} \end{bmatrix} \qquad (4.3.29)$$

矩阵中每个元素表示由列定位的状态向行定位的状态转移的概率,如 P_{ij} 表示由 j 状态向 i 状态转移的概率。

目标被 n 次击中后,其所处状态的概率用如下矢量形式表示:

$$\{S\}^{(n)} = \begin{Bmatrix} P_1^{(n)} \\ P_2^{(n)} \\ \vdots \\ P_r^{(n)} \end{Bmatrix} \qquad (4.3.30)$$

其中,$P_i^{(n)}$ 表示击中 n 次后,目标处于 $i(i \in I)$ 状态的概率。

目标被 $n+1$ 次毁伤元击中后,其存在于各状态的概率为

$$\{S\}^{(n+1)} = [T]\{S\}^{(n)} = \cdots = [T]^{n+1}\{S\}^{(0)} \qquad (4.3.31)$$

因为目标处于 $0,1,2,\cdots,q$ 状态时为毁伤状态,所以 n 次击中后目标的毁伤概率 $\overline{P}_{K/H}^{(n)}$ 为

$$\overline{P}_{K/H}^{(n)} = \sum_{i=1}^{q} P_i^{(n)} \qquad (4.3.32)$$

下面以具有冗余发动机的飞机模型为例,介绍马尔科夫链方法评估飞机在多次打击下的易损性。

一架由驾驶员、油箱和两台发动机组成的飞机可以以五个不同的状态存在。

① 一个或更多的无冗余关键部件被毁伤(驾驶员或油箱),导致飞机的毁伤,记为 Knrc;

② 仅有发动机 1 被毁伤,记为 Krc1;

③ 仅有发动机 2 被毁伤,记为 Krc2;

④ 发动机 1 与发动机 2 均被毁伤,导致飞机的毁伤,记为 Krc;

⑤ 无任何关键部件(包括冗余和无冗余部件)被毁伤,记为 nk。

上述这些状态中,Krc1、Krc2 和 nk 为非毁伤状态,Knrc 和 Krc 为毁伤状态。

现在建立概率转换矩阵 $[T]$(定义飞机在打击下将怎样从一个状态转化到另一个状态)。表 4.3.6 给出了表 4.3.5 定义的冗余部件飞机模型转换矩阵 $[T]$ 的计算示例,矩阵的每个元素代表了从列位置定义的状态转化到行位置定义的状态的概率。例如,飞机从 Knrc 状态转化为 Knrc 状态的概率为 1(30/30),因为 Knrc 是一个吸收状态。从 Krc1 状态(发动机 1 毁伤)转化为 Knrc 状态(无冗余部件毁伤)的概率是两个无冗余部件毁伤概率的总和,即,$P+F = (0.4+1.8)/30$。从 Krc1 转化为 Krc1(保持在 Krc1)的概率是毁伤发动机 1 的概率 E_1 和命中非

关键部位的概率之和,即(3.0+21.3)/30。从 Krc1 转化为 Krc2 的概率为 0,因为第一台发动机被毁伤后,第二台发动机再被毁伤定义为状态 Krc。因此,从 Krc1 到 Krc 的状态转换概率是第二台发动机被毁伤的概率 E_2。类似上述分析原理,可以建立完整的状态矩阵,见表 4.3.6。

表 4.3.6 状态转换矩阵的建立

从这个状态	Knrc	Krc1	Krc2	Krc	nk	到这个状态
	30	(0.4+1.8)	(0.4+1.8)	0	(0.4+1.8)	Knrc
	0	(3.0+21.3)	0	0	3.0	Krc1
1/30	0	0	(3.5+21.3)	0	3.5	Krc2
	0	3.5	3.0	30	0	Krc
	0	0	0	0	21.3	nk

矩阵中的每一列表示飞机经一次打击事件后,由一种状态转化为另外所有可能的状态的概率,每列之和为 1。

将飞机在第 j 次打击后存在于 5 个可能状态中的每一状态的概率用向量 $\{S\}^{(j)}$ 表示:

$$\{S\}^{(j)} = \begin{Bmatrix} Knrc \\ Krc1 \\ Krc2 \\ Krc \\ nk \end{Bmatrix} \tag{4.3.33}$$

$\{S\}^{(j)}$ 中各元素的和永远为 1,也就是说飞机必须存在于这 5 个状态中的某一状态。飞机受第 $j+1$ 次打击后处于各个状态的概率可由下式得到。

$$\{S\}^{(j+1)} = [T]\{S\}^{(j)} \tag{4.3.34}$$

也就是说,飞机按照 $[T]$ 从 $\{S\}^{(j)}$ 转化为 $\{S\}^{(j+1)}$。

飞机的毁伤定义为任一无冗余部件被毁伤或者冗余部件集的足够部件被毁伤,例如两台发动机毁伤的状态。本例中 Knrc 及 Krc 为毁伤状态。因而几次打击后飞机毁伤的概率等于飞机处于毁伤状态的概率之和,所以飞机的毁伤概率为

$$\overline{P}_{K/H}^{(n)} = Knrc^{(n)} + Krc^{(n)} \tag{4.3.35}$$

其中,$Knrc^{(n)}$ 和 $Krc^{(n)}$ 分别是 n 次打击后飞机处于这两个状态的概率。

使用前面例子的数据,计算第一次打击下飞机的毁伤。

第一次打击以前,飞机完全处于 nk 状态,按照式(4.3.34)得

$$\{S\}^{(1)} = [T]\{S\}^{(0)} = [T] \begin{Bmatrix} 0 \\ 0 \\ 0 \\ 0 \\ 1 \end{Bmatrix}$$

将表 4.3.6 中矩阵值代入上式得

$$\{S\}^{(1)} = \begin{Bmatrix} 0.073\ 3 \\ 0.100\ 0 \\ 0.116\ 7 \\ 0 \\ 0.710\ 0 \end{Bmatrix}$$

因此

$$\overline{P}_{K/H}^{(1)} = 0.073\ 3$$

同理,对于第二次打击

$$\{S\}^{(2)} = [T]\{S\}^{(1)} = [T] \begin{Bmatrix} 0.073\ 3 \\ 0.100\ 0 \\ 0.116\ 7 \\ 0 \\ 0.710\ 0 \end{Bmatrix} = \begin{Bmatrix} 0.141\ 3 \\ 0.152\ 0 \\ 0.179\ 3 \\ 0.023\ 3 \\ 0.504\ 1 \end{Bmatrix}$$

$\{S\}^{(2)}$ 向量表明在第二次打击后,驾驶员或油箱或者两者均被毁伤的概率为 14.13%,仅发动机 1 被毁伤的概率为 15.20%,仅发动机 2 被毁伤的概率为 17.93%,两台发动机均被毁伤的概率为 2.33%,没有关键部件被毁伤的概率为 50.41%。

第二次打击后飞机被毁伤的概率为

$$\overline{P}_{K/H}^{(2)} = 0.141\ 3 + 0.023\ 3 = 0.164\ 6$$

可见与用毁伤树图法计算得到的第二次打击后飞机毁伤概率值相同。这一过程可以容易地继续进行,直到任意次的打击。表 4.3.3 给出的无冗余部件飞机模型及冗余部件飞机模型(表 4.3.5)的 $\overline{P}_{K/H}^{(n)}$ 均为打击次数 n 的函数,如图 4.3.11 所示,由曲线可以看出,有冗余部件的飞机被毁伤的概率小于无冗余部件的飞机,但随着打击次数的增加,发动机冗余对飞机易损性的影响逐渐减小,这是由于在大量的打击下两台发动机同时被毁伤的概率增加。

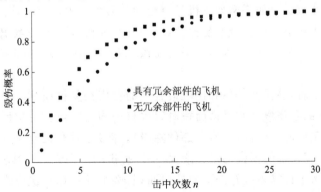

图 4.3.11　飞机毁伤概率与击中次数的关系

如果多次打击都沿着同一方向,转换矩阵对所有的打击均相同。如果多个毁伤元素从不同的方向打击飞机,可以针对每个重要的方向构建相应的转换矩阵。由式(4.3.34)计算第 $j+1$ 次打击下的状态向量时使用对应的转换矩阵即可。如果考虑毁伤积累,即由于打击次数的增加,使 $P_{k/Hi}$ 增大,转换矩阵 $[T]$ 相应地随打击次数变化而变化。

3. 多次打击下飞机易损性的简易评估方法

如果已知飞机在一次打击下每个关键部件的毁伤概率为 $P_{k/H}$,忽略单独部件在任何一次打击下毁伤的相互排斥性,可以得到飞机受到 n 次打击下毁伤概率的近似公式。对于示例的冗余部件飞机模型,可用式(4.3.22*)计算 n 次打击情况下飞机的生存概率:

$$\overline{P}_{S/H}^{(n)}=(1-\overline{P}_{k/Hp}^{(n)})(1-\overline{P}_{k/Hf}^{(n)})(1-\overline{P}_{k/He1}^{(n)}\ \overline{P}_{k/He2}^{(n)}) \tag{4.3.36}$$

式中

$$\overline{P}_{k/Hp}^{(n)}=1-(1-P_{k/Hp})^n,\quad \overline{P}_{k/Hf}^{(n)}=(1-P_{k/Hf})^n$$

$$\overline{P}_{k/He1}^{(n)}\ \overline{P}_{k/He2}^{(n)}=[1-(1-P_{k/He1})^n][1-(1-P_{k/He2})^n]$$

表 4.3.7 给出转换矩阵法及简化方法的计算结果,近似值 $\overline{P}_{K/H}^{(n)}$ 与精确解相比有低也有高,可见近似的毁伤概率对本例而言合理地逼近了精确值。

表 4.3.7 两种方法计算结果的比较

打击次数 n	1	2	3	4	5	10	20
$\overline{P}_{K/H}^{(n)}$ 精确值	0.073 3	0.164 6	0.261 5	0.356 6	0.445 6	0.761 9	0.964 0
$\overline{P}_{K/H}^{(n)}$ 近似值	0.083 3	0.175 7	0.269 3	0.359 5	0.443 6	0.741 0	0.956 7

4. 多次打击下的易损面积

上面导出的 n 次打击下的累积毁伤概率并不是评估和比较飞机易损性的最好量度,因为它与飞机的物理尺寸有关。如果两架飞机具有相同的易损面积,但有不同的呈现面积,那么有较大呈现面积的飞机将显示出较低的易损性,因为它在 n 次打击下的累积毁伤概率将比有较小呈现面积的飞机低。另一方面,因为它呈现面积较大,可能受到更多的打击,也就是说,它可能会更敏感。

从设计的角度来看,易损性评估和比较最合理的量度是易损面积。对无冗余关键部件飞机而言,给定打击下的毁伤概率和易损面积对每次打击均为常数。每次后续的打击与前一次打击具有相同毁伤飞机的可能性(忽略了部件降级)。但是,对有冗余关键部件的飞机并非如此,因为一个或多个冗余部件损失的概率增大,一次打击的毁伤概率及其相应的易损面积随每一次打击而变化。为了计算多次打击下的易损面积,必须计算每一次打击下的毁伤概率。飞机在 n 次打击下生存的概率由式(4.3.28)给出:

$$\overline{P}_{S/H}^{(n)}=(1-P_{K/H}^{(1)})(1-P_{K/H}^{(2)})\cdots(1-P_{K/H}^{(n)})$$

该式可表示为

$$\overline{P}_{\mathrm{S/H}}^{(n)} = \overline{P}_{\mathrm{S/H}}^{(n-1)}(1 - P_{\mathrm{K/H}}^{(n)}) \tag{4.3.37}$$

所以

$$1 - P_{\mathrm{K/H}}^{(n)} = \overline{P}_{\mathrm{S/H}}^{(n)} / \overline{P}_{\mathrm{S/H}}^{(n-1)} \tag{4.3.38}$$

式(4.3.38)也可以写为下列形式：

$$1 - P_{\mathrm{K/H}}^{(n)} = \frac{1 - \overline{P}_{\mathrm{K/H}}^{(n)}}{1 - \overline{P}_{\mathrm{K/H}}^{(n-1)}} \tag{4.3.38*}$$

故

$$P_{\mathrm{K/H}}^{(n)} = \frac{\overline{P}_{\mathrm{K/H}}^{(n)} - \overline{P}_{\mathrm{K/H}}^{(n-1)}}{1 - \overline{P}_{\mathrm{K/H}}^{(n-1)}} \tag{4.3.39}$$

第 n 次打击下的易损面积 $A_{\mathrm{V}}^{(n)}$ 为

$$A_{\mathrm{V}}^{(n)} = A_{\mathrm{P}} P_{\mathrm{K/H}}^{(n)} \tag{4.3.40}$$

图 4.3.12 显示了有冗余部件飞机模型和无冗余部件飞机模型的 $A_{\mathrm{V}}^{(n)}$ 随命中次数的变化规律。有冗余部件飞机的易损面积逐渐增大,无冗余部件飞机的易损面积是恒定值。前 15 次打击有冗余飞机的易损面积比无冗余飞机(含 3 m² 发动机的易损面积)易损面积要小。在接下来的打击中,由于两台发动机中的一台可能已被毁伤,冗余不复存在,所以有冗余部件飞机的易损面积和无冗余部件趋于相同,后面稍大一些,是因为另一台发动机的易损面积为3.5 m²,比无冗余部件的发动机的易损面积大。

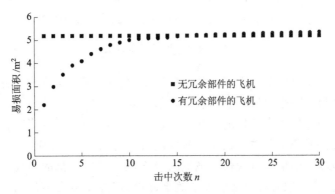

图 4.3.12　飞机的易损面积随击中次数的变化规律

易损性评估的过程,也证明了减小易损性的措施(如部件冗余、部件布置、被动的毁伤抑制、主动的毁伤抑制、部件遮挡和部件隔离等)是非常有效的。上面的例子表明部件冗余可大幅度减小 $\overline{P}_{\mathrm{K/H}}^{(n)}$ 或目标的易损面积。另外,部件重叠、交错结构、非关键部件对关键部件的遮挡、被动的和主动的毁伤抑制等都可以减少 $P_{\mathrm{k/hi}}$ 的值,从而减小目标的易损性。

4.4 战斗部在飞机目标内部爆炸的易损性

对空目标战斗部常用的引信有两种,一种是近炸引信,另一种是延期引信。配近炸引信的战斗部在目标附近爆炸;带延期引信的战斗部,撞击到目标后进入目标内部爆炸。对于后一种情况,前面介绍的侵彻体易损性评估方法不再适用。因为破片的入射方向以炸点为中心以辐射状向外飞散,任何位于破片射击线范围内的关键部件都需要评估,而飞机的易损面积和飞机给定一次打击下的毁伤概率需要计算。

有多种方法可以处理此类问题。一个简单的方法是扩展呈现面积方法,扩展部件的呈现面积使之超过部件的实际物理尺寸,然后用前面介绍的方法进行易损面积和毁伤概率的计算。例如,飞行员的呈现面积可能是整个座舱,因为任何在座舱内的爆炸和打击可能杀死飞行员。图 4.4.1 描述了这个方法。如果两个或更多的部件的扩大的呈现面积有相交或重叠的情况,就使用前面讲述的重叠部件计算方法和步骤进行处理。

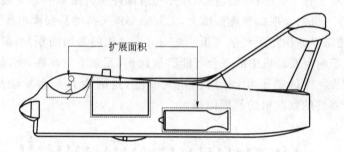

图 4.4.1 扩展面积方法

另一种方法是在飞机的呈现面积上叠加单元格(图 4.4.2),假设战斗部的炸点相互独立,在每个单元格之中包含一个随机的爆炸点。评估炸点发生在每个网格内时飞机的毁伤概率,该毁伤概率取决于相邻的关键部位的相互位置、内部结构和非关键部件的遮挡关系。如果单元格之外的关键部件或部位能被毁伤元素命中或毁伤时,在评估时应考虑这时可能几个冗余关键部件被一发战斗部的爆炸所毁伤。飞机的毁伤概率可用飞机的毁伤表达式求出。但是,因为在给定一次打击下,同时可以毁伤多个关键部件,部件的毁伤不是相斥的,如战斗部爆炸可以同时毁伤燃油系统和飞行员。因此,这里必须应用部件重叠区域的 $P_{k/ho}$ 计算方法。在某一受袭方向飞机遭受随机打击下毁伤概率等于弹丸击中单元格的概率 $P_{K/Hb}$ 乘以击中单元格条件下毁伤飞机的概率。命中单元格的概率为

$$P_{Hb} = A_b/A_P \quad b = 1, 2, \cdots, B \tag{4.4.1}$$

其中,B 是单元格的数目;A_b 是每一个单元格的面积。

飞机受到随机打击下毁伤的概率为

$$P_{K/H} = \sum_{b=1}^{B} P_{Hb} P_{K/Hb} = \frac{1}{A_P} \sum_{b=1}^{B} A_b P_{K/Hb} = \frac{1}{A_P} \sum_{b=1}^{B} A_{Vb} \qquad (4.4.2)$$

其中，A_{Vb} 是第 b 个单元格的易损面积。

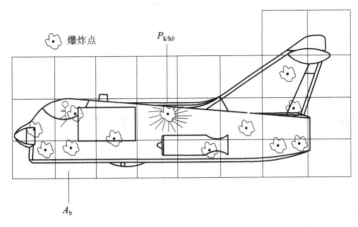

图 4.4.2 点爆炸方法

飞机的易损面积可用下式计算：

$$A_V = \sum_{b=1}^{B} A_b P_{K/Hb} = \sum_{b=1}^{B} A_{Vb} \qquad (4.4.3)$$

即每个单元格的易损面积之和。

在内部爆炸的弹丸打击下目标的易损面积一般都比非爆炸射弹和弹片打击下的易损面积大，但它不可能超过飞机的呈现面积。

4.5 外部爆炸破片场作用下飞机目标的易损性

采用外部爆炸毁伤目标的战斗部有大口径的高炮弹药和大部分地空和空空导弹战斗部。图 4.5.1 是这类战斗部和目标遭遇的典型情况。战斗部爆炸后，冲击波运动在破片之前，随后，由于破片速度的衰减比冲击波速度的衰减小，破片就超过了冲击波，运动在冲击波之前。战斗部主要靠产生的高速破片、冲击波和爆炸的燃烧微粒毁伤目标。对于外部爆炸战斗部作用下飞机的易损性评估通常采用下面两个步骤来进行。第一步是评估飞机对冲击波的易损性；第二步是评估飞机对破片的易损性。本节主要分析飞机在破片场作用下的易损性。

当战斗部在飞机附近爆炸时，破片以一定的速度以球面状向外飞散。破片速度是战斗部静止爆炸形成破片的速度与战斗部终点速度之和。战斗部爆炸形成的破片分布在前缘飞散角和后缘飞散角之间，如图 4.5.1 所示。因为破片向外飞散，飞机在空间运动，最终一部分破片可能击中飞机。破片是否击中飞机和击中位置取决于爆炸时战斗部和飞机的相对位置、速度、姿态以及静爆破片的速度和飞散角。

4.5.1　坐标系

为了确定弹目位置及姿态关系,建立目标、导弹及相对速度等坐标系,以及坐标系之间的转换关系。

1. 目标坐标系

目标坐标系(用 $Ox_ty_tz_t$ 表示)原点设在目标的几何中心,Ox_t 轴沿目标纵轴向前为正;Oy_t 轴取在目标对称平面内,向上为正;Oz_t 轴构成右手坐标系。对于飞机类目标,指向其右翼,如图 4.5.2 所示。

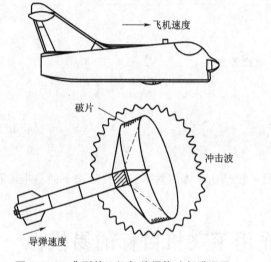

图 4.5.1　典型的飞机与外爆战斗部遭遇图

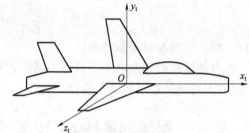

图 4.5.2　目标坐标系示意图

2. 导弹几何坐标系

导弹几何坐标系(用 $Ox_my_mz_m$ 表示)原点设在导弹质心或战斗部中心,Ox_m 轴沿导弹纵轴向前为正;Oy_m 轴取在对称平面内向上;Oz_m 轴构成右手坐标系。如图 4.5.3 所示。

3. 相对速度坐标系

相对速度坐标系有目联相对速度坐标系和弹联相对速度坐标系。

目联相对速度坐标系(用 $Oxyz$ 表示),其原点设在目标的几何中心,Ox 轴方向与相对速度矢量 $v_r = v_m - v_t$ 方向平行,Oy 轴取在垂直平面内,Oz 轴取在水平平面内,Oz 轴构成右手坐标系;其中,v_m 为导弹速度矢量,v_t 为目标运动速度矢量。弹联相对速度坐标系(用 $O_rx_ry_rz_r$ 表

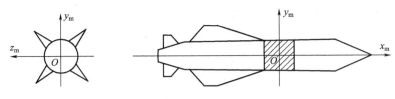

图 4.5.3　弹体坐标系示意图

示)的原点设在导弹炸点,各轴与目联相对速度坐标系各轴平行,如图 4.5.4 所示。

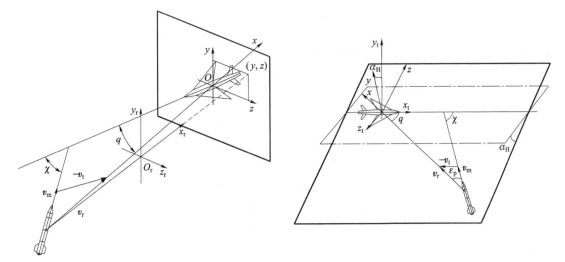

图 4.5.4　相对坐标系及弹目之间姿态关系

4. 坐标系间的相互转换

当给出攻击平面相对目标翼面的倾角 α_H 和在攻击平面的截获角 χ 或航向角 q 时,目联相对速度坐标系和目标几何坐标系可通过下列运算求出:

$$\begin{bmatrix} x \\ y \\ z \end{bmatrix} = [M_{to}] \begin{bmatrix} x_t \\ y_t \\ z_t \end{bmatrix} \tag{4.5.1}$$

$$\begin{bmatrix} x_t \\ y_t \\ z_t \end{bmatrix} = [M_{to}]^T \begin{bmatrix} x \\ y \\ z \end{bmatrix} \tag{4.5.2}$$

其中,$[M_{to}] = \begin{bmatrix} -\cos q & \sin q \sin \alpha_H & -\sin q \cos \alpha_H \\ 0 & \cos \alpha_H & \sin \alpha_H \\ \sin q & \cos q \sin \alpha_H & -\cos q \cos \alpha_H \end{bmatrix}$

式中,(x,y,z) 为目联相对速度坐标系中点的坐标,(x_t,y_t,z_t) 为目标坐标系中点的坐标;

$[M_{to}]$为由目标坐标系到目联相对坐标系之间的转换矩阵，T 表示矩阵的转置。

导弹几何坐标系到弹联相对速度坐标系的转换关系为

$$\begin{bmatrix} x_m \\ y_m \\ z_m \end{bmatrix} = [M_{rm}] \begin{bmatrix} x_r \\ y_r \\ z_r \end{bmatrix} \tag{4.5.3}$$

式中的转换矩阵为

$$[M_{rm}] = \begin{bmatrix} \cos\alpha_m & \sin\alpha_m & 0 \\ -\sin\alpha_m & \cos\alpha_m & 0 \\ 0 & 0 & 1 \end{bmatrix} \begin{bmatrix} \cos(\varepsilon_p-\beta_m) & 0 & \sin(\varepsilon_p-\beta_m) \\ 0 & 1 & 0 \\ -\sin(\varepsilon_p-\beta_m) & 0 & \cos(\varepsilon_p-\beta_m) \end{bmatrix}$$

其中，α_m 为导弹攻角；β_m 为导弹侧滑角；ε_p 为导弹前置角。

当 $\alpha_m \neq 0, \beta_m = 0$ 时，$[M_{rm}]$ 为

$$[M_{rm}] = \begin{bmatrix} \cos\alpha_m\cos\varepsilon_p & \sin\alpha_m & \cos\alpha_m\sin\varepsilon_p \\ -\sin\alpha_m\cos\varepsilon_p & \cos\alpha_m & -\sin\alpha_m\sin\varepsilon_p \\ -\sin\varepsilon_p & 0 & \cos\varepsilon_p \end{bmatrix}$$

当 $\alpha_m = \beta_m = 0$ 时，Oy 轴与 $O_r y_r$ 重合，则 $[M_{mr}]$ 可写为

$$[M_{mr}] = \begin{bmatrix} \cos\varepsilon_p & 0 & \sin\varepsilon_p \\ 0 & 1 & 0 \\ -\sin\varepsilon_p & 0 & \cos\varepsilon_p \end{bmatrix} \tag{4.5.4}$$

式中

$$\varepsilon_p = \arcsin\frac{v_t\sin q}{v_m}$$
$$v_r = v_t\cos q + v_m\cos\varepsilon_p \tag{4.5.5}$$

其中，v_t 为目标速度；v_m 为导弹速度；v_r 为相对速度。

4.5.2　战斗部爆炸形成的破片流

为了分析破片对目标的毁伤能力，下面分析破片流的飞散特性及破片流密度[4-12~4-14]。

1. 战斗部静止爆炸时的破片流

静止状态下战斗部爆炸形成的破片流可用下列参数描述：N_w，破片总数；q_w，单个破片的质量；k_H，破片的弹道系数；v_0 破片初速；φ_n，在战斗部纵轴平面内破片的平均飞散方向角；$\Delta\varphi_n$，在轴平面内破片的飞散角（图 4.5.5）；$\rho_n(\varphi_n,\eta_n)$，破片流密度（单位面积上的破片数）。其中，参数 φ_n 和 $\Delta\varphi_n$ 可确定轴平面内破片的飞散角范围。

$$\varphi_{n1} = \varphi_n - \frac{\Delta\varphi_n}{2}, \quad \varphi_{n2} = \varphi_n + \frac{\Delta\varphi_n}{2} \tag{4.5.6}$$

破片流的初始条件由向量 v_0 确定，其在导弹几何坐标中的位置用角 φ_n、η_n 表示（图 4.5.6）。

对于结构确定的战斗部，破片参数 N_w、q_w、v_0、φ_n 是确定的，破片在 $\Delta\varphi_n$ 范围内的分布具有一定的随机性，但不同类型的战斗部服从不同的分布规律（如均匀分布、正态分布等）。

2. 绝对运动的破片流

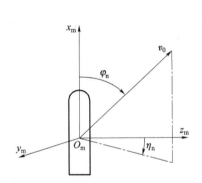

图 4.5.5　破片的飞散范围

如图 4.5.7 所示，战斗部在弹道终点处爆炸时，形成破片的绝对初始速度 v_{01} 为

$$v_{01} = v_0 + v_m \qquad (4.5.7)$$

其中，v_0 为战斗部静爆时破片的初速；v_m 为战斗部终点绝对速度。

图 4.5.6　破片速度矢量　　　　　　　图 4.5.7　破片的绝对初始速度

在导弹几何坐标系中，向量 v_{01} 的位置由角 φ_a 和 η_a 确定。其中 φ_a 为轴平面内向量 v_{01} 的倾角，η_a 为在赤道面内的角度。

破片的绝对速度分量为

$$\begin{cases} v_{xm} = v_0 \cos\varphi_n + v_m \cos\alpha_m \\ v_{ym} = v_0 \sin\varphi_n \sin\eta_n + v_m \sin\alpha_m \\ v_{zm} = v_0 \sin\varphi_n \cos\eta_n \end{cases} \qquad (4.5.8)$$

则

$$\begin{cases} \tan\eta_a = \dfrac{v_{ym}}{v_{zm}} = \tan\eta_n + \dfrac{v_m \sin\alpha_m}{v_0 \sin\varphi_n \cos\eta_n} \\ \tan\varphi_a = \dfrac{\sqrt{v_{ym}^2 + v_{zm}^2}}{v_{xm}} = \dfrac{\sqrt{v_0^2 \sin^2\varphi_n + 2v_0 v_m \sin\alpha_m \sin\varphi_n \sin\eta_n + v_m^2 \sin^2\alpha_m}}{v_0 \cos\varphi_n + v_m \cos\alpha_m} \\ v_{01} = \sqrt{v_{xm}^2 + v_{ym}^2 + v_{zm}^2} = \sqrt{v_0^2 + v_m^2 + 2v_0 v_m (\cos\varphi_n \cos\alpha_m + \sin\alpha_m \sin\varphi_n \sin\eta_n)} \end{cases} \qquad (4.5.9)$$

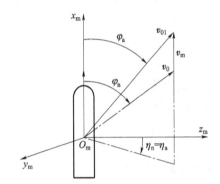

当 $\alpha_m = 0$ 时,导弹绝对速度向量 v_m 为其纵轴方向,则

$$\begin{cases} \eta_a = \eta_n \\ \tan \varphi_a = \dfrac{\sin \varphi_n}{\cos \varphi_n + \dfrac{v_m}{v_0}} \\ v_{01} = \sqrt{v_0^2 + v_m^2 + 2v_0 v_m \cos \varphi_n} \end{cases} \qquad (4.5.9*)$$

破片在大气中飞行时受到空气的阻力,从而其沿弹道的绝对速度 v_a 将下降。实际应用中通常采用指数变化规律模拟速度 v_a 的变化,其形式为

$$v_a = v_{01} e^{-K_H D_y} \qquad (4.5.10)$$

式中,D_y 为破片的绝对飞行距离;K_H 为高度 H 处破片的弹道系数。

在距离 D_y 处破片的平均速度:

$$v_{cp} = \frac{D_y}{t} \qquad (4.5.11)$$

其中,t 为破片飞到距离 D_y 处时的飞行时间。

设破片沿弹道的绝对速度按规律(4.5.10)变化,下面求 t 的计算公式。将飞行距离 D_y 分成 n 个微元段,其长度为 ΔD,在每一段上认为破片的飞行速度为常数值并等于:

$$v_{ai} = v_{01} e^{-K_H D_i}$$

式中,i 为微元号。

则飞行时间 t 为

$$t = \sum_{i=1}^{n} \frac{\Delta D}{v_{01} e^{-K_H D_i}} \qquad (4.5.12)$$

从和转为积分,有

$$t = \frac{1}{v_{01}} \int_0^{D_y} e^{K_H D} \mathrm{d}D = \frac{e^{K_H D_y} - 1}{K_H v_{01}}$$

从而

$$v_{cp} = v_{01} \frac{K_H D_y}{e^{K_H D_y} - 1} \qquad (4.5.13)$$

可将上式写成

$$v_a = v_{01} \varepsilon_a, \quad \varepsilon_a = e^{-K_H D_y} \qquad (4.5.14)$$

$$v_{cp} = v_{01} \varepsilon, \quad \varepsilon = \frac{K_H D_y}{e^{K_H D_y} - 1} \qquad (4.5.15)$$

破片运动过程不考虑重力引起的弹道弯曲,因为破片达到目标时的飞行时间很短,近似认为破片在绝对运动时的飞行弹道是一条和 v_{01} 方向相重合的直线。如果不考虑攻角,破片流相对导弹纵轴保持对称性,其任意经过导弹纵轴的平面的切面均具有图 4.5.8 所示的形式。

将 $\varphi_n = \varphi_{n1}$ 和 $\varphi_n = \varphi_{n2}$ 代入公式(4.5.9)可算出破片的动态飞散角 φ_{a1} 和 φ_{a2},相应地确定两个圆锥母线的倾角,绝对运动的破片流包含在此圆锥内。

当导弹有攻角 α_m 时，绝对运动中的破片流相对导弹纵轴将不对称，这里不再赘述。下面建立绝对运动的破片流在导弹坐标系下的运动方程。

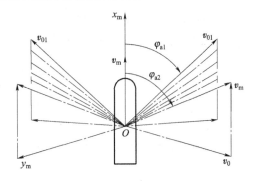

图 4.5.8　破片的绝对初始速度

将破片的绝对速度计算公式(4.5.8)两边乘 t 得破片绝对运动方程(在弹体坐标系下)：

$$\begin{cases} x_m = (v_0\cos\varphi_n + v_m\cos\alpha_m)t \\ y_m = (v_0\sin\varphi_n\sin\eta_n + v_m\sin\alpha_m)t \\ z_m = v_0 \cdot t\sin\varphi_n\cos\eta_n \end{cases}$$

$$(4.5.16)$$

将上式消去 t 和 η_n 得

$$x_m^2(f_1^2\sin^2\alpha_m - \sin^2\varphi_n) + (y_m^2 + z_m^2)(\cos\varphi_n + f_1\cos\alpha_m)^2 - 2x_m y_m f_1\sin\alpha_m(\cos\varphi_n + f_1\cos\alpha_m) = 0 \qquad (4.5.17)$$

其中，$f_1 = \dfrac{v_m}{v_0}$。

将 $\varphi_n = \varphi_{n1}$ 和 $\varphi_n = \varphi_{n2}$ 代入式(4.5.17)可得破片锥的边界方程。

3. 相对运动的破片流

相对运动的破片流是指处在目标上看到的破片流。

如向量 $\boldsymbol{D}_y$ 描述绝对运动中的破片弹道，则向量 $\boldsymbol{D} = \boldsymbol{D}_y - v_t t$ 描述其相对弹道(如图 4.5.9 所示)。将方程两边除以破片飞行时间 t，得到破片平均相对速度的方程：

$$v = v_{cp} - v_t \qquad (4.5.18)$$

式中，$v_{cp} = v_{01}\varepsilon = (v_0 + v_m)\varepsilon$。

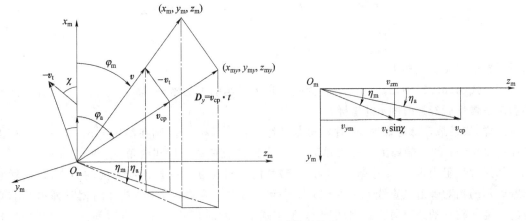

图 4.5.9　相对运动的破片流

向量v的值和其在导弹几何坐标系中的位置（用角φ_m和η_m表示，如图4.5.9所示），很容易通过其在该坐标系轴上的投影求得

$$\begin{cases} v_{xm}=v_{01}\varepsilon\cos\varphi_a+v_t\cos\chi\cos\alpha_m \\ v_{ym}=v_{01}\varepsilon\sin\varphi_a\sin\eta_a+v_t\cos\chi\sin\alpha_m \\ v_{zm}=v_{01}\varepsilon\sin\varphi_a\cos\eta_a-v_t\sin\chi \end{cases} \quad (4.5.19)$$

考虑到$v_{01}\cos\varphi_a=v_0\cos\varphi_n+v_m\cos\alpha_m$，$v_{01}\sin\varphi_a\cos\eta_a=v_0\sin\varphi_n\cos\eta_n$，$v_{01}\sin\varphi_a\sin\eta_a=v_m\sin\alpha_m+v_0\sin\varphi_n\cos\eta_n$，将这些关系代入式(4.5.19)得

$$\begin{cases} v_{xm}=(v_0\cos\varphi_n+v_m\cos\alpha_m)\varepsilon+v_t\cos\chi\cos\alpha_m \\ v_{ym}=(v_m\sin\alpha_m+v_0\sin\varphi_n\sin\eta_n)\varepsilon+v_t\cos\chi\sin\alpha_m \\ v_{zm}=v_0\cdot\varepsilon\sin\varphi_n\cos\eta_n-v_t\sin\chi \end{cases} \quad (4.5.20)$$

当攻角$\alpha_m=0$时，

$$\begin{cases} v_{xm}=v_0\varepsilon\cos\varphi_n+v_m\varepsilon+v_t\cos\chi \\ v_{ym}=v_0\varepsilon\sin\varphi_n\sin\eta_n \\ v_{zm}=v_0\varepsilon\sin\varphi_n\cos\eta_n-v_t\sin\chi \end{cases} \quad (4.5.20*)$$

$$v=\sqrt{v_{xm}^2+v_{ym}^2+v_{zm}^2} \quad (4.5.21)$$

$$\cos\varphi_m=\frac{v_{xm}}{v}；\tan\eta_m=\frac{v_{ym}}{v_{zm}} \quad (4.5.22)$$

方程(4.5.20)的左部和右部都乘以破片的飞行时间t，则得到破片在相对运动中的坐标x_m、y_m、z_m为

$$\begin{cases} x_m=x_{my}+v_t t\cos\chi\cos\alpha_m=x_n+v_m\varepsilon\cdot t\cos\alpha_m+v_t\cdot t\cos\chi\cos\alpha_m \\ y_m=y_{my}=y_n+v_m t\varepsilon\sin\alpha_m+v_t\cdot t\cos\chi\sin\alpha_m \\ z_m=z_{my}-v_t\cdot t\sin\chi=z_n-v_t\cdot t\sin\chi \end{cases} \quad (4.5.23)$$

当攻角$\alpha_m=0$时，

$$\begin{cases} x_m=x_{my}+v_t t\cos\chi=x_n+v_m\varepsilon t+v_t t\cos\chi \\ y_m=y_{my}=y_n \\ z_m=z_{my}-v_t t\sin\chi=z_n-v_t t\sin\chi \end{cases} \quad (4.5.23*)$$

相对运动中的飞行距离$D=vt$。

在公式(4.5.23)中，x_{my}、y_{my}、z_{my}为破片在绝对运动中的坐标，而x_n、y_n、z_n为破片在战斗部静态下爆炸后经过时间t的坐标。

这样，如果战斗部静爆时，破片具有某些固定值v_0、φ_n、η_n，则在给定的v_m、v_t、χ时，将由半径向量$\boldsymbol{D}=vt$的末端划出其相对弹道，该向量的位置在每一瞬间由角φ_m和η_m表示。

如果大气阻力很小，则系数$\varepsilon\approx1$，此时破片的相对速度v的量值和方向均为常值，这就意味着破片的相对弹道是直线和向量v方向重合。当大气阻力较大时，破片的相对弹道是非直线的。随着破片的绝对飞行距离的增大，值ε减小。此时随着破片飞行时间的增大其平均相对速度将减小，并且向量相对目标方向的角将发生变化。

在分析相对运动的破片流问题时,用导弹的相对速度向量 v_r 描述比较方便,即在坐标系 $Ox_r y_r z_r$ 中,而不在导弹坐标系中。

半径向量 D 以及破片平均相对速度向量 v 在弹联相对速度坐标中的位置用角 φ_r、η_r 表示(图 4.5.10):

$$\cos \varphi_r = \frac{v_{xr}}{v_r}, \tan \eta_r = \frac{v_{yr}}{v_{zr}} \tag{4.5.24}$$

根据弹体坐标系和弹联相对坐标系的转换关系可得

$$\begin{cases} v_{xr} = v_{xm}\cos \alpha_m \cos \varepsilon_p - v_{ym}\sin \alpha_m \cos \varepsilon_p - v_{zm}\sin \varepsilon_p \\ v_{yr} = v_{xm}\sin \alpha_m + v_{ym}\cos \alpha_m \\ v_{zr} = v_{xm}\cos \alpha_m \sin \varepsilon_p - v_{ym}\sin \alpha_m \sin \varepsilon_p + v_{zm}\cos \varepsilon_p \end{cases} \tag{4.5.25}$$

显然

$$v_r = \sqrt{v_{xr}^2 + v_{yr}^2 + v_{zr}^2} = \sqrt{v_{xm}^2 + v_{ym}^2 + v_{zm}^2} \tag{4.5.26}$$

为了求解方便,在研究破片流时,经常在 $x_r z_r$ 平面内画出破片流的切面,在该平面内包含有速度向量三角形 $v_r = v_m - v_t$,这里不考虑大气阻力。

当导弹迎头或尾追航向上攻击目标时,$\sin \chi = 0$,导弹相对速度向量 v_r 和导弹纵轴方向一致(图 4.5.11)。这时,相对运动中的破片流相对导弹纵轴和向量 v_r 仍是对称的,并限制在两圆锥内,圆锥的母线倾角 $\varphi_{r1} = \varphi_{m1}$ 和 $\varphi_{r2} = \varphi_{m2}$。

$$\tan \varphi_{r1(2)} = \frac{v_0 \sin \varphi_{n1(2)}}{v_0 \cos \varphi_{n1(2)} + v_m + v_t \cos \chi} \tag{4.5.27}$$

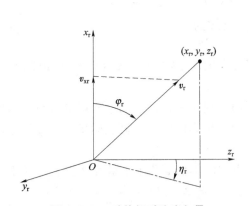

图 4.5.10 破片相对速度矢量

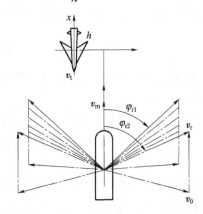

图 4.5.11 破片相对运动飞散角

当导弹以交叉航向攻击目标时,$\sin \chi \neq 0$,破片流相对导弹纵轴是不对称的。在和 v_m 方向不重合的 v_r 向量作用下产生"变形"。图 4.5.12 表示了 $x_r y_r$ 平面内破片流的切面图。由图可以看出该切面的严重不对称性。破片流的变形程度将取决于 v_0 和 v_r 之比;当 $v_0 \gg v_r$ 时,破片流相对导弹纵轴在任意 v_r 和 v_m 间的夹角 ε_p 下非对称性都不大。

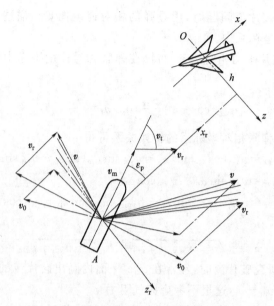

图 4.5.12　变形的破片流和目标的关系

4.5.3　破片流密度

定义飞散在单位立体角 $\Delta\varphi\Delta\eta$ 内的破片相对数量称为破片流密度,其值为

$$\rho(\varphi,\eta)=\frac{1}{N_{\mathrm{w}}}\lim_{\substack{\Delta\varphi\to 0\\ \Delta\eta\to 0}}\frac{\Delta N(\varphi,\eta)}{\Delta\varphi\Delta\eta} \tag{4.5.28}$$

式中,$\Delta N(\varphi,\eta)$ 为立体角 $\Delta\varphi\Delta\eta$ 内飞散的破片数;N_{w} 为破片总数;φ、η 表示立体角 $\Delta\varphi\Delta\eta$ 相对炸点的方向角。

破片流密度的概念适用于任何一种破片流(静止、绝对和相对运动中起爆的战斗部),因此,在公式(4.5.28)中略去参数 φ 和 η 的下标。下面分析具体的破片流应标出参数 φ 和 η 的下标。

定义落在离炸点距离为 D 且垂直于破片飞行方向的单位面积上的破片数为破片场密度 $Q(D,\varphi,\eta)$。

下面分析 $\rho(\varphi,\eta)$ 和 $Q(D,\varphi,\eta)$ 之间的关系。

设破片场密度 $Q(D,\varphi,\eta)$ 已知,则落在垂直于半径向量 $\boldsymbol{D}$ 的单位面积 ΔS 上的破片平均数为

$$\Delta N(\varphi,\eta)=Q(D,\varphi,\eta)\Delta S \tag{4.5.29}$$

对应面积 ΔS 的立体角为(见图 4.5.13)

$$\Delta\varphi\Delta\eta=\frac{\sqrt{\Delta S}}{D}\frac{\sqrt{\Delta S}}{D\sin\varphi}=\frac{\Delta S}{D^2\sin\varphi} \tag{4.5.30}$$

将表达式(4.5.29)和式(4.5.30)代入式(4.5.28)得

$$\rho(\varphi,\eta)=\frac{1}{N_w}Q(D,\varphi,\eta)D^2\sin\varphi$$

可写为

$$Q(D,\varphi,\eta)=\rho(\varphi,\eta)\frac{N_w}{D^2\sin\varphi} \tag{4.5.31}$$

可见,破片场的密度反比于离炸点距离的平方。

战斗部静爆时,将破片流密度和破片场密度记为 $\rho_n(\varphi_n,\eta_n)$ 和 $Q_n(D,\varphi_n,\eta_n)$。假设战斗部爆炸时形成的破片分布场密度为均匀的,即和 φ_n、η_n 无关,则

$$Q_n(D,\varphi_n,\eta_n)=Q_n(D)=\frac{N_w}{S_n} \tag{4.5.32}$$

式中,S_n 为战斗部静爆时破片在半径为 D 的球面上的分布面积。

对于径向破片战斗部,杀伤元素分布在球面上(图 4.5.14 所示),因此

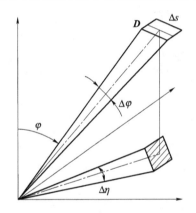

图 4.5.13 破片场的立体角

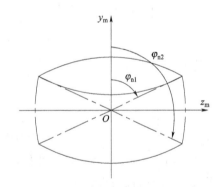

图 4.5.14 战斗部破片分布场

$$S_n=2\pi D^2(\cos\varphi_{n1}-\cos\varphi_{n2})$$

$$Q_n(D)=\frac{N_w}{2\pi D^2(\cos\varphi_{n1}-\cos\varphi_{n2})} \tag{4.5.33}$$

将公式(4.5.33)代入式(4.5.31)得

$$\rho_n(\varphi_n,\eta_n)=\frac{\sin\varphi_n}{2\pi(\cos\varphi_{n1}-\cos\varphi_{n2})},\varphi_{n1}\leqslant\varphi_n\leqslant\varphi_{n2} \tag{4.5.34}$$

相对运动中的破片流和静爆形成的破片流差别很大,破片流的密度也相应地变化。设在导弹几何坐标系中,相对运动的破片流密度和破片场密度分别为 $\rho_m(\varphi_m,\eta_m)$ 和 $Q_m(D,\varphi_m,\eta_m)$。

假设静止爆炸战斗部的破片流密度 $\rho_n(\varphi_n,\eta_n)$ 为已知,下面分析 $\rho_m(\varphi_m,\eta_m)$ 和 $\rho_n(\varphi_n,\eta_n)$

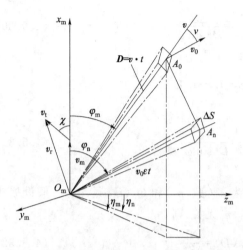

图 4.5.15　静态和动态破片流之间的关系

之间的关系。

取垂直于半径向量 $v_0 \varepsilon t$ 的单位面积 ΔS（见图 4.5.15）。落在该面积上的平均破片数：

$$\overline{\Delta N} = N_w \rho_n(\varphi_n, \eta_n) \Delta \varphi_n \Delta \eta_n \qquad (4.5.35)$$

式中，$\Delta \varphi_n \Delta \eta_n$ 为支撑垂直于向量 $v_0 \varepsilon t$ 面积为 ΔS 的立体角。

由于 ΔS 面积很小，近似认为所有落在其上的破片飞行时间 t 是相等的，因此，相对运动中所有落在上面的破片沿向量 $(v_m \varepsilon - v_t)t$ 移动相等的距离，相当于面积 ΔS 在时间 t 内平行地从 A_n 点移动到 A_0 点。这样静态中飞散于立体角 $\Delta \varphi_n \Delta \eta_n$ 中的破片相对运动中将限制在立体角 $\Delta \varphi_m \Delta \eta_m$ 中，该立体角支撑在同一个面积 ΔS 上，ΔS 位于离炸点距离 $D = vt$ 的 A_0 点。所以

$$\overline{\Delta N} = N_w \rho_m(\varphi_m, \eta_m) \Delta \varphi_m \Delta \eta_m \qquad (4.5.36)$$

由式(4.5.35)和式(4.5.36)得

$$\rho_m(\varphi_m, \eta_m) = \rho_n(\varphi_n, \eta_n) \frac{\Delta \varphi_n \Delta \eta_n}{\Delta \varphi_m \Delta \eta_m} \qquad (4.5.37)$$

根据表达式(4.5.30)得

$$\begin{cases} \Delta \varphi_n \Delta \eta_n = \dfrac{\Delta S}{(v_0 \varepsilon t)^2 \sin \varphi_n} \\ \Delta \varphi_m \Delta \eta_m = \dfrac{\Delta S \cos \upsilon}{(vt)^2 \sin \varphi_m} \end{cases} \qquad (4.5.38)$$

式中，υ 为 v 与微元面 ΔS（A_0 点）法线间的夹角。

将式(4.5.38)代入式(4.5.37)得

$$\rho_m(\varphi_m, \eta_m) = \rho_n(\varphi_n, \eta_n) \frac{v^2 \sin \varphi_m}{(v_0 \varepsilon)^2 \sin \varphi_n \cos \upsilon} \qquad (4.5.39)$$

按下式求出 υ 和 v_0 向量间的夹角

$$\cos \upsilon = l_v l_{v0} + m_v m_{v0} + n_v n_{v0} \qquad (4.5.40)$$

式中，l_v、m_v、n_v 和 l_{v0}、m_{v0}、n_{v0} 分别为向量 v 和 v_0 在导弹几何坐标系中的向量余弦。

$$\begin{cases} l_v = \cos \varphi_m, m_v = \sin \varphi_m \sin \eta_m, n_v = \sin \varphi_m \cos \eta_m \\ l_{v0} = \cos \varphi_n, m_{v0} = \sin \varphi_n \sin \eta_n, n_{v0} = \sin \varphi_n \cos \eta_n \end{cases} \qquad (4.5.41)$$

将式(4.5.41)代入式(4.5.40)后再代入式(4.5.39)，最终得

$$\rho_m(\varphi_m, \eta_m) = \rho_n(\varphi_n, \eta_n) \frac{v^2 \sin \varphi_m}{(v_0 \varepsilon)^2 \sin \varphi_n [\sin \varphi_n \sin \varphi_m \cos(\eta_n - \eta_m) + \cos \varphi_n \cos \varphi_m]}$$

$$(4.5.42)$$

当 $\sin \chi = \sin q = 0$（迎头或尾追攻击目标）时，$\eta_n = \eta_m$，从而

$$\rho_m(\varphi_m, \eta_m) = \rho_n(\varphi_n, \eta_n) \frac{v^2 \sin \varphi_m}{(v_0 \varepsilon)^2 \sin \varphi_n \cos(\varphi_n - \varphi_m)} \tag{4.5.42*}$$

如果不计空气阻力（$\varepsilon = 1$），则

$$v \sin \varphi_m = v_0 \sin \varphi_n$$

$$\rho_m(\varphi_m, \eta_m) = \rho_n(\varphi_n, \eta_n) \frac{v}{v_0 \cos(\varphi_n - \varphi_m)} \tag{4.5.43}$$

其中，$v = \sqrt{v_0^2 + v_r^2 + 2 v_0 v_r \cos \varphi_n}$；$\cos \varphi_m = \dfrac{v_0 \cos \varphi_n + v_r}{v}$。

如果在弹联相对速度坐标系中分析破片流，则其相对运动中的破片密度 $\rho_r(\varphi_r, \eta_r)$ 可按公式（4.5.42）求出，这时需用破片流在弹联相对速度坐标系中的角坐标（φ_r, η_r）代替在弹体几何坐标系中破片相对速度向量 v 方向的角坐标 φ_m 和 η_m。这时

$$\rho_r(\varphi_r, \eta_r) = \rho_m(\varphi_m(\varphi_r, \eta_r), \eta_m(\varphi_r, \eta_r)) \tag{4.5.44}$$

向量 v 的角坐标 $\varphi_m(\varphi_r, \eta_r)$ 和 $\eta_m(\varphi_r, \eta_r)$ 可以用下列方法求出。根据弹联相对坐标系和弹体坐标系之间的转换关系得

$$\begin{cases} v_{xm} = v_{xr} \cos \alpha_m \cos \varepsilon_p + v_{yr} \sin \alpha_m + v_{zr} \cos \alpha_m \sin \varepsilon_p \\ v_{ym} = -v_{xr} \sin \alpha_m \cos \varepsilon_p + v_{yr} \cos \alpha_m - v_{zr} \sin \alpha_m \sin \varepsilon_p \\ v_{zm} = -v_{xr} \sin \varepsilon_p + v_{zr} \cos \varepsilon_p \end{cases}$$

式中（见图 4.5.10），$v_{xr} = v \cos \varphi_r$；$v_{yr} = v \sin \varphi_r \sin \eta_r$；$v_{zr} = v \sin \varphi_r \cos \eta_r$，从而

$$\cos \varphi_m(\varphi_r, \eta_r) = \frac{v_{xm}}{v} = \cos \varphi_r \cos \alpha_m \cos \varepsilon_p + \sin \varphi_r \sin \eta_r \sin \alpha_m + \sin \varphi_r \cos \eta_r \cos \alpha_m \sin \varepsilon_p$$

$$\tan \varphi_m(\varphi_r, \eta_r) = \frac{v_{ym}}{v_{zm}} = \frac{-\cos \varphi_r \sin \alpha_m \cos \varepsilon_p + \sin \varphi_r \sin \eta_r \cos \alpha_m - \sin \varphi_r \cos \eta_r \sin \alpha_m \sin \varepsilon_p}{-\cos \varphi_r \sin \varepsilon_p + \sin \varphi_r \cos \eta_r \cos \varepsilon_p}$$

$$\tag{4.5.45}$$

当攻角 $\alpha_m = 0$ 时，式（4.5.45）简化为

$$\begin{cases} \cos \varphi_m(\varphi_r, \eta_r) = \dfrac{v_{xm}}{v} = \cos \varphi_r \cos \varepsilon_p + \sin \varphi_r \cos \eta_r \sin \varepsilon_p \\ \tan \varphi_m(\varphi_r, \eta_r) = \dfrac{v_{ym}}{v_{zm}} = \dfrac{\sin \varphi_r \sin \eta_r}{-\cos \varphi_r \sin \varepsilon_p + \sin \varphi_r \cos \eta_r \cos \varepsilon_p} \end{cases} \tag{4.5.45*}$$

这样，如果导弹接近目标的条件 v_m、v_t、α_m、χ（或 q）、战斗部静止爆炸时的破片流密度 ρ_n（φ_n, η_n）及向量 v_0（v_0, φ_n, η_n）已知，则按公式（4.5.20）和式（4.5.22）可以求出破片的相对速度 v 和表示其在相对运动中飞行方向的角 φ_m 和 η_m；而按公式（4.5.42）可以求出在向量 v 方向上的破片流密度。

4.5.4　目标遭遇的破片参数

破片流对目标的作用取决于落在目标上的破片数 ΔN、遭遇速度 v_B 和破片流的进入角 α，

下面分析这些参数。

1. 落在目标上的破片平均数

当目标具有简单的几何外形,并且全部处在破片流中时,就可以很简单地求出落在目标上的破片平均数 $\overline{\Delta N}$。这时

$$\overline{\Delta N}=Q_r(D^{(t)},\varphi_r^{(t)},\eta_r^{(t)})\Delta S_t=N_w\rho_r(\varphi_r^{(t)},\eta_r^{(t)})\frac{\Delta S_t}{(D^{(t)})^2\sin\varphi_r^{(t)}} \tag{4.5.46}$$

式中,$D^{(t)},\varphi_r^{(t)},\eta_r^{(t)}$ 为弹联相对速度坐标系中的目标中心球坐标;$Q_r(D^{(t)},\varphi_r^{(t)},\eta_r^{(t)})$ 为垂直于半径向量 $D^{(t)}$ 平面上的破片分布密度;ΔS_t 为目标在该平面上的投影面积;$\rho_r(\varphi_r^{(t)},\eta_r^{(t)})$ 为相对运动中半径向量 $D^{(t)}$ 方向上的破片流密度。

2. 破片和目标的遭遇速度及破片流对目标表面的落入角

破片和目标的遭遇速度 v_B 为破片和目标相遇瞬间的相对速度,$v_B=v_a-v_t$,式中,$v_a=v_{01}\varepsilon_a$ 为破片和目标遭遇瞬间的绝对速度。为了分析破片的穿透作用,必须知道遭遇速度 v_B 和破片流落在目标表面的角度 α(图 4.5.16)。从而可求出遭遇速度 v_B 和它在空间的方向,用弹体坐标系中的向量余弦 l_{vB},m_{vB},n_{vB} 表示:

$$\begin{cases} v_{Bx_m}=v_0\varepsilon_a\cos\varphi_{ncp}+v_m\varepsilon_a+v_t\cos\chi \\ v_{By_m}=v_0\varepsilon_a\sin\varphi_{ncp}\sin\eta_{ncp} \\ v_{Bz_m}=v_0\varepsilon_a\sin\varphi_{ncp}\cos\eta_{ncp}-v_t\sin\chi \\ v_B=\sqrt{v_{Bx_m}^2+v_{By_m}^2+v_{Bz_m}^2} \end{cases} \tag{4.5.47}$$

$$\begin{cases} \varepsilon_a=e^{-K_H D_y} \\ l_{v_B}=\dfrac{v_{Bx_m}}{v_B},\ m_{v_B}=\dfrac{v_{By_m}}{v_B},\ n_{v_B}=\dfrac{v_{Bz_m}}{v_B} \end{cases} \tag{4.5.48}$$

其中,φ_{ncp}、η_{ncp} 为破片的飞散方向角。

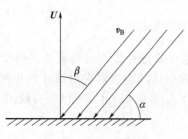

图 4.5.16　破片流相对目标的落入角

如果忽略空气阻力,则 $\varepsilon_a=1$,$v_B=v=v_0+v_m-v_t$。

落入角 $\alpha=90°-\beta$,β 为 v_B 和 U(目标面的外法线矢量)之间的夹角,称为破片的入射角,如图 4.5.16 所示。

设 l_v、m_v、n_v 是向量 v_B 在弹体坐标系中的向量余弦,则有

$$\cos\beta=\sin\alpha=|l_{v_B}l_U+m_{v_B}m_U+n_{v_B}n_U| \tag{4.5.49}$$

假设目标面的所有顶点在弹体坐标系中的坐标为 $(x_m(t),y_m(t),z_m(t))(t=1,2,3,4)$,任何三个顶点的坐标可以确定通过这三个顶点的平面方程,其形式为

$$x_m A + y_m B + z_m C + D = 0 \tag{4.5.50}$$

式中

$$A = [y_m(2) - y_m(1)][z_m(3) - z_m(1)] - [y_m(3) - y_m(1)][z_m(2) - z_m(1)]$$

$$B = [x_m(3) - x_m(1)][z_m(2) - z_m(1)] - [x_m(2) - x_m(1)][z_m(3) - z_m(1)]$$

$$C = [x_m(2) - x_m(1)][y_m(3) - y_m(1)] - [x_m(3) - x_m(1)][y_m(2) - y_m(1)]$$

$$D = -A x_m(1) - B y_m(1) - C z_m(1)$$

该平面的法线余弦为

$$l_U = \frac{A}{\sqrt{A^2 + B^2 + C^2}}, \, m_U = \frac{B}{\sqrt{A^2 + B^2 + C^2}}, \, n_U = \frac{C}{\sqrt{A^2 + B^2 + C^2}} \tag{4.5.51}$$

3. 目标面上的破片分布密度

设 $Q^{(t)}(D^{(t)}, \varphi_m, \eta_m)$ 为目标舱段表面上破片分布密度,其中 $D^{(t)}$ 为炸点与落入破片的面的中心点间的距离,φ_m, η_m 表示这些破片在相对运动中平均飞行方向角。如果破片流在相对运动中垂直落在目标面上,则密度 $Q^{(t)}(D^{(t)}, \varphi_m, \eta_m)$ 可按公式(4.5.31)求出,式中 $D = D^{(t)}$,$\varphi = \varphi_m$,$\eta = \eta_m$。

当破片流以 α 角落在目标面上时,

$$Q^{(t)}(D^{(t)}, \varphi_m, \eta_m) = Q(D^{(t)}, \varphi_m, \eta_m) \sin \alpha = \rho_m(\varphi_m, \eta_m) \frac{N_w \sin \alpha}{(D^{(t)})^2 \sin \varphi_m} \tag{4.5.52}$$

式中,$\rho_m(\varphi_m, \eta_m)$ 为破片流在相对运动中的密度,可按公式(4.5.42)求出。

4.5.5 破片流对目标结构的毁伤

当炸点离目标较近时,破片流的密度足够大,可能撕掉大面积的飞机外蒙皮,导致飞机失去稳定性和操纵性,或者损坏飞机结构的承力件,使飞机在飞行中失去强度从而遭受破坏。

密集破片流对目标结构的毁伤,用条件概率 $P_1(x, y, z)$ 描述,它是目标表面上破片流能量密度(单位面积上的破片流能量)的函数。战斗部在 (x, y, z) 点爆炸时作用在目标面上的破片流能量密度为

$$e(x, y, z) = Q^{(t)}(D^{(t)}, \varphi_m, \eta_m) \frac{q_w v_B^2}{2} K(\alpha) \tag{4.5.53}$$

式中,$Q^{(t)}(D^{(t)}, \varphi_m, \eta_m)$ 为落在目标表面上破片的分布密度;$D^{(t)}$ 为炸点与目标表面中心之间的距离;φ_m, η_m 为弹体几何坐标系下半径向量 $\boldsymbol{D}^{(t)}$ 的倾角和方位角;q_w 为单个破片的质量;$K(\alpha)$ 为落入角对杀伤作用影响的试验函数。通常取

$$K(\alpha) = \begin{cases} 0 & \alpha \leqslant 10° \\ \dfrac{\alpha - 10}{30} & 10° < \alpha < 40° \\ 1 & \alpha \geqslant 40° \end{cases} \tag{4.5.54}$$

破片流对目标结构部件的毁伤概率 $P_{\mathrm{S}i}(x,y,z)$ 为[4-13]

$$P_{\mathrm{S}i}(x,y,z)=\begin{cases}1 & e(x,y,z)\geqslant e_{\mathrm{kp}}\\0 & e(x,y,z)<e_{\mathrm{kp}}\end{cases} \tag{4.5.55}$$

式中, e_{kp} 为毁伤结构部件 i 所需的破片流能量密度临界值; e_{kp} 取决于目标强度和结构特点, 在试验分析基础上得到。

目标由于破片流对结构部件毁伤引起的目标毁伤概率为

$$P_1=1-\prod_{i=1}^{n_{\mathrm{S}}}(1-P_{\mathrm{S}i}) \tag{4.5.56}$$

其中, n_{S} 为目标关键结构部件数目。

4.5.6　破片对目标要害部件的毁伤

当战斗部在远距离处爆炸时, 作用在目标表面的破片密度不大, 有些穿孔不影响飞机正常飞行, 但是, 有些穿透外蒙皮进入飞机内部的破片对某些要害部件(如发动机、飞行控制系统、电源系统、燃料系统、武器控制系统等)可能造成损伤使其不能工作。

破片和目标的相互作用过程相当复杂并取决于很多因素, 如破片的几何形状和材料, 其撞击目标瞬间的方向, 目标外蒙皮的厚度、材料、形状, 部件的特点, 安装情况等。因此, 破片击中某一部件并使其失去工作能力在很大程度上具有随机性。

通常将破片的杀伤作用划分为: 导致舱段易损部件机械损坏的破片穿透作用、引起燃烧的燃烧作用以及破片对弹药的引爆作用。

每一种作用均具有随机性, 一般用下列条件概率描述破片对相应舱段的毁伤, P_{c} 表示穿透毁伤概率; P_{y} 表示引燃毁伤概率; P_{b} 表示引爆毁伤概率。这些毁伤通常在理论基础上对飞机不同部件进行射击试验得到。

1. 破片的穿透作用

穿透作用是一种最典型的毁伤模式, 通常以机械损伤的形式表现出来。机械损伤的程度由破片穿透部件的厚度、破片质量、速度等因素决定的, 穿透作用通常采用射击试验的方法进行研究, 在试验基础上获得经验关系式。

给定破片质量 q、速度 v_{B} 的条件下, 破片对部件的穿透概率 P_{c} 为[4-15]

$$P_{\mathrm{c}}=\begin{cases}0 & E_j\leqslant 44.1\times10^8\\1+2.65\mathrm{e}^{-0.347\times10^{-8}E_j}-2.96\mathrm{e}^{-0.143\times10^{-8}E_j} & E_j>44.1\times10^8\end{cases} \tag{4.5.57}$$

式中, $E_j=qv_{\mathrm{B}}^2/(2S_a h_j)$; $S_a=\varphi q^{\frac{2}{3}}$。其中, E_j 为击穿某一厚度靶板所需的单位破片面积上的动能 $(\mathrm{J\cdot m^{-2}\cdot m^{-1}})$; S_a 为破片的平均迎风面积 $(\mathrm{m^2})$; h_j 为第 j 个舱段或部件等效硬铝靶的厚度 (m); q 为破片的质量 (kg); v_{B} 为破片和目标的遭遇速度 $(\mathrm{m/s})$; φ 为破片形状系数, 其取值

见表 4.5.1[4-16]。

表 4.5.1　破片形状系数表

破片形状	球形	方形	柱形	菱形	长条形	不规则形
$\varphi/(10^{-3}\,\mathrm{m}^2 \cdot \mathrm{kg}^{-2/3})$	3.03	3.09	3.35	3.2~3.6	3.3~2.8	4.5~5.0

2. 破片对油箱的引燃作用

如果高速破片撞击飞机的油箱,可能使其燃烧,引起燃料燃烧的主要原因是大量的炽热微粒,这些炽热的微粒是破片穿透硬铝蒙皮时形成的,如果它落在由穿孔流出的燃料气体上,就会起火燃烧。起火燃烧的概率取决于炽热粒子的强度、燃料蒸气的浓度等随机因素。由于破片引燃作用物理过程复杂,常通过射击试验方法研究不同的遭遇速度条件下不同质量、速度的破片对飞机燃料箱的引燃能力,通过这种试验得到引燃概率 P_y 的经验公式。

破片对油箱的引燃概率与飞机飞行高度有关,随着高度的增加,周围环境的温度和压力降低,引燃概率降低。在高度 H 上破片引燃油箱的概率近似为[4-15]

$$P_y = P_y^{(0)} F(H) \tag{4.5.58}$$

式中,$P_y^{(0)}$ 为破片在地面对油箱的引燃概率;H 为飞机飞行高度(m);$F(H)$ 为高度对引燃概率的影响函数,通过试验获得。

$$F(H) = \begin{cases} 0 & H \geqslant 16\,000 \\ 1 - \left(\dfrac{H}{16\,000}\right)^2 & H < 16\,000 \end{cases} \tag{4.5.59}$$

引燃概率 $P_y^{(0)}$ 为

$$P_y^{(0)} = \begin{cases} 0 & W_j \leqslant 1.57 \times 10^4 \\ (1 + 1.083\mathrm{e}^{-4.278 \times 10^{-5} W_j} - 1.936\mathrm{e}^{-1.51 \times 10^{-5} W_j}) P(E_j) F(H) & W_j > 1.57 \times 10^4 \end{cases} \tag{4.5.60}$$

式中:

$$P(E_j) = \begin{cases} 0 & E_j \leqslant 4.41 \times 10^8 \\ 1 + 2.65\mathrm{e}^{-0.347 \times 10^{-8} E_j} - 2.96\mathrm{e}^{-0.143 \times 10^{-8} E_j} & E_j > 4.41 \times 10^8 \end{cases} \tag{4.5.61}$$

$E_j = q v_{\mathrm{B}}^2/(2 S_a h_j)$;$S_a = \varphi q^{\frac{2}{3}}$;$W_j = q v_{\mathrm{B}}/S_a$。其中,$E_j$ 为击穿某一厚度靶板所需的单位面积上的破片动能 (J·m^{-2}·m^{-1});S_a 为破片的平均迎风面积(m^2);h_j 为油箱等效硬铝厚度(m);q 为破片的质量(kg);v_{B} 为破片和目标的遭遇速度(m/s)。

3. 破片对弹药的引爆作用

如果具有足够能量的破片命中飞机的弹药舱,当其穿透飞机蒙皮后可能引爆弹药。根据爆炸理论,当高速破片撞击炸药时,在炸药中形成冲击波,冲击波波阵面上炸药的压力、温度和密度急剧升高。由于炸药物理结构的不均匀性,因此在炸药的某些点上产生局部高温,这些点将成为热点,是引爆炸药的最可能的局部中心(当热点的温度超过炸药热分解温度时)。显然,形成热点的过程越激烈,在炸药热分解时产生的能量越多,则引爆整个炸药的概率越大。

对装有弹药的飞机舱段以及弹药本身射击试验的基础上,得到引爆弹药的经验公式[4-15]:

$$P_b = \begin{cases} 0 & U_j \leqslant 0 \\ 1.303 e^{-5.6U_j} \sin(0.3365 + 1.84U_j) & U_j > 0 \end{cases} \quad (4.5.62)$$

其中,U_j 为破片引爆参数,$U_j = \dfrac{10^{-8}A_0 - A - 0.065}{1 + 3A^{2.31}}$,$A_0 = 0.01\rho_d\varphi v_B^2 q^{2/3}$,$A = 10\varphi \cdot \delta D/q^{\frac{1}{3}}$。$q$ 为破片质量(g);v_B 为破片撞击速度(m·s⁻¹);φ 为破片形状系数(m²·kg⁻²/³);ρ_d 为弹药战斗部炸药装药密度(kg·m⁻³);δ 为弹药战斗部壳体材料密度 (kg/m³);D 为弹药战斗部壳体等效硬铝厚度(mm)。

4. 破片对要害舱段(部件)的毁伤概率

破片对某一部件所造成的机械损伤及程度,取决于破片穿透遮挡该部件障碍厚度(包括部件壳体)以及落在部件易损部位上的可能性。因此,用两个综合参数 h_d 和 δ 描述部件的易损特性。h_d 为等效硬铝厚度,表示穿透该厚度硬铝的破片能量应和毁伤该部件的能量相同;δ 为易损性系数,表示含有某一部件的舱段中,易损部分所占的空间比例。

舱段(部件)的易损性还与破片的入射方向有关,不同方向等效厚度及易损性系数不同。因此,每一个舱段(部件)的参数 h_d 和 δ 还与组成舱段(部件)的面有关。即 $h_d = h_d(j, \eta_r)$,$\delta = \delta(j, \eta_r)$,式中,$j$ 为舱段(部件)号,η_r 为组成舱段(部件)的面号。

参数 $h_d(j, \eta_r)$ 和 $\delta(j, \eta_r)$ 的确定需要根据飞机的结构布局、部件的相互关系在试验的基础上获得。这里假设舱段(部件)的易损特性已知。

如果至少有一枚破片落在舱段的易损部位上(该事件的条件概率等于 $\delta(j, \eta_r)$),并具有足够杀伤作用能量,则该舱段将失去工作能力。

落在某舱段(部件)的实际破片数是随机的,通常认为其服从普安逊定律,这里假设落在舱段上的破片平均数为 $\Delta \overline{N}(j) = \sum\limits_{\eta_r} \Delta \overline{N}(j, \eta_r)$。

如果舱段中充满易损部件,即 $\delta(j, \eta_r) = 1$,若所有破片都具有足够的能量,则舱段中部件失去工作能力的概率等于落在其上一个破片的概率。

实际上,对大多数舱段(部件),$\delta(j, \eta_r) \neq 1$,并且 $\Delta \overline{N}(j)$ 中不是所有破片都有杀伤作用。如果每一个落在舱段上的破片具有的杀伤概率为 $\delta(j, \eta_r) P_{np}(j, \eta_r)$,式中 $P_{np}(j, \eta_r) = P_c$ 或 P_y 或 P_b,则落在舱段(部件)易损部位上的具有足够能量的破片平均数为

$$\Delta \overline{N^*}(j) = \sum\limits_{\eta_r} \Delta \overline{N}(j, \eta_r) \delta(j, \eta_r) P_{np}(j, \eta_r) \quad (4.5.63)$$

则毁伤部件(舱段)的条件概率为

$$P_D(j) = 1 - e^{-\Delta \overline{N^*}(j)} = 1 - e^{-\sum\limits_{\eta_r} \Delta \overline{N}(j, \eta_r) \delta(j, \eta_r) P_{np}(j, \eta_r)} \quad (4.5.64)$$

由于要害舱段(部件)的毁伤和目标毁伤具有一定的逻辑关系,所以目标的毁伤概率为:

$$P_2 = \sum_{\text{毁伤树}} P_{\mathrm{D}}(j)$$

(4.5.65)

上式表示按照目标毁伤树的逻辑关系根据各目标要害舱段的毁伤得到整个目标的毁伤概率。其中 $P_{\mathrm{D}}(j)$ 表示要害舱段(部件) j 的毁伤概率。

4.5.7　目标的毁伤概率

目标毁伤可能是由结构的毁伤引起的,也可能是由要害舱段(部件)的毁伤引起的,因此目标毁伤可用两个随机事件和的形式表示:

$$A = A_1 + A_2$$

(4.5.66)

式中, A_1 表示飞机结构被密集的破片流毁伤; A_2 表示目标要害舱段(部件)的毁伤引起飞机的毁伤。

如果两事件相互独立,则事件 A 发生的概率也即目标的毁伤概率为

$$G(x,y,z) = 1 - \prod_{i=1}^{2} [1 - P(A_i)]$$

(4.5.67)

其中, $P(A_i)$ 表示事件 $A_i(i=1\sim2)$ 发生的概率,可分别由式(4.5.56)和式(4.5.65)计算得到。

4.6　外部爆炸冲击波作用下的易损性

对于外部爆炸,飞机易损的关键部件主要是飞机的结构框架和控制面,在冲击波的作用下可使这些部件弯曲、变形或折断,从而导致飞机毁伤。关键部位的毁伤准则可用结构及气动力分析的方法确定。

飞机对外部爆炸冲击波作用下的易损性通常用包络线(面)来表示,在包络线(面)上标明一定质量的球形裸装药爆炸对飞机的某种级别的毁伤,在包络线之外的爆炸将不会导致飞机毁伤或只有很微小的毁伤。包络线形状与飞机的结构有关外,还与遭遇条件(如飞机的速度、高度以及方向)有关。

一旦确定了飞机表面几个关键位置的部件毁伤临界压力和冲量,就可根据爆炸的距离和能提供所要求的压力和冲量的炸药质量画出毁伤飞机的包络线。可用两种不同的曲线来表示,第一种是在飞机的某一方位使飞机达到某种级别的毁伤,炸药量随距离的变化曲线,如图4.6.1所示;第二种表示方法如图4.6.2所示,用飞机周围到达某种毁伤级别的炸药质量等值线来表示。由图可

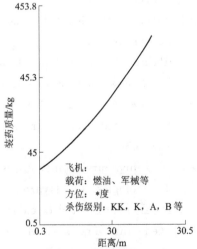

图 4.6.1　飞机易损性与战斗部装药质量及距离的关系曲线示意图

以看出,炸药质量越大,对飞机的毁伤距离越远,质量相同的情况下,在飞机的不同方位,达到相同的毁伤级别距离不同[4-17]。

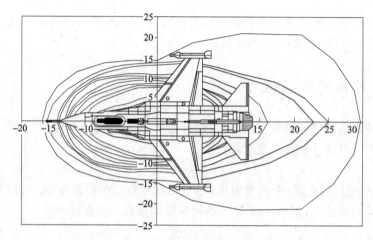

图 4.6.2　飞机易损性包络线示意图

详细的冲击波毁伤参数计算模型见第 6 章的相关内容。

参 考 文 献

[4-1] Robert E. Ball. 飞机作战生存力分析与设计基础[M]. 林光宇,宋笔锋,译 . 北京:航空工业出版社,1998.

[4-2] Bruce Edward Reinard. Target Vulnerability to Air Defense Weapons. Naval Postgraduate School,Dec,1984.

[4-3] Richard Alexander Eason. Computer Studies of Aircraft Fuel Tank Response to Ballistic Penetrators. Naval Postgraduate School Monterey. California. Mar,1978,AD-A054014.

[4-4] Charles M. Pedraini. Test to Determine the Ullage Explosion Tolerance of Helicopter Fuel Tanks. U. S. Army Research and Technology Laboratory. Jun, 1978, AD-A058188.

[4-5] A. Zeiny. Survivability Assessment of Current Aircraft Designs Using State-of-the-Art Technologies in Hydrodynamic Ram and Fuselage Decompression Analyses. Department of Civil & Geomatics Engineering & Construction.

[4-6] KennethL, Travis. A Methodology for the Determination of Rotary Wing Aircraft Vulnerabilities in Air-to - Air Combat Simulation. HQDA MILPERCEN (DAPC-OPA-E), Nov,1984,AD-A148984.

[4-7] Ronald L. Hinrichsen. Survivability of Composite Aircraft Structures. Anteon Corporation. Jun,

1998.

[4-8] Eldon E. Kordes，William J. O'Sullivan，Jr. Langley. Structural Vulnerability of the Boeing B-29 Aircraft Wing to Damage by Warhead Fragments. Aeronautical Laboratory，Aug，1992.

[4-9] T. D. Kitchin. Research Effort to Evaluate Target Vulnerability. Methonics Incorporated，U. S. Air Force Armament Laboratory，May，1970. AD-888846.

[4-10] James William Trueblood. A Case Study of a Combat Helicpter's Single Hit Vulnerability. Naval Postgraduate School，Monterey，California，Mar，1987，AD-A183335.

[4-11] Robert Edwin Noavk. A Case Study of a Combat Aircraft's Single Hit Vulnerability. Naval Postgraduate School，Jan，1997，AD-A175723.

[4-12] 卢军民. 固定翼飞机在破片战斗部作用下易损性评估及仿真研究[D]. 南京：南京理工大学，2006.

[4-13] 张凌. 聚焦战斗部对巡航导弹的毁伤及引战配合研究 [D]. 南京：南京理工大学，2008.

[4-14] 许寄阳. 杆条战斗部对固定翼飞机的毁伤效能研究[D]. 南京：南京理工大学，2009.

[4-15] 北京工业学院八系《爆炸及其作用》编写组. 爆炸及其作用（下册）[M]. 北京：国防工业出版社，1979.

[4-16] 魏惠之，朱鹤松，汪东辉，都兴良. 弹丸设计理论[M]. 北京：国防工业出版社，1985.

[4-17] Gregory Born. JSAME Endgame Integration. Naval Postgraduate School，Monterey CA. JMASS User's Group Meeting. Jun，2003.

第5章　车辆目标易损性

车辆在战场上扮演着非常重要的角色,是地面战场上出现较多的目标之一。本章主要介绍车辆目标的类型、构造及特性、反车辆目标弹药、车辆目标的毁伤机理及车辆目标的易损性评估理论和方法。

5.1　车辆目标分析

战场上的车辆目标类型很多,战场功能及防护水平不同,本节主要介绍车辆的类型、典型装甲车辆的系统组成以及装甲车辆的防护装甲类型。

5.1.1　车辆目标类型

车辆目标依据是否具有防护分为两类,一类是装甲车辆,另一类是无装甲车辆。

1. 装甲车辆

装甲车辆主要是指具有一定装甲防护的战斗车辆,根据防护程度又分为重型装甲车辆和轻型装甲车辆。

（1）重型装甲车辆

典型的重型装甲车辆就是坦克,这是现代陆上作战的主要武器,具有强大的火力、高度越野机动性、迅猛的冲击能力和很强的装甲防护力,主要执行与对方坦克或其他装甲车辆作战,也可以压制、消灭反坦克武器,摧毁工事,歼灭敌方有生力量。坦克一般装备一门中径或大口径火炮以及数挺机枪。

在一般的作战情况下,不要求彻底摧毁重型装甲战斗车辆,只要求使它在一定程度上丧失战斗力就足够了。

（2）轻型装甲车辆

轻型装甲车辆的防护装甲较薄,等效均质装甲厚度一般在6~15 mm之间,这类车辆装有武器并直接参加战斗,典型的轻型装甲车辆有装甲侦察车、步兵战车、装甲运兵车、反坦克导弹车、战术导弹车、装甲指挥车、前沿通信车、前沿救护车以及自行火炮等。

2. 无装甲车辆

无装甲车辆包括两种基本类型:以向战斗部队提供后勤支援为主要任务的运输车辆(卡车、牵引车、吉普车等);用来作为武器运载工具的无装甲防护轮胎式或履带式车辆。

这类车辆由于没有装甲防护,所有的易损部件暴露在外面,不仅容易被各种反装甲弹药摧毁,而且容易被大多数杀伤弹药(如手榴弹、杀爆榴弹、火箭弹、杀伤地雷等)所毁伤,易损性较高。

5.1.2　典型装甲车辆系统组成及结构

坦克是典型的装甲战斗车辆,下面以坦克为例分析装甲车辆目标的系统组成和结构。坦克大部分都是由推进系统、武器系统、防护系统、通信系统、电气系统及其他系统组成,各系统又由分系统或部件组成[5-1]。

1. 推进系统

推进系统的功能是产生动力,实现车辆的行驶及机动性,主要由动力系统、传动系统、操纵系统、行走系统和燃料系统组成,如图 5.1.1 所示。动力系统是装甲战斗车辆的动力源,由发动机和辅助装置组成,现代的坦克大部分采用往复活塞式柴油机;传动系统多数采用机械操纵的干式多片主离合器、定轴式机械变速器、转向离合器或二级行星转向机;行走系统由行驶装置和悬挂装置组成,行驶装置与地面作用将传动装置输出的动力转化为驱动车辆行驶的牵引力,悬挂装置减缓行驶时产生的冲击和振动,大多坦克采用独立式扭杆弹簧或液压悬挂。行驶装置有轮式和履带式两种形式,轮式行驶装置的驱动轮转动与地面作用产生牵引力推动车辆行驶,通常采用全轮驱动;履带式行驶装置由主动轮、履带、负重轮、带张紧装置的诱导轮及托带轮组成。大多数坦克采用小直径负重轮、多托带轮结构和小节距、双销、闭式橡胶金属铰链履带。

2. 武器系统

坦克装甲车辆的武器系统主要由武器、火力控制和装填机系统组成,如图 5.1.2 所示。坦克武器包括坦克炮、机枪和弹药,坦克炮是坦克的主要武器,机枪是坦克的辅助武器。坦克配用的弹药有穿甲弹、破甲弹、杀伤爆破弹,有些配有炮射导弹。坦克的火力控制系统由观察瞄准仪器、测距仪、计算机、传感器、坦克炮稳定器和操纵机构组成,主要功能是控制坦克武器的瞄准和射击。

3. 防护系统

坦克装甲车辆的防护系统是坦克装甲车辆上用于保护乘员及设备免遭或降低反坦克弹药损伤的所有装置的总称,其目的是降低目标被发现、被命中以及命中条件下被毁伤的概率。现代的主战坦克都配置了复杂的防护系统,主要包括装甲防护、伪装与隐身、光电对抗、二次效应防护以及三防等。

装甲防护技术主要是采用各种各样的装甲及装甲结构(如复合装甲、反应装甲,详见

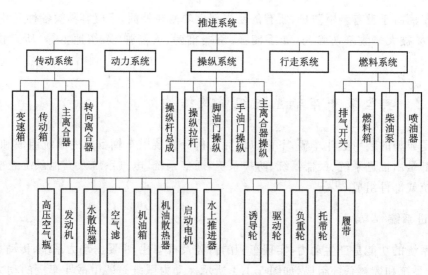

图 5.1.1 典型装甲战斗车辆推进系统的组成

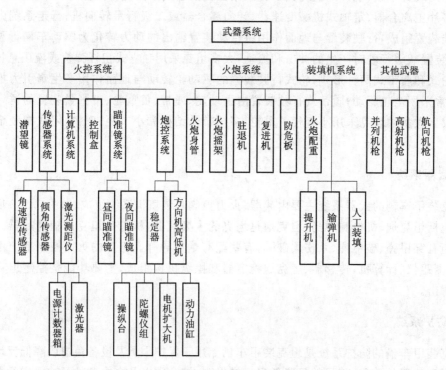

图 5.1.2 装甲战斗车辆武器系统的组成

5.1.3节)提高抗弹侵彻能力。随着科学技术的发展,坦克装甲的防护水平不断地提高,表5.1.1为坦克防护水平的发展情况[5-2]。

表 5.1.1　坦克装甲的防护水平(等效钢装甲厚度)　　　　mm

坦克装甲防护	防穿甲	防破甲
第一代	首上装甲 76～127	炮塔正面装甲 110～220
第二代	300	500
第三代	500～600	800～1 000
第四代(预计)	900～1 000	1 300～1 400

伪装防护技术是指坦克装甲车辆上采取的隐蔽自己和欺骗、迷惑敌方的技术措施,通常包括烟幕、伪装涂层和遮障等。隐身防护技术是指为减小或抑制坦克装甲车辆的目视、红外、激光、声响、热、雷达等观测特性而采取的技术措施,包括车辆外形设计技术、涂层技术和材料技术。

光电对抗主要包括激光、红外、雷达波辐射告警、激光压制观瞄、激光干扰、红外干扰、烟幕释放等技术装置。

二次效应防护技术是指为减少坦克车辆被反坦克弹药击穿装甲后的损伤而采取的措施,如采用韧性或柔性的装甲衬层、动力舱自动灭火装置、战斗室灭火抑爆装置以及车辆的隔舱化设计等。

坦克车辆的三防装是用以保护装甲车辆内的机件和使乘员免遭或减轻核、生物、化学武器杀伤的一种集体防护装置。坦克车辆的三防装置有超压式、个人式和混合式三种。

4. 通信系统

为了作战指挥的需要,坦克装甲车辆都装有通信系统,车辆通信包括车际通信和车内通信。车际通信是指车与车之间的通信以及车与指挥所之间的通信;车内通信是指车内乘员之间、车内乘员与车外搭载兵之间的通信联络。车辆通信系统由车载式无线电台和车内通话器组成。车载电台由收发信机、天线及调协器等组成;车内通话器主要由各种控制盒、音频终端和连接电缆等组成。如图 5.1.3 所示。

5. 电气系统

电气系统的功能是产生、输送、分配和使用电能,主要由电源及其控制、通电设备及其管理、动力传动工况显示和故障诊断等分系统组成。电源由主电源、辅助电源和备用电源三部分组成;辅助电源由小型发动机、发电机和电控装置组成;备用电源是蓄电池组。用电设备有发动机的启动电动机、炮塔驱动装置、空气调节装置以及加温、照明、信号显示等部件。动力传动工况显示和故障诊断系统由各种传感器、控制单元和

图 5.1.3　装甲车辆通信系统的组成

执行机构组成。如图 5.1.4 所示。

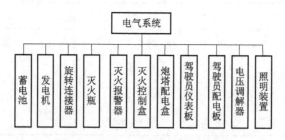

图 5.1.4　装甲车辆电气系统的组成

6. 装甲车辆的舱室布局

大多数的主战坦克由驾驶室、战斗室和动力传动室组成。

驾驶室位于坦克的前部,一般布置有各种驾驶操纵装置、检测及指示仪表、报警信号装置、蓄电池组、弹架油箱、炮弹或燃油箱等。

战斗室位于坦克中部,内有 2～3 名乘员,战斗室中装有火炮、火控、观瞄、通信、自动装填机、三防、灭火抑爆、烟幕发射、弹药、电子对抗等设备和装置。

动力传动室位于坦克后部,通常装有动力和传动装置、进气和排气道、燃料和机油箱、空气滤清器、冷却风扇及其传动装置、机油和水散热器、发动机启动装置、灭火抑爆装置操纵机件和支架等。

5.1.3　装甲类型

现代装甲车辆常用的装甲类型很多,主要有均质装甲、复合装甲、反应装甲及一些新概念装甲。

1. 均质装甲

通过扎制、铸造等方法制成的高强度、耐高温、高韧性合金(或含钛合金)及非晶态合金。常用于制造车体和炮塔的主体装甲。

装甲钢板结构可分为整体钢甲和间隔钢甲两种。整体装甲板按制造方法分为铸造钢甲和轧制钢甲。轧制钢甲又可分为均质钢甲和非均质钢甲。非均质钢甲的表面层经渗碳或表面淬火处理具有较高的硬度,而钢甲内部保持较高的韧性。坚硬的表面层易使穿甲弹弹头破碎或产生跳弹,能降低穿甲作用。高韧性的内层使变形的传播速度降低而减小了着靶处的应力,起着吸收弹丸动能的作用,使弹丸侵彻能力下降。均质钢甲在整个厚度上具有相同的机械性能和化学成分。均质钢甲按硬度的不同又可分为三种:

高硬度钢($d_{HB}=2.7～3.1$ mm),如 2II 板,这种钢板坚硬,但韧性不高,较脆。抗小口径穿甲弹的能力较强,当碰击速度较高时,靶板背面容易产生崩落。

中硬度钢($d_{HB}=3.4\sim3.6$ mm),如 603 板,这种钢板的综合机械性能较好,硬度较高,有足够的冲击韧性和强度极限,常用做中型或重型坦克的前部和两侧装甲。

低硬度钢($d_{HB}=3.7\sim4.0$ mm),这种钢板的冲击韧性较高,但强度极限较低,通常用于厚度大于 120 mm 的厚钢甲。

间隔装甲是指装甲钢板间具有间隙或装有其他部件的双层或多层钢甲,其作用是使破甲弹提前起爆、穿甲弹弹体遭到破坏并消耗弹丸的动能、改变弹丸的侵彻姿态和运行路径,提高防护能力。

2. 复合装甲

由两层及两层以上金属或非金属加工制成的装甲,通常外层采用高硬度低韧性装甲板,中间层采用非金属材料,内层采用低硬度高韧性的装甲板。20 世纪 70 年代初,苏联在 T-72 主战坦克上采用了内层为钢板、中间层为砂和石英的复合装甲;英国的"乔巴姆"复合装甲的内层采用了陶瓷板。进入 20 世纪 80 年代以后,复合装甲已成为现代主战坦克主要装甲结构形式,也是改造老坦克、强化装甲防护的主要技术措施。这种新型装甲结构大大提高了坦克装甲防护能力,与均质装甲相比,对动能弹的抗弹能力提高了 2 倍左右。

3. 反应装甲

反应装甲有爆炸反应装甲(ERA)和非爆炸反应装甲(NERA)两种类型。

爆炸反应装甲的基本结构是由前、后板(钢板)和中间夹层(钝感炸药)组成的"三明治"结构。当弹体或射流撞击反应装甲时,中间夹层的炸药起爆,爆炸产物推动前、后钢板相背运动。运动中的钢板以及爆炸产物对弹体或射流产生横向作用,使弹体发生偏转或折断,使射流断裂、分散或偏转,从而降低对主甲板的侵彻能力。爆炸反应装甲的防护效果取决于模块的厚度、炸药的能量密度以及两块装甲板的质量和强度。

非爆炸反应装甲外观和结构均类似于爆炸反应装甲,不同点是其夹层中装有惰性(非爆炸性)填充物,当侵彻体撞击反应装甲时,惰性装填物吸收部分能量,并在内部产生强大的压力,使反应装甲两侧的金属板膨胀,以此来阻止侵彻体的侵彻能力或使其偏转。非爆炸反应装甲的优点是不会发生二次爆炸而危及伴随步兵,可装备于步兵战车、装甲侦察车等轻型装甲车辆。

4. 贫铀装甲

贫铀装甲也是一种复合装甲,主要由钢-贫铀夹层-钢三层组成,装甲的密度是钢的两倍,具有高密度、高强度和高韧性的特点,现有的常规反坦克弹药很难将其击穿。目前,已在美国(M1A1 坦克)和英国的主战坦克上使用。

有关贫铀夹层成分、工艺和结构都严格保密,据推测贫铀夹层可能是碳化铀晶须嵌在纤维纺织网内构成的网状结构夹层,放在复合装甲中间起骨架作用,中间再嵌入陶瓷装甲块。网状贫铀夹层一方面抵御穿甲弹的攻击,另一方面又限制陶瓷粉末飞散,充分吸收穿甲弹或金属射流的能量。采用贫铀装甲后，M1A1 坦克可防穿深达 600 mm 均质装甲板的动能穿甲弹，可防穿深达 1 000～1 300 mm 均质装甲板的破甲弹。

5. 电磁装甲

电磁装甲分为被动式和主动式两种。被动式电磁装甲主要由两块间隔装甲组成，两块装甲板分别和高压电容器组的两极相连，其中一端接地。当破甲弹的射流或动能侵彻体贯穿两层靶板时，短路引发高压电容器组放电，并形成强大的磁场，同时大电流通过射流或侵彻体，在强磁场的作用下，由于洛伦磁力和欧姆加热效应，在射流或侵彻体中产生不稳定的磁流体动力效应，导致射流或侵彻体破碎而大大降低其侵彻能力[5-3]。

5.2　反车辆目标弹药

用于对付装甲或非装甲车辆的弹药主要有穿甲弹、破甲弹、杀爆战斗部、地雷等。这些弹药对车辆目标的毁伤原理不同，穿甲弹主要靠高硬度的穿甲弹芯侵彻车辆目标的外装甲，在靶后形成二次破片场，毁伤目标内部的关键部件或乘员；破甲弹主要靠高速金属射流侵彻装甲，利用残余射流及靶后二次破片毁伤目标内部的关键部件或乘员，这两种弹药主要用于对付中型或重型装甲车辆。杀爆战斗部主要靠爆炸后形成的冲击波和破片毁伤目标，用于对付轻型装甲或无装甲车辆目标；如果近距离爆炸或直接命中，对中型或重型装甲车辆目标也具有一定的毁伤能力。对付车辆目标的地雷包括两类，一类靠爆炸形成的冲击波和破片毁伤，类似于杀爆战斗部；另一类是靠爆炸形成的成型弹丸侵彻毁伤目标，类似于穿甲弹。

5.2.1　穿甲弹

穿甲弹靠弹丸的撞击侵彻作用穿透装甲，并利用残余弹体、弹体破片和钢甲破片的动能或炸药的爆炸作用（半穿甲弹）毁伤装甲后面的有生力量和设施。

早期的穿甲弹是适于口径的旋转稳定穿甲弹，也称普通穿甲弹，通常采用实心结构，为了提高对付薄装甲车辆的后效，一些小口径穿甲弹内部装填少量炸药，弹丸穿透钢甲后爆炸，这种穿甲弹常称为半穿甲弹。普通穿甲弹的结构特点是弹壁较厚，装填系数较小，弹体采用高强度合金钢。根据头部形状的不同，普通穿甲弹可分为尖头穿甲弹、钝头穿甲弹和被帽穿甲弹。

第二次世界大战中出现了重型坦克，钢甲厚度达 150～200 mm，普通穿甲弹已无能为力，为了击穿这类厚钢甲目标，反坦克火炮增大了口径和初速，发展了一种装有高密度碳化钨弹芯的次口径穿甲弹。膛内和飞行时弹丸是适于口径的，着靶后起穿甲作用的是直径小于口径的碳化钨弹芯（或硬质钢芯），弹丸质量小于适于口径穿甲弹，初速达到 1 000 m/s 以上。由于碳化钨弹芯密度大、硬度高且直径小，故比动能大，提高了穿甲威力。

现在应用最多的是尾翼稳定脱壳穿甲弹,通常称为杆式穿甲弹,其特点是穿甲部分的弹体细长,直径较小,长径比目前可达到 30 左右,弹丸初速为 1 500～2 000 m/s。杆式穿甲弹的存速能力强,着靶比动能大。

影响穿甲弹的侵彻能力的主要因素有:

1. 侵彻体的着靶比动能

穿孔的直径、穿透的靶板厚度、冲塞和崩落块的质量取决于侵彻体着靶比动能,由于穿透钢甲所消耗的能量是随穿孔容积的大小而改变的,因此要提高穿甲威力,除应提高侵彻体的着速外,同时还需适量缩小侵彻体直径。

2. 弹丸的结构与形状

弹丸的形状既影响弹道性能,又影响穿甲作用。对于旋转稳定的普通穿甲弹,虽然希望弹丸的质量大,但其长径比不宜大于 3.5,这样既可保证其在外弹道上的飞行稳定性,又可防止着靶时跳弹;对杆式穿甲弹,希望尽量增大长径比,因为增大长径比可以较大幅度地提高比动能,从而大幅度地提高穿甲威力,同时增加了弹丸相对质量,减小弹道系数,从而减少外弹道上的速度下降量。

3. 着靶角的影响

着靶角对弹丸的穿甲作用有明显的影响。当弹丸垂直碰击钢甲时(着靶角为 0°),弹丸侵彻行程最小,极限穿透速度最小。当着靶角增大时,因为弹丸侵彻行程增加,极限穿透速度增加。无论是均质还是非均质钢甲,都有相同的规律,但对非均质钢甲影响大些。

4. 弹丸的着靶姿态

弹丸的攻角越大,在靶板上的开坑越大,因而穿甲深度减小。对长径比大的弹丸和大法向角穿甲时,攻角对穿甲作用的影响更大。

5.2.2　破甲弹

破甲弹是利用成型装药的聚能效应来完成作战任务的弹药,靠炸药爆炸释放的能量挤压药型罩,形成一束高速的金属射流侵彻穿透装甲。

装药从底部引爆后,爆轰波不断向前传播,爆轰的压力冲量使药型罩近似地沿其法线方向依次向轴线塑性流动,其速度可达 1 000～3 000 m/s,药型罩随之依次在轴线上闭合,闭合后前面一部分金属具有很高的轴向速度(高达 8 000～10 000 m/s),形成细长杆状的金属射流。射流直径一般只有几毫米,其后边的另一部分金属,速度较低,一般不到 1 000 m/s,直径较粗,称为杆体。

金属射流头部速度大,尾部速度小,所以,当装药距靶板一定距离时,射流向前运动过程中,不断被拉长,致使侵彻深度加大。但药型罩口部距靶板的距离(简称炸高)过远时,射流撞击靶板前因不断拉伸,断裂成颗粒而离散,影响侵彻深度。所以,装药有一个最佳炸高(或称有利炸高)。

影响破甲作用的因素主要有药型罩、装药、弹丸或战斗部的结构等。

1. 药型罩的结构及材料

药型罩是形成射流的主要零件,罩的结构及质量好坏直接影响射流的质量优劣,从而影响破甲威力。

目前常用的药型罩有锥形、喇叭形、半球形三种。喇叭形药型罩形成射流的头部速度最大,破甲深度最大;锥形罩次之;半球形罩最小。目前炮兵装备的成型装药弹药中,大多采用锥形罩,因为它的威力和破甲稳定性都较好,生产工艺也比较简单。

锥形药型罩常用锥角为 30°~70°,一般采用 40°~60°。锥角过小时,虽然射流速度可提高,破甲深度增加,但是破甲稳定性较差;锥角过大则破甲深度下降。目前常用的药型罩材料是紫铜,因为铜的密度较大,并具有一定的强度,超动载下塑性较好。

当爆轰产生的压力冲量足够大时,药型罩的壁厚增加对提高破甲威力有利,但壁厚过厚会使压垮速度减小,甚至药型罩被炸成碎块而不能形成正常射流,从而影响破甲效果。目前炮兵弹药中常用的药型罩壁厚为 2‰~3‰药型罩口部直径;中口径破甲弹铜质药型罩壁厚一般在 2 mm 左右。现在大多采用变壁厚药型罩,罩顶部壁厚小一些,罩口部壁厚大一些,以提高射流的速度梯度,对射流的拉长有利,可提高破甲深度。

2. 装药性质及结构

炸药装药是压缩药型罩使之闭合形成射流的能源,因此装药的性质和结构对破甲弹威力的影响很大。

破甲弹的威力取决于炸药的猛度,炸药的猛度是由它的密度及爆速决定。炸药的猛度越高,破甲效应越好。

为了提高破甲威力,希望装药的密度和爆速高,作用于药型罩上的压力冲量大一些,以提高压垮速度与射流速度。目前在破甲弹中大量使用的是以黑索今为主体的混合炸药,如铸装梯黑 50/50、黑梯 60/40 炸药,密度为 1.65 g/cm³ 左右,爆速在 7 600 m/s 左右;压装的钝化黑索今密度为 1.65 g/cm³ 时,爆速可达 8 300 m/s;8701 炸药,密度在 1.7 g/cm³ 左右,爆速可达 8 350 m/s,压装的奥克托今炸药,密度在 1.8 g/cm³,爆速达 9 000 m/s。

另外,在装药中加入隔板,可以改变爆轰波形,从而改变药型罩的受载情况,提高破甲威力。对装药来说,装药结构形状、高度、罩顶药厚及起爆方式等都直接影响有效装药,故对破甲效应也有影响。

3. 弹丸结构

弹丸结构中影响破甲作用的因素主要包括弹丸的旋转因素、弹头部结构及起爆条件等。弹丸的旋转对破甲有不利的影响,转速越高,破甲深度下降越大;对于中口径破甲弹,当弹丸转速较大时,小锥角破甲深度下降 60%,大锥角破甲深度下降 30% 左右;当弹丸低速旋(3 000 r/min)转时,小锥角下降约 20%,大锥角下降 10% 左右。

4. 炸高

炸高就是弹丸爆炸瞬间,药型罩口部到靶板表面的距离。对于一定结构的弹丸,存在一最佳炸高,对应的破甲深度最大。炸高过小,金属射流没有充分拉长,因而破甲性能不佳;炸高过大,可引起射流质量分散,射流速度降低,使破甲威力下降。

5.2.3　杀伤爆破战斗部

杀伤爆破战斗部对地面车辆的破坏作用包括冲击波效应和破片效应。

冲击波效应是指战斗部爆炸时产生的高温高压气体和冲击波对目标的毁伤作用。冲击波可毁伤车辆外部的部件,或者使装甲车辆的装甲翘曲、焊缝开裂、车辆侧翻等;产生的冲击和振动破坏仪器设备;进入车辆内部的冲击波杀伤驾乘人员。冲击波的毁伤作用主要与炸药的性能、装药质量以及与炸点距目标的距离等因素有关。

破片效应是利用战斗部爆炸后形成的具有一定动能的破片实现的,这些破片可以毁伤车辆外部的部件或者穿透装甲毁伤内部的部件或乘员,引燃或引爆弹药、油箱等,其毁伤能力由目标处破片的动能、形状、姿态和密度等因素决定,而这些因素又与战斗部的结构、战斗部壳体材料、炸药装药类型与药量、战斗部爆炸时的终点条件等密切相关。

5.2.4　反车辆目标地雷

对付车辆目标的地雷包括杀伤地雷和自锻破片雷,前者主要靠爆炸形成的冲击波和破片毁伤车辆目标,用于对付轻型装甲车辆和无装甲车辆;后者靠爆炸形成的自锻破片侵彻、穿透车辆的底装甲或侧装甲,进而毁伤目标,用于对付中型或重型装甲车辆目标。

反车辆目标地雷的毁伤能力与炸药类型、质量、装药形状(常规装药或空心装药)等因素有关。

5.3　装甲车辆目标的毁伤机理及毁伤级别

装甲车辆目标的毁伤是由部件或系统的毁伤导致的,部件或系统的毁伤程度决定了整个目标的毁伤级别,而部件或系统的毁伤与作用其上的毁伤元及参量有关,本节分析装甲车辆的毁伤机理、系统毁伤与毁伤元素之间的关系。

5.3.1　车辆目标的毁伤级别

美国将装甲战车(坦克)的毁伤分为三个级别[5-4]：

M级毁伤——坦克瘫痪，不能进行可控运动且不能由乘员当场修复；

F级毁伤——坦克主要武器丧失功能，或是由乘员无力操作造成，或是由于武器或配套设备损坏，不堪使用且又不能由乘员当场修复；

K级毁伤——坦克被击毁、丧失机动能力，根本无法修复。

非装甲车辆不仅容易被各种反装甲手段所摧毁，而且能被大多数杀伤弹药损坏。若车辆运行所需要的某个部件受到损坏，从而导致车辆停驶的时间不能超出某一规定的时间，即可认为车辆已遭受到有效毁伤。冲击波对非装甲车辆的破坏程度可按下述方法分类：

① 快速毁伤：发动机在 5 min 内停车。

② 慢速毁伤：发动机在 5～20 min 内停车，通常在 20 min 后停车不视为慢速毁伤。

③ 不堪使用：由冲击波造成的不足以构成快速和慢速毁伤的破坏，但是由于这种破坏的存在，车辆确实已无法继续行驶。

破片对非装甲车辆毁伤级别可分为两类[5-5]：

A级：车辆在 2 min 内停驶；

B级：车辆在 40 min 内停驶。

5.3.2　装甲车辆目标的毁伤机理

杀爆战斗部在坦克附近爆炸时形成的破片和冲击波可使车辆外面的观瞄装置和通信天线等遭到破坏，也可能使装甲战斗车辆的结构遭到破坏，或者使车辆受到严重的震动和冲击，固定在装甲上的车内部件(如火炮回转系统、控制板和仪表盘、瞄准系统、电台、炮塔轴承、炮塔旋转齿轮盘等)受到严重损坏，有些部件甚至可能脱落。此外，冲击波的作用有时可能导致车辆的侧翻。

当装甲车辆受到穿甲和破甲弹药战斗部作用时，主要通过装甲后面二次破片毁伤内部的关键部件或者乘员；当侵彻元素(射流或侵彻杆)直接作用到活动部件时，产生的毛刺或变形使活动部件失去活动能力，从而导致车辆目标不同级别的毁伤。

为了便于定量分析和试验装甲车辆目标的毁伤，常将装甲车辆目标分解为传动装置、燃料箱、弹药、发动机舱、乘员舱、炮管(仅指炮管外露部分)和其他次要外部部件。本节分别分析这些部件或系统的毁伤机理。

1. 传动装置的毁伤

传动装置由履带、导向轮或行动轮、链轮、履带支托轮等部件组成，不同直径的弹药命中传动装置的不同部件,传动装置的毁伤概率不同。如图 5.3.1 所示为传动装置部件毁伤概率随空心装药直径的变化曲线[5-4]。

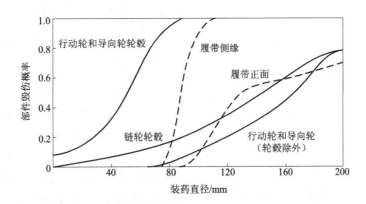

图 5.3.1　传动装置部件毁伤概率随聚能装药破甲弹装药直径的变化曲线

2. 燃料箱的毁伤

图 5.3.2 是坦克燃料箱持续起火概率随穿孔直径(聚能装药)、油箱容量和药形罩材料(紫铜或铝)的变化曲线。从图中可以看出,对紫铜药型罩空心装药破甲弹而言,油箱容量带来的影响是很明显的,铝药型罩的起火概率比紫铜药型罩要大得多。

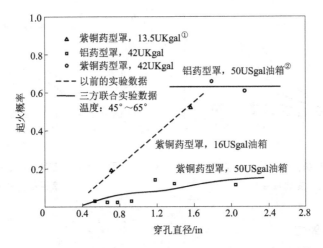

图 5.3.2　坦克燃料箱持续起火概率随穿孔直径的变化曲线

---

① 1 Ukgal=4.546 09×10⁻³ m³。

② 1 Usgal=3.785 41×10⁻³ m³。

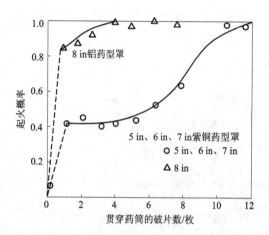

图 5.3.3　坦克主用弹药起火概率随穿透
破片数的变化曲线

3. 弹药舱的毁伤

坦克内弹药的发射药筒是易燃易爆的部件,通常假设弹药起火总能造成 100% K 级毁伤,破甲弹形成的射流或者靶后二次破片都有可能引起药筒的燃烧。

多次试验证实,聚能装药破甲弹形成的射流直接命中坦克内主用弹药药筒时,使其爆炸或剧烈燃烧的概率为 1[5-4]。

装甲后的二次破片命中药筒时,造成的起火概率与撞击药筒的破片数有关(图 5.3.3),而破片数是破甲弹射流穿孔直径的函数(图 5.3.4),因此,可以将上述两图中的曲线合并成弹药起火概率随穿孔直径的变化曲线(图 5.3.5)。

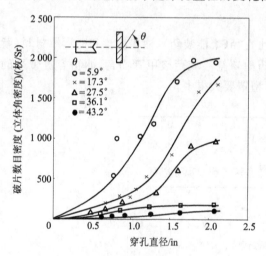

图 5.3.4　靶后破片数目密度随穿孔
直径的变化曲线

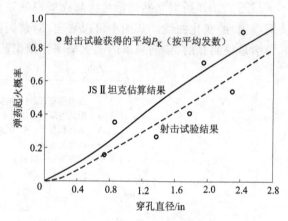

图 5.3.5　坦克弹药被引燃概率随穿孔
直径的变化曲线

4. 发动机舱的毁伤

多次试验结果表明,如果毁伤元能够贯穿发动机舱,可造成 100% M 级毁伤[5-4]。

5. 炮管的毁伤

聚能装药破甲弹直接命中炮管会导致 100% 的 F 级毁伤[5-4]。动能弹或弹片直接命中炮管造成身管凹坑。火炮身管需要承受发射弹药时产生的巨大膛压,身管上的任何缺陷将影响其材料的机械和物理性能,通常用火炮身管上的缺陷深度和大小作为判断是否毁伤的标准,图5.3.6 为某型火炮身管压坑深度对其使用性能的影响曲线[5-6]。

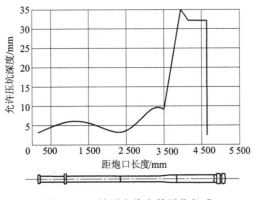

图 5.3.6　某型火炮身管毁伤标准

6. 乘员舱的毁伤

乘员舱是指除弹药堆放区以外的敞开区域。试验数据结果表明[5-4],击穿乘员舱使坦克造成的平均 M 级和 F 级毁伤取决于穿孔直径、乘员舱内靶后破片数目。而靶后破片的数目与穿孔直径有关。

图 5.3.7 和图 5.3.8 分别为弹药穿透乘员舱时使坦克造成的 M 级和 F 级毁伤概率随穿孔直径的变化曲线。

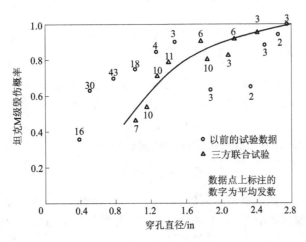

图 5.3.7　坦克平均 M 级毁伤(乘员舱实射结果)

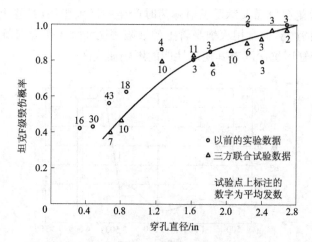

图 5.3.8　坦克平均 F 级毁伤（乘员舱实射结果）

5.4　反装甲弹药对装甲的侵彻能力

反装甲弹药通过射流、爆炸成型弹丸或杆式侵彻体侵彻装甲形成靶后破片，或者直接侵彻目标部件毁伤目标，本节分析这些毁伤元对装甲的侵彻能力。

5.4.1　杆式穿甲弹对装甲的侵彻能力

通常用极限穿透速度和侵彻深度评定穿甲弹对给定靶板的侵彻能力，下面介绍几个常用的经验公式[5-7]。

1. 长杆弹斜穿透中厚装甲靶的半经验公式

图 5.4.1 所示为杆式弹以速度 v_c 斜穿透厚度为 b 的钢甲的极限情况，α 为弹丸速度与靶板法线之间的夹角。弹丸消耗的动能 E_1 主要用于钢甲成坑和弹丸破碎，则

$$E_1 = E_p + E_t \tag{5.4.1}$$

其中，E_p 为弹丸破碎能；E_t 为靶板成坑消耗的能量。设

$$E_p = w_p \frac{\pi}{4} d^2 \cdot l^* \tag{5.4.2}$$

式中，w_p 为弹丸破碎单位体积材料所需的功，与弹丸材料的强度有关，$w_p = w_p' f(\sigma_{bp})$，$w_p'$ 为常数项，σ_{bp} 为靶板材料的强度极限；d 为弹杆直径；l^* 为弹丸穿甲过程中破碎的长度，与弹丸的侵彻行程成正比，设

$$l^* = k_1 \frac{b}{\cos \alpha} \tag{5.4.3}$$

则

$$E_p = w'_p \frac{\pi}{4} d^2 \frac{b}{\cos \alpha} k_1 f(\sigma_{bp}) \tag{5.4.4}$$

其中, k_1 为系数。

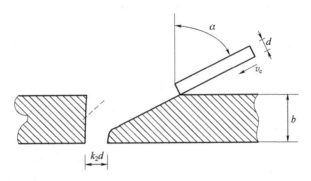

图 5.4.1 杆式弹斜穿透有限厚装甲过程示意图

杆式弹在侵彻钢甲时,由于弹体材料破坏,挤在弹孔周围,使其孔径扩大 k_2 倍,所以靶板成坑消耗的能量为

$$E_t = w_t \frac{\pi}{4} (k_2 d)^2 b / \cos \alpha \tag{5.4.5}$$

式中, w_t 为靶板成坑时单位体积材料的变形能,与靶材的屈服强度成正比,即

$$w_t = w'_t \sigma_{st} \tag{5.4.6}$$

其中, w'_t 为常数项; σ_{st} 为靶板材料的屈服强度。

弹丸在极限情况下穿透钢甲的入射动能 E_c 为

$$E_c = \frac{1}{2} m v_c^2 \tag{5.4.7}$$

当射击条件一定时,对给定的弹靶系统,其穿透过程中能量分配是确定的,即 $E_c/E_1 =$ 常数,这就是所谓的能量准则,据此,

$$\frac{E_c}{E_1} = K_1 = \frac{m v_c^2 / 2}{w'_p \frac{\pi}{4} d^2 \frac{b}{\cos \alpha} k_1 f(\sigma_{bp}) + w'_t \sigma_{st} \frac{\pi}{4} (k_2 d)^2 \frac{b}{\cos \alpha}} \tag{5.4.8}$$

将上式整理,并令

$$K = \sqrt{\frac{\pi}{2} K_1 [k_1 w'_p f(\sigma_{bp}) / \sigma_{st} + w'_t k_2^2]} \tag{5.4.9}$$

得

$$v_c = K \frac{b^{0.5} d}{m^{0.5} \cos^{0.5} \alpha} \sigma_{st}^{0.5} = K \sqrt{\frac{C_e \sigma_{st}}{C_m \cos \alpha}} \tag{5.4.10}$$

其中，C_e 为靶板相对厚度，$C_e = b/d$；C_m 为弹丸相对质量，$C_m = m/d^3$。

这就是杆式弹斜穿透中厚靶板的极限速度表达式的基本形式。为了确定各个参数的指数，进行了大量的实验，结果表明，大多数参数的指数与理论推导的数值近似。值得说明的是靶板屈服强度 σ_{st} 的指数，当板材为中硬度钢甲（$d_{HB} = 3.35 \sim 3.65$ mm）时，σ_{st} 的指数取理论推导值 0.5 时的计算结果与实验值相符；但将靶板硬度范围扩大到包括全部可能硬度值时，即 $d_{HB} = 2.8 \sim 4.1$ mm，对应的 σ_{st} 变化如图 5.4.2 所示，用实验确定 σ_{st} 的指数为 0.2（实验时除 σ_{st} 变化外，其他条件完全相同），这样为了扩大使用范围，将式（5.4.10）修正为

$$v_c = K \sqrt{\frac{C_e}{C_m \cos \alpha}} \sigma_{st}^{0.2} \tag{5.4.11}$$

同样，用验证试验反算得出的大量 K 值可以拟合为下列表达式：

$$K = 1\,076.6 \sqrt{\frac{1}{\xi + \dfrac{C_e \times 10^3}{C_m \cos \alpha}}} \tag{5.4.12}$$

其中，

$$\xi = \frac{K_d \cos^{1/3} \alpha}{C_e^{0.7} (C_m \times 10^{-3})^{1/n}} \tag{5.4.13}$$

注意，在 ξ 表达式中，C_m 的指数 $1/n$ 是变化的，当 $C_m \leqslant 70 \times 10^3$ kg/m³ 时，取 $n = 3$；当 $C_m > 70 \times 10^3$ kg/m³ 时，取 $n = 4 \sim 5$。K_d 为弹径的修正系数，可查表 5.4.1 求出它的值。利用式（5.4.11）～式（5.4.13）及有关图表，只要已知弹、靶结构和材料性能就可估算出极限穿透速度，计算结果误差小于 3%。计算时公式中各参数的单位为国际单位制。

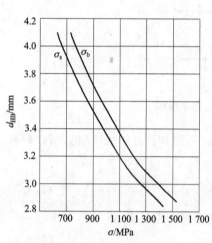

图 5.4.2　靶板强度与硬度的关系曲线

上述公式适用于钢、钨合金或铀合金制成的杆式弹，其优点在于需要的已知条件少，K 值可以计算。

表 5.4.1　弹径修正系数

d/mm	4	5	6	7	8	9	10	11	12
K_d	0.855	0.918	0.950	0.981	1.013	1.045	1.076	1.092	1.124
d/mm	13	14	15	16	17	18	19	20	
K_d	1.156	1.171	1.187	1.203	1.219	1.235	1.251	1.266	

2. 德马尔公式的经验修正

国内习惯对德马尔公式进行修正，用于计算杆式弹的侵彻能力，常用的公式为

$$v_c = K \frac{d^{0.75} b^{0.47}}{m^{0.5} \cos^n \alpha} \tag{5.4.14}$$

式中,K 为穿甲系数,一般取值为 62 700;d 为侵彻杆的直径(m);b 为靶板厚度(m);m 为侵彻杆的质量(kg);α 为速度方向与靶板法线之间的夹角;n 为经验系数随着角 α 变化而变化,见表 5.4.2。

表 5.4.2　系数 n 随 α 变化表

$\alpha/(\degree)$	30～40	50	55	60	65
n	0.26	0.32	0.36	0.39	0.41

虽然这样的修正公式使用简便,但其局限性太大,只适宜于特定的弹靶系统。

3. Tate 经验公式

Tate 从杆式弹对半无限靶侵彻的研究中得出关于侵彻深度的经验公式,并且从这些经验公式引申出适宜于有限厚靶的穿透公式。对有限厚靶,如果长杆弹能够侵彻到靶背面附近,则穿深值就会高于该弹在相同速度下对半无限靶的侵彻值(因为有靶板背面附加)。设此侵深增量为 Δ,则穿透厚度为 b 的靶板相当于侵彻半无限厚靶板深度 $b-\Delta$,则极限穿透速度为

$$\frac{v_c}{v_d} = 1 + \frac{(b-\Delta)\sec\alpha - \alpha_n d}{\beta_n l} \tag{5.4.15}$$

其中,l 为侵彻杆的长度;d 为侵彻杆的直径;α 为速度与靶板法线之间的夹角;v_d、α_n 和 β_n 为与弹靶材料有关的经验系数,见表 5.4.3;对于钨合金杆侵彻轧制均质钢甲的情况,$\Delta/d = 0.5 + 0.08(l/d)$。

表 5.4.3　系数 v_d、α_n 和 β_n 的值

侵彻杆材料	密度/(kg·m^{-3})	α_n	β_n	$v_d/(m \cdot s^{-1})$
钢	7 850	1.2	0.71	1 150
钨合金	17 000	1.4	0.92	850

4. BRL 经验公式

美国弹道研究所(BRL)常用的极限穿透速度公式为

$$v_c = A_0^{0.5} C_m^{-0.5} (C_e \sec\alpha)^{0.8} \tag{5.4.16}$$

式中,A_0 为与穿甲弹硬度相关的常数。此后,Lambert 等人将此公式进一步发展,得到适宜于估算长杆弹对单层轧制均质装甲的极限速度表达式:

$$v_c = 4\,000 (l/d)^{0.15} \sqrt{f(z) d^3/m} \tag{5.4.17}$$

其中,

$$z = b(\sec\alpha)^{0.75}/d \tag{5.4.18}$$

$$f(z) = z + \mathrm{e}^{-z} - 1 \tag{5.4.19}$$

式中各变量含义同前(单位为 cm-g-s 制),计算结果 v_c 的单位为 m/s。

该公式是根据 200 多个极限速度值(弹体质量 $0.5\sim3\,630$ g,杆径 $d=2\sim50$ mm,长径比为 $4\sim30$,靶厚为 $6\sim150$ mm,着角 α 为 $0°\sim60°$,杆体密度为 $7.8\sim19.0$ g/cm³)统计出来的。将弹体头部为锥形或半球形的形状均处理为等效正圆柱体,要求靶板的相对厚度 $C_e > 1.5$。

5.4.2　射流对装甲的侵彻能力

射流对装甲的侵彻能力通常用侵彻深度和侵彻孔大小来表征,下面分析射流对靶板或部件侵彻时形成的侵孔深度和半径[5-8]。

1. 射流的自由运动及对均质装甲的侵彻深度

假设射流是线性连续拉伸,射流在自由飞行过程中头部和尾部速度保持不变,射流的形成与拉伸过程如图 5.4.3 所示,速度沿射流线性分布,引入一个虚拟原点 (z_0, t_0)。在任意时刻 t,射流的速度分布如图 5.4.4 所示,设射流的头部速度为 v_j,尾部速度为 v_t。则射流中速度为 v 的材料运动轨迹为

$$z = z_0 + v(t - t_0) \quad v_t \leqslant v \leqslant v_j \tag{5.4.20}$$

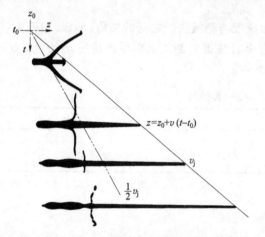

图 5.4.3　射流从虚拟原点的线性拉伸过程

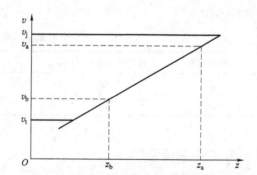

图 5.4.4　线性拉伸射流的速度分布

如果知道射流形成后任意时刻 t_1 的速度分布,根据射流上的两点 z_a(速度为 v_a)和 z_b(速度为 v_b)就可得到 z_0 和 t_0 的值:

$$z_0 = \frac{v_a z_b - v_b z_a}{v_a - v_b} \tag{5.4.21}$$

$$t_0 = t_1 - \frac{z_a - z_b}{v_a - v_b} \tag{5.4.22}$$

设靶板距虚拟原点的距离为 z_s，则炸高 s 为

$$s = z_s - z_0 \tag{5.4.23}$$

射流头部(速度为 v_j)撞击靶板的时刻 t_s 为

$$t_s = t_0 + \frac{z_s - z_0}{v_j} \tag{5.4.24}$$

射流侵彻靶板的过程如图 5.4.5 所示，设射流速度为 v，侵彻速度为 u，忽略靶板和射流材料强度、可压缩性以及射流在侵彻过程中的损失，根据伯努利方程：

$$\frac{1}{2}\rho_j(v-u)^2 = \frac{1}{2}\rho_t u^2 \tag{5.4.25}$$

其中，ρ_j 为射流材料密度；ρ_t 为靶板材料密度。

由方程(5.4.6)可得

$$v-u = u\sqrt{\frac{\rho_t}{\rho_j}} \tag{5.4.26}$$

令 $\gamma = \sqrt{\frac{\rho_t}{\rho_j}}$，则上式可写为

$$u = \frac{v}{1+\gamma} \tag{5.4.27}$$

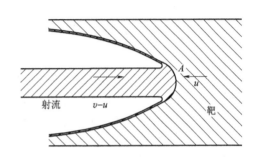

图 5.4.5　射流对靶板的侵彻过程示意图

将式(5.4.20)代入式(5.4.27)得射流的侵彻速度为

$$u=\frac{z-z_0}{(t-t_0)(1+\gamma)} \tag{5.4.28}$$

具有速度 v 的射流材料运动到侵彻坑底部的时间为

$$t=t_0+\frac{z-z_0}{v} \tag{5.4.29}$$

情况如图 5.4.6 所示，侵彻坑的底部 A 一般称为驻点，其坐标为(z_s，t_s)。

有两种方法可以描述目标靶内射流侵彻坑底部的变化，第一种方法依据射流侵彻速度，方程为

$$z = z_s + \int_{t_s}^{t} u\mathrm{d}t = z_0 + v_j(t_s - t_0) + \frac{1}{1+\gamma}\int_{t_s}^{t} \frac{z - z_0}{t - t_0}\mathrm{d}t \tag{5.4.30}$$

图 5.4.6　驻点及速度为 v 的射流材料运动轨迹

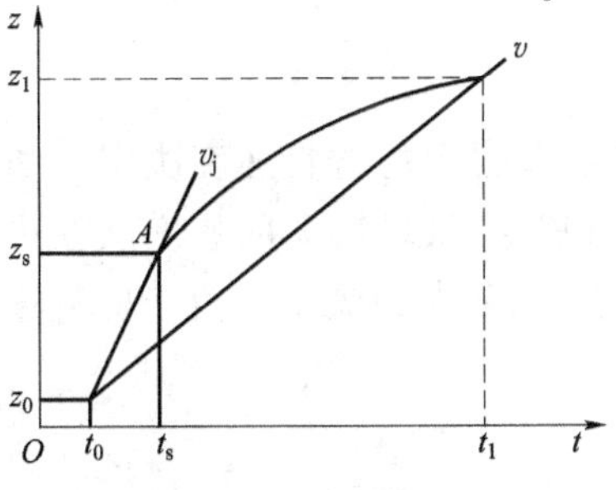

第二种方法根据射流材料的运动轨迹，方程为

$$z=z_0+v(t-t_0) \tag{5.4.31}$$

为了便于求解，将坐标系的原点转换为(z_0，t_0)，即

$$\begin{aligned} Z&=z-z_0 \\ T&=t-t_0 \end{aligned} \tag{5.4.32}$$

在新的坐标系下方程(5.4.30)和方程(5.4.31)可写为

$$Z = v_j T_s + \frac{1}{1+\gamma}\int_{t_s}^{t} \frac{Z}{T}\mathrm{d}T \tag{5.4.33}$$

$$Z=vT \tag{5.4.34}$$

对方程(5.4.33)两边求导,得

$$dZ = u dT = \frac{1}{1+\gamma} \frac{Z}{T} dT \tag{5.4.35}$$

或者

$$\frac{dZ}{Z} = \frac{1}{1+\gamma} \frac{dT}{T} \tag{5.4.36}$$

则

$$\ln \frac{Z}{Z_s} = \frac{1}{1+\gamma} \ln \frac{T}{T_s} \tag{5.4.37}$$

由于 $Z_s = v_j T_s$,所以

$$\frac{Z}{Z_s} = \frac{vT}{v_j T_s} = \left(\frac{T}{T_s}\right)^{\frac{1}{1+\gamma}} \tag{5.4.38}$$

整理得

$$\frac{T}{T_s} = \left(\frac{v_j}{v}\right)^{1+\frac{1}{\gamma}} \tag{5.4.39}$$

将上式代入式(5.4.38)得

$$Z = Z_s \left(\frac{v_j}{v}\right)^{\frac{1}{\gamma}} \tag{5.4.40}$$

返回到原来的坐标系,并将 $s = z_s - z_0$ 代入得到侵彻坑底部的位置为

$$z = z_0 + s \left(\frac{v_j}{v}\right)^{\frac{1}{\gamma}} \tag{5.4.41}$$

射流速度为 v 时的侵彻深度 P 为

$$P = z - z_s = s \left[\left(\frac{v_j}{v}\right)^{\frac{1}{\gamma}} - 1 \right] \tag{5.4.42}$$

则射流总的侵彻深度为

$$P_1 = s \left[\left(\frac{v_j}{v_t}\right)^{\frac{1}{\gamma}} - 1 \right] \tag{5.4.43}$$

2. 射流侵彻孔的半径

射流对均质靶板侵彻孔的半径由射流传输给靶板的能量和靶板的材料强度决定。如图 5.4.1 所示,从射流和靶板的界面 A 点处观察,密度为 ρ_j 的射流材料以 $v-u$ 的速度从左边流入,以速度 u 向左流出;密度 ρ_t 的靶板材料以速度 u 从右边进入,从左边流出。由于射流输出的能量和射流对靶板材料所做的功相等,则

$$\frac{1}{2} \pi r_j^2 \rho_j u^2 = \pi r_h^2 \sigma_t \tag{5.4.44}$$

将式(5.4.27)代入上式得

$$\frac{r_{\mathrm{j}}^2 \rho_{\mathrm{j}} v^2}{2(1+\gamma)^2} = r_{\mathrm{h}}^2 \sigma_{\mathrm{t}} \tag{5.4.45}$$

其中，r_{j} 为射流半径；r_{h} 为侵彻孔的半径；σ_{t} 为靶板材料强度。

由方程(5.4.45)可得侵彻孔的半径为

$$r_{\mathrm{h}} = \frac{r_{\mathrm{j}} v}{1+\gamma} \sqrt{\frac{\rho_{\mathrm{j}}}{2\sigma_{\mathrm{t}}}} \tag{5.4.46}$$

可见，侵彻孔的半径与射流的半径有关。为了计算射流在目标靶中形成的侵彻孔的形状，需要知道任意时刻不同位置处射流的半径 $r_{\mathrm{j}}(z)$，而射流的半径与射流的轴向质量分布相关，为了便于分析，定义单位长度射流的质量为

$$m_{\mathrm{z}}(z,t) = \pi r^2(z,t) \rho(z,t) \tag{5.4.47}$$

连续方程可以表示为

$$m_{\mathrm{z}}(t_2) = m_{\mathrm{z}}(t_1) \frac{t_1 - t_0}{t_2 - t_0} \tag{5.4.48}$$

因此，随着时间的推移，射流长度增加，单位长度的射流质量减小，所以流出的能量也相应减小。

射流的半径为

$$r_{\mathrm{j}}(z) = \sqrt{\frac{m_{\mathrm{z}}(z)}{\pi \rho(z)}} \tag{5.4.49}$$

将式(5.4.49)代入式(5.4.46)即可得到射流侵彻孔的半径。

5.4.3　爆炸成型弹丸对装甲的侵彻能力

爆炸成型弹丸基本可看做长径比为 4～8 的恒速杆，撞击速度为 1.5～3 km/s。当低速撞击时，材料强度对侵彻过程的影响较大，所以必须考虑弹丸的减速；当高密度杆侵彻低密度靶时，会产生"二次侵彻"。

Christman 和 Gehring 基于铝杆和钢杆对金属靶的侵彻试验数据，提出了一个关于恒速杆的经验侵彻模型，长为 l、直径为 d 的杆对半无限金属靶的侵彻深度公式为[5-9]

$$\frac{P}{l} = \left(1 - \frac{d}{l}\right)\left(\frac{\rho_{\mathrm{p}}}{\rho_{\mathrm{t}}}\right)^{\frac{1}{2}} + 2.42\left(\frac{\rho_{\mathrm{p}}}{\rho_{\mathrm{t}}}\right)^{\frac{2}{3}}\left(\frac{\rho_{\mathrm{t}} v^2}{B_{\mathrm{m}}}\right)^{\frac{1}{3}} \tag{5.4.50}$$

式中，v 为弹丸撞靶速度；ρ_{p} 和 ρ_{t} 分别为杆和靶材的密度；B_{m} 为靶体的最大硬度。方程中的第一项表示第一次侵彻，第二项表示"二次侵彻"；对杆速在 2.0～6.7 km/s 范围内时的计算结果与实验结果具有很好的一致性。

5.5　靶后破片分布特性

靶板后效破片(Behind-Armour Debris，BAD)是由反装甲弹药毁伤元在穿透目标防护装甲后在装甲背面形成的二次破片，这些破片包括侵彻体残余和装甲材料崩落碎片。靶板后效

破片简称靶后破片[5-10]。对于诸如坦克这类装甲目标，由于其关键部件和驾乘人员均置于装甲的保护之下，对内部部件的毁伤主要依赖于靶后破片。本节主要分析靶后破片的分布特性。

5.5.1 正撞击靶后破片分布特性

没有攻角、着角为零的弹靶交汇状态，称为正撞击。由于正撞击产生的靶后破片最具代表性、规律性，而且正撞击也是撞击问题中最特殊、最简单的形式，因此对于靶后破片的研究主要集中在正撞击问题上，并以正撞击靶后破片研究为基础，进行斜撞击靶后破片的研究。

1. 正撞击靶后破片形成机理

杆式侵彻体正撞击有限厚靶板时，其侵彻和靶后破片的形成过程可概括为如下三个阶段[5-11]。

（1）开坑阶段（侵彻深度小于等于侵彻体直径）

此时的碰撞速度最高，产生的碰撞应力也最大，远远超过了侵彻体和靶板金属材料的动态强度，使靶板材料在碰撞的局部区域内发生破坏、变形，并向抗力最小的方向飞溅排出，形成了靶前破片。这时侵彻体上只作用有惯性力和压缩力，并不断地破坏、飞溅。同时在靶板表面产生了不断扩大的弹坑，在靶内建立起了相对稳定的高压、高应变和高变形率状态，提供了有利于侵彻正常进行的条件。

（2）稳定侵彻及鼓包形成

开坑阶段之后，弹靶材料继续不断地破坏、飞溅，同时靶坑也不断地扩大，出现新表面。破碎的侵彻体碎片又不断地撞击弹坑的新表面，如此重复使弹坑不断加深。当侵彻体侵彻到靶板一定深度时，由于稳定侵彻及入射波和反射波的共同作用，在靶板的背面产生金属材料的塑性流动，进而形成鼓包区，鼓包近似为球缺形。

（3）鼓包的破裂直至靶后破片的形成

随着侵彻的继续进行，在侵彻体的侵彻和破片反挤的不断作用下，鼓包的高度不断增加，并因拉应力的持续增大而开始自外表面破裂。随后，随着靶板的抗力进一步减小，鼓包的高度继续增加，最终弹坑周围的鼓包区沿鼓包周边的应力集中及初始裂纹区域产生拉伸断裂，鼓包完全破裂。这时剩余侵彻体从鼓包中冲出，其后面跟随着侵彻体碎片和靶板材料的崩落碎片，形成具有杀伤力的靶后破片。图 5.5.1 为靶后破片形成过程的 X 光照片[5-12]。

图 5.5.1 正撞击靶后破片形成过程的 X 光照片

2. 靶后破片云相关定义及假设

无论杆式侵彻体着靶情况如何,当鼓包完全破裂,大量弹体碎碴和靶板崩落物从靶后喷出,形成具有杀伤力的靶后破片之后,经过破片间相互挤撞、碰撞、冲击波冲击等一系列复杂作用后,靶后破片整体将保持某一稳定形态等比例地向外不断膨胀,直至遇到障碍(目标部件或后效靶)[5-13~5-15]。将这种保持某一稳定形态,等比例地向外膨胀的靶后破片整体称为靶后破片云。

正撞击靶后破片的整体轮廓近似为一个被截去尾部的椭圆形,如图 5.5.2(a)所示。其中 a_0、c_0 分别为该椭圆的长半轴和短半轴。鼓包完全破裂后,随着靶后破片的飞散,a_0/c_0 的值随之变化,并在一段时间内 a_0/c_0 的值会在冲击波的作用下迅速增加[5-14],当靶后破片云形成后,a_0/c_0 达到一个相对固定的值(为 $1.5\sim2.5$[5-13,5-15]),并在以后的时间里始终保持不变。该值之所以会成为一个常数,是由于此时各个破片的速度矢量相互之间保持固定的梯度,从而形成了稳定的椭球形速度场。将 a_0/c_0 达到固定值的瞬间状态称为靶后破片云的初始状态,此时的靶后破片云称为初始靶后破片云。

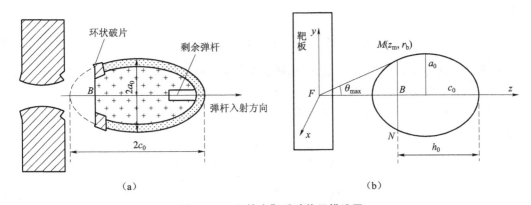

图 5.5.2 正撞击靶后破片云描述图
(a) 抽象图;(b) 初始靶后破片云建模分析图

由于从鼓包完全破裂到靶后破片云形成之间的时间间隔非常短,因此不考虑这期间的多变状态,而只对稳定的靶后破片云进行研究。据此做如下假设:

① 不考虑从鼓包完全破裂到靶后破片云形成之间的复杂过程,认为靶后破片整体在剩余侵彻体冲出鼓包后,直接由初始靶后破片云开始,以稳定的状态不断膨胀、飞散。

② 在初始靶后破片云中,每个破片即获得不变的速度矢量,且所有矢量的延伸线都经过一个点 F。F 点位于弹轴入射线上,在靶板的内部,如图 5.5.2(b)所示。

为了确定破片在云中的位置,引入破片散射角的概念。在正撞击靶后破片云中,散射角是指破片的速度矢量与破片云所在椭球长轴线的夹角,用 $\theta(0\leqslant\theta\leqslant\theta_{max})$ 表示。经后效靶及 X 射线照片分析可知,在靶后破片云尾部有少数质量相对较大的破片,它们速度最低且沿破片云外轮廓飞行,这些破片称为环状破片[5-15,5-16]。环状破片是由靶板背部弹坑边缘材料断裂形成的,因此具有最大散射角 θ_{max}。

3. 正撞击初始靶后破片云描述模型

如图 5.5.2(b)所示,建立以 F 点为原点的左手直角空间坐标系 $Fxyz$,杆式侵彻体轴线所在直线为 z 轴,入射方向为正方向。以椭圆 O 表示初始靶后破片云椭圆,h_0 为椭圆缺高。根据空间几何关系,可得正撞击初始靶后破片云的描述模型为[5-11]

$$\begin{cases} \dfrac{x^2}{a_0^2} + \dfrac{y^2}{a_0^2} + \dfrac{[z-(h_0-c_0+2c_0f-h_0f)]^2}{c_0^2} \leqslant 1 \\ z \geqslant 2c_0f - h_0f \end{cases} \tag{5.5.1}$$

由于 F 点位置未知,所以设 F 点到 B 点的距离为 $(2c_0-h_0)f$,其中 f 为靶后破片云形状系数,需要根据试验确定。可见要想定量描述正撞击初始靶后破片云,就必须确定 a_0、c_0、h_0 的值。

图 5.5.2(b)中点 $M(z_m, r_b)$ 表示环状破片。由于环状破片是由靶板背部弹坑边缘材料断裂产生,因此基于假设①得出 M 点的纵坐标 $r_b = D_{eq}/2$。D_{eq} 为正撞击直通弹孔的等效直径,可由下式求得

$$D_{eq} = d_P \cdot \left[3.4 \left(\frac{t_T}{d_P} \right)^{\frac{2}{3}} \left(\frac{v_i}{C_T} \right) + 0.8 \right] \tag{5.5.2}$$

式中,d_P 表示杆式侵彻体直径(mm);t_T 表示靶板的厚度(mm);v_i 表示侵彻体的着靶速度(m/s);C_T 表示应力波在靶板材料中的传播速度(m/s)。

已知 F 点到 B 点的距离,则点 M 的横坐标 $z_m = (2c_0-h_0)f$。确定点 M 后,根据几何关系,可列出方程组(5.5.3)。

$$\begin{cases} \tan \theta_{max} = \dfrac{r_b}{(2c_0-h_0)f} \\ \dfrac{(c_0-h_0)^2}{c_0^2} + \dfrac{r_b^2}{a_0^2} = 1 \\ c_0 = Ea_0 \end{cases} \tag{5.5.3}$$

式中,E 为常量,等于 c_0/a_0,需要根据试验数据确定;θ_{max} 可用下面经验公式计算[5-15]。

$$\theta_{max} = 91.8 \left(\frac{v_i}{C_T} \right) + 8.9 \tag{5.5.4}$$

解式(5.5.3)得

$$\begin{cases} a_0 = \dfrac{r_b}{2E} \left(\dfrac{1}{f \cdot \tan \theta_{max}} + E^2 f \cdot \tan \theta_{max} \right) \\ c_0 = \dfrac{r_b}{2} \left(\dfrac{1}{f \cdot \tan \theta_{max}} + E^2 f \cdot \tan \theta_{max} \right) \\ h_0 = f \cdot \tan \theta_{max} E^2 r_b \end{cases} \tag{5.5.5}$$

得到了靶后破片分布形状之后,下面分析靶后破片的分布特征,主要包括破片的质量、速

度和空间位置分布。

4. 正撞击靶后破片总数量

正撞击靶后破片总数量 N_{tot} 可用下式计算[5-15]：

$$N_{\text{tot}} = k(v_i/v_c - 1)^c \cos\alpha + 1 \tag{5.5.6}$$

式中，$c = 3[1 - t_{\text{T}}/(4/d_{\text{P}})]$，$k = 574\exp[-1.037(t_{\text{T}}/d_{\text{P}} - 2.46)^2]$；$\alpha$ 为杆式侵彻体着靶角；v_c 为正撞击时的极限穿透速度，可由式(5.4.11)求得。

5. 靶后破片总质量

弹杆在侵彻过程中不断破碎，部分在靶后喷出形成靶后破片，穿透后剩余弹杆质量为

$$m_{\text{P}} = \frac{\pi}{8}\rho_{\text{P}}l_0 d_{\text{P}}^2\left[1 - T\cdot\exp\left(-\frac{v_1 C_{\text{P}}\rho_{\text{P}}}{\sigma'_{\text{sc}}}\frac{m_{\text{s}}}{m_{\text{s}} + m_1}\right)\right] \tag{5.5.7}$$

其中，l_0 为弹杆初始长度；$T = \exp[-\lambda(1/Z^2 - C_{\text{P}}^2/v_i^2)]$，$\lambda = \rho_{\text{P}}v_i^2/2\sigma'_{\text{sc}}$，$Z = 1 + \rho_{\text{P}}C_{\text{P}}/(\rho_{\text{T}}C_{\text{T}})$；$m_{\text{s}} = \pi\rho_{\text{T}}(1.25d_{\text{P}})^2 t_{\text{T}}/(4\cos\alpha)$，$m_1 = mT$，$v_1 = ZC_{\text{P}}$；$\rho_{\text{P}}$、$\rho_{\text{T}}$ 分别为弹杆、靶板材料密度；C_{P}、C_{T} 分别是塑性波在弹杆和靶板中的传播速度；σ'_{sc} 为靶板材料的动态压缩屈服强度；α 为弹杆着角。

在鼓包膨胀过程中，鼓包内壁附近的环向应力是压应力，外壁附近的环向应力是拉应力，在鼓包内存在一个环向应力等于零的应力圈。可简单地认为，应力圈由压应力转换为拉应力时，在该位置处产生裂纹。随着鼓包的扩展，拉应力逐渐由外壁向内壁扩展，裂纹也就从外壁向内壁扩展，当应力达到内壁时，裂纹穿透壁面，出现破裂。作用在侵彻体上的冲击压力为

$$P = \rho_{\text{P}}(C + S\mu_{\text{p}})\mu_{\text{p}} \tag{5.5.8}$$

其中，μ_{p} 为质点速度；S 为冲击波速度；C 为材料音速。由连续性可知，此时作用于靶板上的压力应与侵彻体上的压力相同。当 $\sigma_{\text{t}} = \sigma_{\text{f}}$ 时，出现断裂，断裂应力 σ_{f} 为

$$\sigma_{\text{f}} = \sigma_{\text{s}} - \sigma_{\text{i}} \tag{5.5.9}$$

假设冲击波波长为 λ，则入射压缩应力 σ_{i} 为

$$\sigma_{\text{i}} = \sigma_{\text{s}}\frac{\lambda - 2\delta_{\text{b}}}{\lambda} \tag{5.5.10}$$

断裂应力为

$$\sigma_{\text{f}} = \sigma_{\text{s}} - \sigma_{\text{s}}\frac{\lambda - 2\delta_{\text{b}}}{\lambda} \tag{5.5.11}$$

崩落的厚度为[5-7]

$$\delta_{\text{b}} = 2\lambda\frac{\sigma_{\text{fc}}}{\sigma_{\text{s}}} \tag{5.5.12}$$

式中，σ_{fc} 为靶板的临界断裂应力；σ_{s} 为靶板的压缩屈服极限；λ 为冲击波的波长。

则靶板崩落的质量 m_{T} 可用下式计算：

$$m_{\text{T}} = \frac{\rho_{\text{T}}(1.6d_{\text{P}}\delta_{\text{b}}^2 + \delta_{\text{b}}^3)}{4\cos\alpha} \tag{5.5.13}$$

正撞击靶后破片总质量为

$$m_{\text{tot}} = m_{\text{P}} + m_{\text{T}} \tag{5.5.14}$$

6. 正撞击靶后破片质量分布

正撞击靶后破片的质量分布描述可使用由 Mott 提出的公式,其表达式如下:

$$N(m > m_i) = N_{\text{tot}}\,e^{-m_i/m_{\text{av}}} \tag{5.5.15}$$

其中,$N(m > m_i)$ 表示质量大于 m_i 的破片的数量;N_{tot} 为总破片数;m_{av} 表示靶后破片的平均质量,由式(5.5.16)求得:

$$m_{\text{av}} = 2.5\,e^{-(0.67v_i/v_c + 5.9975)} \tag{5.5.16}$$

7. 正撞击靶后破片空间分布

根据破片散射角,将靶后空间划分为多个散射区间,如 $\theta_i \sim \theta_i + \Delta\theta$ 表示第 i 个散射区间,则靶后破片的空间特征分布规律为

$$N_{\theta_i} = \frac{5N_{\text{tot}}}{1.0648\sqrt{2\pi}} \cdot \frac{\Delta\theta}{\theta_{\max}} \cdot e^{-0.5\left(\frac{5\theta_i/\theta_{\max} - 2.3}{1.1}\right)^2} \tag{5.5.17}$$

其中,N_{θ_i} 表示在第 i 个散射区间内破片的数量;$\Delta\theta$ 为散射区间的宽度;$\theta_{\max}$ 为靶后破片的最大散射角,可由式(5.5.4)求得。

8. 正撞击靶后破片速度分布

靶后破片云形成后,剩余侵彻体始终运动在其最前端,因此认为破片云的顶端速度等于剩余侵彻体速度 v_{r},v_{r} 可由下式求出:

$$v_{\text{r}} = a_{\text{r}}(v_i^n - v_c^n)^{1/n} \tag{5.5.18}$$

其中,$n = 2 + z/3, z = t_{\text{T}}(\sec\alpha)^{0.75}/d_{\text{P}};a_{\text{r}} = m/(m + m'/3);m' = \rho_{\text{T}}\pi d_{\text{P}}^3 z/4$。

在靶后破片中,破片速度是成梯度的,在相同散射空间里的破片可认为具有相同的速度值,那么第 i 个散射空间内破片的速度为

$$v_{\theta_i} = v_{\text{r}}\cos(1.94\theta_i)/\cos\theta_i \tag{5.5.19}$$

5.5.2   斜撞击靶后破片分布特性

坦克目标的水平倾角很大,一般为 $60° \sim 72°$,而一般杆式穿甲弹对坦克的进攻方式是正面攻击,因此,大多数情况下杆式侵彻体以大入射角、斜侵彻靶板。本节在正撞击靶后破片研究的基础上,分析斜撞击靶后破片的分布规律。

1. 斜撞击靶后破片形成机理

在没有攻角的前提下,长杆弹以一定的着角侵彻有限厚均质装甲钢时,其典型的弹坑示意如图 5.5.3 所示。图中 α 表示杆式弹着角;ϕ 为直通弹孔的偏转角;约在靶板厚度的前 1/3(甚至前 1/2),弹坑滑坡侧的靶材轧制线方向趋向于与弹坑底线相切,弹体是紧贴坑底前进的,在侵彻过程中产生的靶体破片和弹杆碎碴以几乎垂直于弹轴的方向向靶前排出,此时的侵彻行为基本不受靶背表面效应的影响;但越靠近靶背面,侵彻行为受到背面效应的影响就越大。弹坑在靶厚的后 1/3 为直通的弹孔,孔径为弹径的 1.5 倍或略大,同时靶板背面出现鼓包,弹孔方向明显地向靶板背表面法线方向有一个 ϕ 角的折转,说明在此区域靶板背表面效应影响了侵彻过程,并且由于弹体碎渣不能再从靶板前方飞出而挤在弹杆周围的孔内向靶后方向流出,从而使这段期间的侵彻过程类似于杆式侵彻体垂直侵彻靶板的情况。当靶板背表面的鼓包完全破裂时,不能从靶板前排出的靶板碎片和弹体残渣从靶后喷出,形成斜撞击下的靶后破片云。

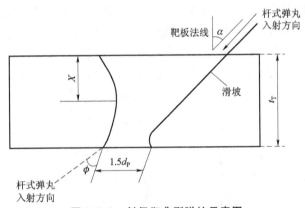

图 5.5.3　斜侵彻典型弹坑示意图

根据以上分析,将杆式弹大倾角斜侵彻厚度为 t_T 的均质装甲板并产生靶后破片的过程分为三个阶段:

(1) 初始侵彻段,$x \leqslant t_T/3$

当侵彻深度 $x \leqslant t_T/3$ 时,破碎的弹体和靶板材料容易从靶板前面飞溅出去,并且其排出方向几乎与弹轴垂直,形成大量的靶前破片。此时弹孔直径远远大于侵彻体直径,呈喇叭状。不计靶背表面对侵彻行为的影响。

(2) 过渡段,$t_T/3 < x \leqslant 2t_T/3$

经过初始侵彻阶段后,破碎的弹体和靶板材料继续保持向靶前喷出,侵彻继续进行,并逐渐地变化到直通弹孔段。

(3) 直通弹孔段,$x > 2t_T/3$

此段剩余侵彻体会明显地向靶板背表面法线方向折转,并形成一个类似于正撞击侵彻条件下的直通弹孔,孔径为侵彻体直径的 1.5 倍或略大。在侵彻的最后阶段,靶板的后表面会出现鼓包,当鼓包完全破裂时,由靶板碎片和侵彻体碎渣形成的斜撞击下的靶后破片喷出。

综上所述,对于大倾角斜撞击靶后破片,应重点研究直通弹孔段,对于产生靶前破片的开坑侵彻段可不考虑。由于大量的靶后破片是在直通弹孔段产生的,因此对斜撞击靶后破片的分布规律可以在正撞击靶后破片分布规律的基础上修正得到。

2. 斜撞击初始靶后破片云描述模型

图 5.5.4(a)为破片云正视 X 光照片。空间直角坐标系 $Fxyz$ 同图 5.5.2(b),靶板和侵彻体入射方向的夹角为 $90°-\alpha$,如图 5.5.4(b)所示。

根据斜撞击靶后破片形成机理,斜撞击靶后破片云中的破片主要存在于两个运动空间:一部分靶后破片在侵彻过渡区间形成,保持了杆式侵彻体侵彻靶板前半程的运动趋势,在以入射方向为中心线的椭球空间内飞散;另一部分破片在侵彻后半程的直通弹孔段形成,这部分破片所在运动空间与正撞击靶后破片的运动空间相同,但其对称中心线与入射方向呈 ϕ 角。

图 5.5.4(b)中,椭圆 O 代表以入射方向为中心线的运动椭球空间的初始位置投影,椭圆 O' 代表直通弹孔运动椭球空间的初始位置投影,则整个斜撞击初始靶后破片云在空间上可分为三个区域:区域 I 内的所有靶后破片具有直通弹孔运动空间的运动趋势;区域 III 内的所有靶后破片具有入射方向运动空间的运动趋势;而区域 II 内的靶后破片则具有这两种运动趋势。

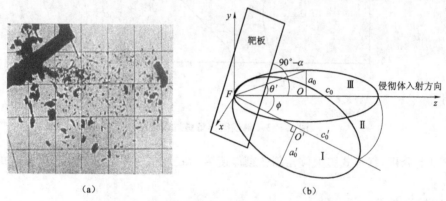

(a) (b)

图 5.5.4 斜撞击靶后破片云照片及形状分析图

(a) X 射线照片正视图;(b)初始靶后破片云建模分析图

综上,斜撞击初始靶后破片云的描述模型为

区域 I:
$$
\begin{cases}
\dfrac{x^2}{a_0'^2} + \dfrac{(\cos\phi \cdot y + \sin\phi \cdot z)^2}{a_0'^2} + \dfrac{(\cos\phi \cdot z - \sin\phi \cdot y - z_0)^2}{c_0'^2} \leqslant 1 \\
y \leqslant -\tan\phi \cdot z
\end{cases}
\tag{5.5.20}
$$

区域 II:
$$
\begin{cases}
\dfrac{x^2}{a_0'^2} + \dfrac{(z - c_0)^2}{c_0^2} \leqslant 1 \\
-\tan\phi \cdot z < y \leqslant 0
\end{cases}
\tag{5.5.21}
$$

$$\text{区域Ⅲ：} \begin{cases} \dfrac{x^2}{a_0'^2} + \dfrac{y^2}{a_0^2} + \dfrac{(z-c_0)^2}{c_0^2} \leqslant 1 \\ y > 0 \end{cases} \tag{5.5.22}$$

其中，z_0 为 O' 点到 F 点的距离；a_0、c_0、a_0'、c_0' 分别为两椭圆的长、短半轴。要想定量描述斜撞击初始靶后破片云，就必须确定 ϕ、z_0、a_0、c_0、a_0'、c_0' 的值。

　　斜撞击靶后破片在后效靶上存在一个破片数量和质量的密集区，这个破片密集区呈椭圆形。之所以形成这个破片密集区，是因为该区域正对着靶板的直通弹孔，ϕ 角为直通弹孔与 z 轴正方向的夹角，可由下式求得[5-13]：

$$\phi = k(v_i/940)^w - 2.4 \tag{5.5.23}$$

其中，$k = \exp(0.113\ 7 l_P/d_P + 2.636\ 4)$，$w = 1.472 - 1.43 t_T/d_P$。

　　椭圆 O' 的几何参数，可以通过正撞击初始靶后破片云的描述模型确定。由图 5.5.2(b) 可知 $z_0 = h_0 - c_0' + 2c_0' f - h_0 f$，由于直通弹孔孔径为弹径的 1.5 倍，则 M 点的坐标为 $((2c_0' - h_0)f, 0.75d_P)$，代入式(5.5.3)中求得下式：

$$\begin{cases} h_0 = 0.75 d_P E^2 f \cdot \tan\theta_{\max} \\ a_0' = 0.375 \dfrac{d_P}{E} \left(\dfrac{1}{f \cdot \tan\theta_{\max}} + E^2 f \cdot \tan\theta_{\max} \right) \\ c_0' = 0.375 d_P \left(\dfrac{1}{f \cdot \tan\theta_{\max}} + E^2 f \cdot \tan\theta_{\max} \right) \end{cases} \tag{5.5.24}$$

其中，靶后破片云形状系数 f 和椭圆长短轴比 E 可通过实验确定；$\theta_{\max}$ 一般取经验值 $45°$。

　　由图 5.5.4(b) 中几何关系可求得弹轴入射方向运动椭球空间的初始参数为

$$\begin{cases} c_0 = \dfrac{1}{2}(2c_0' - h_0)f + \dfrac{1}{2}h_0 \\ a_0 = c_0 \tan\theta' \end{cases} \tag{5.5.25}$$

式中，θ' 一般取经验值 $15°$。

3. 斜撞击靶后破片特征分布计算模型

（1）靶后破片总数量

斜撞击靶后破片总数量可由下式求得

$$N_{\text{tot}} = \frac{m_P + m_T}{m_{\text{av}}} \tag{5.5.26}$$

其中，m_P、m_T、m_{av} 可分别由式(5.5.7)、式(5.5.13)和式(5.5.16)求得。

（2）靶后破片空间和速度分布规律

在斜撞击靶后破片云中，破片的散射角是指破片速度矢量方向与图 5.5.4(b) 中 FO' 所在直线的夹角。斜撞击靶后破片空间分布和速度分布规律为

$$N_{\theta_i} = \frac{5N_{\text{tot}}}{1.056\ \sqrt{2\pi}} \times \frac{\Delta\theta}{\theta_{\max}} \times e^{-0.5\left(\frac{5\theta_i/\theta_{\max} - 2.1}{1.1}\right)^2} \tag{5.5.27}$$

$$v_{\theta_i} = v_r \cos(1.87\theta_i)/\cos\theta_i \qquad (5.5.28)$$

5.6 装甲车辆目标易损性的评估

常用的车辆易损性评估方法有两种,分别为列表法和受损状态分析法。

5.6.1 易损性评估列表法

1. 易损面积概念

易损面积实际上是小于目标呈现面积的一个加权面积,其命中概率等于目标被击中并毁伤的概率。易损面积的表达式为

$$A_V = A_P P_D \qquad (5.6.1)$$

其中,A_P 为目标的呈现面积;P_D 为命中目标条件下目标的毁伤概率。

易损面积与目标的呈现面积及弹药命中目标条件下的毁伤能力有关。呈现面积与目标的几何特性及弹药的攻击方向有关;目标的毁伤概率与目标的易损特性及弹药的威力有关,弹药的威力越高,其对目标的毁伤能力越强,相应地,目标的易损面积也越大,目标的易损特性与目标的防护特性、部件的易损特性、部件的放置位置及重要性等因素有关。因此,在评价目标的易损性时要明确具体的弹药及弹药攻击目标的方向。

目标的易损性可以用典型方向的易损面积来表征,也可用各个方向易损面积的平均值来表征。用平均易损面积表征目标的总体易损性时,按照弹药射击方向的分布规律对各个方向的易损面积加权得到。

2. 易损面积的计算步骤

(1) 确定弹药类型及弹药攻击方向

要计算易损面积,首先要确定攻击车辆目标的弹药类型,如穿甲弹或破甲弹。本章所介绍的易损面积确定方法主要适宜于穿甲或破甲战斗部作用下的装甲目标。

攻击方向用方位角和高低角表示,如图 5.6.1所示,沿装甲目标周向及高低方向将其划分为诸多区间,评价某个方向的易损性。通常周向以30°为间隔划分为 12 个区间,高低方向取 0°、30°和 45°三个角度,0°表示地面攻击情况,30°和 45°表示空中攻击情况。

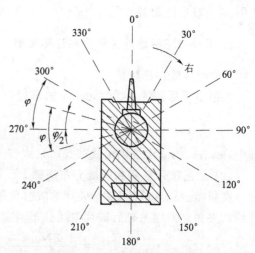

图 5.6.1 坦克被攻击方位划分

（2）在垂直给定方向将目标呈现面积划分成若干易损性均等的单元区

为了准确地评定装甲车辆目标的易损性，在垂直攻击方向将装甲车辆目标分成若干不同的单元区，而后分别考虑射弹对每个单元区的毁伤情况，这些单元区是给定方向下装甲车辆目标呈现面积的主要区域，假设各单元区具有相同的易损性。例如，对坦克目标可分为：发动机舱（不含燃料）；燃料箱（装满燃料）；弹药（弹药支架及其堆放区）；乘员舱（不计弹药暴露面积）；悬挂系统和传动装置；炮管；装甲侧缘；除火炮和传动装置以外的外部部件。

对于含有大部件的某些单元区，又可划分为多个子单元，如发动机可分为汽化器、线圈、分配器等。

（3）确定射弹贯穿的部件及对部件的毁伤情况

针对每个单元或子单元，沿着攻击方向根据射弹的参数确定射弹贯穿的部件以及对部件的毁伤情况，表 5.6.1 为某坦克在方位角为 30°、高低角为 0°被 127 mm 装药直径破甲弹攻击时各单元所贯穿的部件及部件的毁伤情况，如贯穿的外部部件、防护装甲（包括装甲厚度）、内部部件、部件或装甲之间的间距以及对部件的穿孔直径等信息[5-4]。

表 5.6.1　某坦克各单元内弹药贯穿部件表（方位角 30°，高低角 0°，装药直径 127 mm）

单元	子单元	外部部件	车体或炮塔厚度/mm	内部部件 A	部件 A 孔径/mm	内部部件 A 的总防护厚度＋外部部件防护厚度		内部部件 B	部件 B 孔径/mm	内部部件 B 的总防护厚度	
						钢板/mm	空间/mm			钢板/mm	空间/mm
1	1(a)	内行动轮（不含轮毂）	81.3	乘员	22.4	106.7	1016.0	燃料箱	13.7	157.5	1 346.2
	1(b)	内行动轮（不含轮毂）	81.3	乘员	22.4	106.7	1016				
2		内行动轮轮毂	81.3	乘员	15.7	106.7	991				
3			50.8	发动机		182.9	254				
4			76.2	弹药		50.8	254				
5				装甲侧缘							
⋮											
m											

根据部件的穿孔直径或剩余侵彻深度确定该部件导致目标不同级别的毁伤概率，通常采用模拟试验方法得到，图 5.3.1 是传动装置毁伤概率随装药直径的变化曲线。

（4）将部件的毁伤转换为装甲车辆目标的毁伤

装甲车辆目标是由很多部件组成的，部件的毁伤将导致目标不同级别及不同程度的毁伤。针对坦克车辆目标，国外建立一套标准评价表，给出了基本部件毁伤与坦克目标毁伤的关系。

表 5.6.2～表 5.6.4 为某型坦克的毁伤程度评价表[5-4]。

表 5.6.2　某型坦克毁伤程度评价表(以内部部件损坏为依据)

部件		毁伤级别		
		M	F	K
主炮用弹药		1.00	1.00	1.0
机枪弹药		0.00	0.10	0.0
武器	并列机枪	0.00	0.10	0.0
	主炮	0.00	1.00	0.0
	炮塔高射机枪	0.00	0.05	0.0
	主炮制退机构	0.00	1.00	0.0
	驱动控制机构	1.00	0.00	0.0
	驾驶员潜望镜	0.05	0.00	0.0
	发动机	1.00	0.00	0.0
	单侧油箱漏油	0.05	0.00	0.0
	高低机	0.00	1.00	0.0
	火力控制系统	0.00	0.95	0.0
	全部设备	0.30	0.05	0.0
	车长用设备	0.00	0.05	0.0
	射手用设备	0.00	0.05	0.0
	车长和射手用设备	0.30	0.05	0.0
	装填手用设备	0.00	0.00	0.0
内部通信设备	驾驶员用设备	0.30	0.00	0.0
	旋转式分电箱	0.35	0.20	0.0
	炮塔接线盒	0.35	0.10	0.0
	无线电设备	0.25	0.25	0.0
	方向机	0.00	0.95	0.0

表 5.6.3　某型坦克的毁伤程度评价表(以外部部件损坏为依据)

部件	毁伤级别		
	M	F	K
诱导轮	1.00	0.00	0.0
行动轮(前)			
一个	0.50	0.00	0.0
两个	0.75	0.00	0.0
行动轮(后)	0.20	0.00	0.0
行动轮(其他)	0.05	0.00	0.0
链轮	1.00	0.00	0.0

续表

部件	毁伤级别		
	M	F	K
履带	1.00	0.00	0.0
履带导向齿	0.05	0.00	0.0
履带支托轮	0.00	1.00	0.0
主炮管	0.00	1.00	0.0
主炮炮膛排烟器	0.00	0.05	0.0

表 5.6.4 某型坦克的毁伤程度评价表(以人员伤亡或失能为依据)

部件	毁伤等级		
	M	F	K
车长	0.30	0.50	0.0
射手	0.10	0.30	0.0
装填手	0.10	0.30	0.0
驾驶员	0.50	0.20	0.0
两名乘员失能			
车长和射手	0.65	0.95	0.0
车长和装填手	0.65	0.70	0.0
车长和驾驶员	0.90	0.60	0.0
射手和装填手	0.55	0.65	0.0
射手和驾驶员	0.80	0.55	0.0
装填手和驾驶员	0.80	0.50	0.0
唯一幸存者			
车长	0.95	0.95	0.0
射手	0.95	0.95	0.0
装填手	0.95	0.95	0.0
驾驶员	0.90	0.95	0.0

　　根据毁伤元素贯穿某一单元区对装甲以及车辆内部部件的毁伤,结合毁伤程度评价表,将部件的毁伤转换为车辆目标不同程度的毁伤。例如,车长和装填手已伤亡或失去战斗能力,则坦克破坏程度评价结果为:$M=0.65,F=0.70,K=0$。做出这样评价的理由是:尚存的乘员有射手和驾驶员,应该意识到坦克还具有机动能力,并且驾驶员还能充当装填手,与射手配合起来继续作战,当然这样一来坦克的机动性会有所降低。此时射手已移至车长位置代行指挥,射手需完成处置伤员与替补装填手配合操作和发射武器弹药、代行车长职责,这就会大大降低坦克火力,所以坦克受损后仅有 35% 的机动能力和 30% 的有效火力。

　　如果弹药毁伤元(杆式侵彻体或射流)贯穿多个部件,而每个部件都将导致目标不同级别的毁伤,这时应将每个部件的 M、F 和 K 级毁伤概率值相加,即得到该单元的总毁伤概率值。例如,M_1 和 M_2 分别为某区域后方的两个内部部件使坦克遭受的 M 级毁伤概率值,则该单元内的 M 级毁伤概率值为

$$M = 1 - (1 - M_1)(1 - M_2) \tag{5.6.2}$$

表 5.6.5 为表 5.6.1 中各区域内部件毁伤造成的车辆不同级别的毁伤概率。

表 5.6.5　各单元区造成目标的毁伤概率及易损面积

单元	子单元	平均 M	平均 F	平均 K	暴露面积/cm²	易损面积/cm² A_M	A_F	A_K
1	1(a)	0.69	0.79	0.30	12.90	8.90	10.19	3.87
	1(b)	0.68	0.72	0.29	9.68	6.58	7.55	2.84
2		0.50	0.56	0.02	0.65	0.32	0.39	0.00
3		1.00	0.00	0.00	9.68	9.68	0.00	0.00
4		1.00	1.00	1.00	15.48	15.48	15.48	15.48
5		0.00	0.00	0.00	13.55	0.00	0.00	0.00
6		0.00	0.00	0.00	20.32	0.00	0.00	0.00
⋮								
m								

(5) 确定各单元的易损面积

各单元的易损面积为

$$A_{Di} = A_{Pi} P_{D/hi} \tag{5.6.3}$$

其中,A_{Pi} 为第 i 个单元的呈现面积;$P_{D/hi}$ 为弹药命中第 i 个单元时对车辆的毁伤概率;D 表示毁伤级别,可取 M、F 或 K 级。

例如,一个呈现面积为 $0.3\ \mathrm{m}^2$ 的单元,弹药命中该单元会使车辆造成 M 级毁伤的概率为 0.4,则该单元的 M 级易损面积为 $0.12\ \mathrm{m}^2$。

(6) 确定给定方向上的车辆总呈现面积及易损面积

将每个单元的呈现面积相加即为车辆在给定方向上的总呈现面积,即

$$A_P = \sum A_{Pi} \tag{5.6.4}$$

因为一次射击弹药不可能同时命中两个以上的单元,所以命中目标条件下对目标的毁伤概率为

$$P_{D/H} = \sum_{i=1}^{n} P_{D/Hi} \tag{5.6.5}$$

其中,$P_{D/Hi}$ 为命中单元 i 条件下对目标的毁伤概率,n 为单元总数。

而

$$P_{D/Hi} = P_{h/Hi} \cdot P_{D/hi} = P_{h/Hi} \cdot \frac{A_{Vi}}{A_{Pi}} \tag{5.6.6}$$

其中，$P_{\text{h}/Hi}$ 为命中目标条件下命中单元 i 的概率；$P_{\text{D}/hi}$ 为命中单元 i 的条件下对目标的毁伤概率。

将式(5.6.5)代入式(5.6.1)得

$$A_{\text{V}} = A_{\text{P}} \cdot \sum P_{\text{D}/Hi} = A_{\text{P}} \cdot \sum P_{\text{h}/Hi} \cdot \frac{A_{\text{V}i}}{A_{\text{P}i}} \tag{5.6.7}$$

如果射弹在某一方向上命中目标的位置是均匀随机分布，则

$$P_{\text{h}/Hi} = \frac{A_{\text{P}i}}{A_{\text{P}}} \tag{5.6.8}$$

式(5.6.7)可写为

$$A_{\text{V}} = A_{\text{P}} \cdot \sum \frac{A_{\text{P}i}}{A_{\text{P}}} \cdot \frac{A_{\text{V}i}}{A_{\text{P}i}} = \sum A_{\text{V}i} \tag{5.6.9}$$

在此情况下，目标的总易损面积等于各单元易损面积之和。如果射弹在此方向上命中目标的位置不是均匀分布的，则需要根据命中点的分布规律对各单元的易损面积加权求和。

3. 命中位置对易损性的影响

计算目标易损面积时，将目标在射弹方向的呈现面积划分为若干个单元，计算各个单元的易损面积。如果命中点均匀随机分布，目标在该方向的易损面积是各单元易损面积的和；如果命中点不是均匀分布的，应根据命中点的分布规律进行加权求和。

如图 5.6.2 所示，假设瞄准点为装甲目标的某一位置（如坦克炮塔座），弹药的命中点呈圆正态分布，其分布密度函数为

$$f(r) = \frac{1}{\sqrt{2\pi}\sigma} e^{-\frac{r^2}{2\sigma^2}} \quad (5.6.10)$$

其中，r 为弹着点距瞄准点的径向距离；σ 为射弹命中位置散布均方差。

为了计算装甲车辆目标的易损面积，以瞄准点为中心，在垂直射弹的投影面内将坦克划分为若干同心圆，由于命中点呈

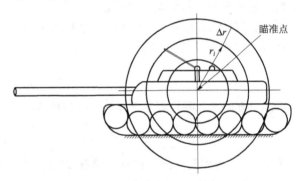

图 5.6.2　射弹命中点分布示意图

圆正态分布，则每个环形区内的弹着点密度是均匀的，弹药命中某一环形区域的概率为

$$P_{\text{H}i} = \int_{r_i}^{r_i + \Delta r} f(r)\,\mathrm{d}r \tag{5.6.11}$$

其中，r_i 为第 i 个环形区域的内半径；Δr 为环形单元的径向间隔。

射弹对装甲车辆目标的毁伤概率 P_{D} 为

$$P_{\text{D}} = \sum_{i=1}^{n} P_{\text{D}/Hi} \cdot P_{\text{H}i} \tag{5.6.12}$$

式中，$P_{\text{H}i}$ 为射弹命中目标条件下命中第 i 个环形区的概率；$P_{\text{D}/Hi}$ 为命中第 i 个环形区条件下对目标的毁伤概率；n 为环形区域个数。

在每一个环形区域内,目标的易损性是不同的,因此在计算命中某个环形区条件下对目标的毁伤概率 $P_{D/Hi}$ 的值时,将每个环形区沿周向再划分为易损性相同的子区,分别计算各子区的毁伤概率,最后相加得到弹药命中该环形区条件下对目标的毁伤概率。将式(5.6.12)代入式(5.6.1)可得目标的易损面积。

由上述计算过程可知,如果瞄准点为装甲车辆目标的薄弱区域,命中该区域时对目标的毁伤概率较高。由于是瞄准点,对薄弱区域的命中概率增大,所以,此种情况目标的易损面积增大。

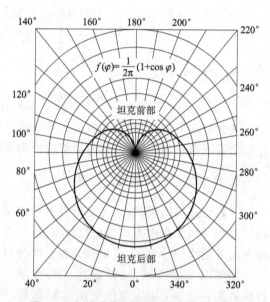

图 5.6.3　弹药命中坦克方位的分布规律

4. 命中方向分布对易损性的影响

用平均易损面积表征目标的总体易损性时,弹药攻击方向分布情况对目标的易损面积具有一定的影响,如命中装甲防护能力强的方向概率较高时,目标的总体易损面积减小,所以当弹药攻击目标的方向不是均匀分布时,应当对各方向的易损面积加权求和。

如图 5.6.3 所示,假设坦克受攻击方向(水平角 φ)的角频分布呈标准心形分布:

$$f(\varphi) = \frac{1}{2\pi}(1 + \cos\varphi) \tag{5.6.13}$$

则某一方向加权平均毁伤概率 $\overline{P}_D(\varphi)(D=M、F 或 K)$可由下式表示:

$$\overline{P}_D(\varphi) = \int_{\varphi}^{\varphi+\Delta\varphi} [f(\varphi) \cdot P_D(\varphi)] d\varphi \tag{5.6.14}$$

式中,$f(\varphi)$ 为弹药攻击方位分布函数;$P_D(\varphi)$ 为由方位角决定的目标毁伤概率。

整个目标的平均毁伤概率为

$$\overline{P}_D = 2\int_0^\pi [f(\varphi) \cdot P_D(\varphi)] d\varphi \tag{5.6.15}$$

其中,常数 2 是在假定坦克两侧易损性相同的条件下,只计算了一侧所加的修正因子。

整个目标的平均易损面积为

$$\overline{A}_V = 2\int_0^\pi A_V(\varphi) \cdot f(\varphi) d\varphi = 2\int_0^\pi A_P(\varphi) \cdot P_D(\varphi) \cdot f(\varphi) d\varphi \tag{5.6.16}$$

其中,$A_P(\varphi)$ 为 φ 方向的目标呈现面积。

下面介绍 $\overline{A}_V$ 及 $\overline{P}_D$ 的计算方法。

将坦克周向划分为间隔 30° 的扇形区,假设在每个区域内毁伤(M、F 或 K 级)概率不变,毁伤概率值 $P_D(\varphi)$ 如图 5.6.4(a)所示,该阶跃曲线表示了毁伤概率随射击方位的变化关系。

命中方位角分布函数 $f(\varphi)$ 如图 5.6.4(b) 所示,则坦克在每个区间内的加权毁伤概率 $\overline{P}_D(\varphi)$ 为图 5.6.4(a) 所示阶跃函数 $P_D(\varphi)$ 的值乘以图 5.6.4(b) 中同一 $f(\varphi)$ 曲线下区间 $(0°\sim15°,$ $15°\sim45°,\cdots,165°\sim180°)$ 对应的面积,如图 5.6.4(c) 所示,整个曲线下面积的 2 倍即为目标的平均毁伤概率 $\overline{P}_D$。

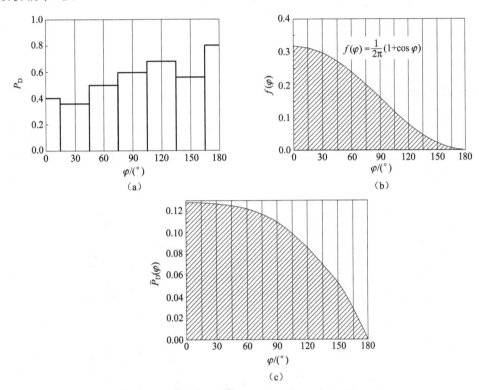

图 5.6.4 坦克破坏概率和命中点角频分布的图解曲线
(a) 坦克不同方位的毁伤概率;(b) 命中方位的角分布规律;(c) 加权后的毁伤概率

对应于每一方位角,$P_D(\varphi)$ 均有一个固定值,故式 (5.6.15) 可简写为

$$\overline{P}_D = 2\left[P_D(0)\int_0^{\frac{\pi}{12}} f(\varphi)\mathrm{d}\varphi + P_D\left(\frac{\pi}{6}\right)\int_{\frac{\pi}{12}}^{\frac{3\pi}{12}} f(\varphi)\mathrm{d}\varphi + \cdots + P_D(\pi)\int_{\frac{11\pi}{12}}^{\pi} f(\varphi)\mathrm{d}\varphi\right] \quad (5.6.17)$$

在方向角增量为 30° 的情况下,式中各项积分(曲线下的面积)均为常数,分别为

$$A_1 = \int_0^{\pi/12} f(\varphi)\mathrm{d}\varphi$$

$$A_2 = \int_{\pi/12}^{3\pi/12} f(\varphi)\mathrm{d}\varphi$$

$$\vdots$$

$$A_7 = \int_{11\pi/12}^{\pi} f(\varphi)\mathrm{d}\varphi$$

于是式(5.6.17)可写为

$$\overline{P}_D = 2[P_D(0) \cdot A_1 + P_D(\pi/6) \cdot A_2 + \cdots + P_D(\pi) \cdot A_7] \tag{5.6.18}$$

对应于每一方位角，$A_P(\varphi)$均有一个固定值，故式(5.6.16)可简写为

$$\overline{A}_V = 2\left[A_P(0)P_D(0)A_1 + A_P\left(\frac{\pi}{6}\right)P_D\left(\frac{\pi}{6}\right)A_2 + \cdots + A_P(\pi)P_D(\pi)A_7\right] \tag{5.6.19}$$

由图 5.6.4 可见，坦克头部由于装甲防护较强，弹药对其毁伤概率较小，但坦克头部被命中的概率较大，所以加权后的平均毁伤概率较高。

5.6.2　受损状态分析法

20 世纪末，美国学者首次提出了易损性空间的概念，并以框图的形式表示了易损性分析所涉及的过程以及之间的相互复杂关系。如图 5.6.5(左侧)所示将目标易损性评估分为 4 个空间[5-17~5-20]。

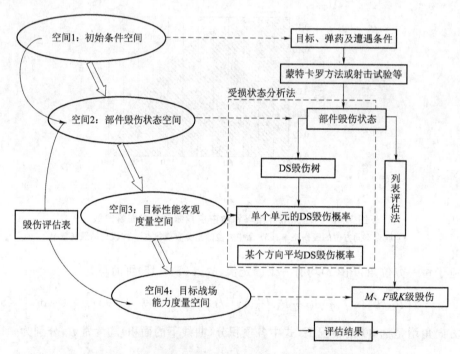

图 5.6.5　目标易损性的评估相关的 4 个空间及评估方法

空间 1:初始条件空间。该空间描述了目标、弹药(威胁)、遭遇初始条件(如弹药攻击方向、弹药命中点位置等)。空间 1 包括了各种各样的目标、弹药及遭遇条件，其中点的数目是无穷的。

空间 2:部件毁伤状态空间。该空间描述了目标被弹药攻击后车辆所有关键部件所处的受损状态(Degraded States, DS)，通常以部件毁伤状态矢量的形式表示。假设车辆目标有 n

个关键部件,则此空间是一个 n 维空间,每个矢量的元素值是[0,1]之间的值,分别表示对应部件的功能丧失程度,该空间所表示的毁伤状态数目最大值为 2^n,数目非常大,但是有限的。

空间 3:目标性能客观度量空间。该空间描述由于部件不同的毁伤状态(空间 2)导致的目标性能的降低情况。例如,自动装填机毁伤引起的射击速度的降低;传动系统换向齿轮的毁伤引起的车辆向前运动的机动性降低等。空间 2 中的不同点(多个)可能会映射到空间 3 中的同一点。

空间 4:目标战场能力度量空间。该空间描述的是目标战场应用能力受损情况,由运动功能损失、火力功能损失、灾难性毁伤等几个子空间组成。

前面介绍的列表评估法根据弹目遭遇初始条件评估车辆目标部件的毁伤状态(空间 1 到空间 2),再根据部件的毁伤状态及毁伤评估表得到目标的毁伤情况(空间 2 到空间 4),完全绕过了空间 3,定义了空间 2 中每个点与空间 4 中每个子集的映射关系。

受损状态分析法(DSVM)的核心是建立空间 2 到空间 3 和空间 3 到空间 4 的映射关系,即车辆部件毁伤、车辆功能损伤、车辆战场应用能力之间的关系,如图 5.6.5 右侧所示。

下面介绍受损状态分析法(DSVM)对装甲车辆目标的评估过程。

1. 装甲车辆目标受损状态

根据装甲车辆的基本功能,将装甲车辆的受损分为 6 个大类,分别为运动(M)、火力(F)、探测(A)、通信(X)、乘员(C)及灾难性(K),每个能力受损大类又分为从"未毁伤"到"完全毁伤"的多个不同的受损级别,见表 5.6.6。这些级别完整地描述了车辆目标可能出现的各种受损状态,无遗漏且彼此不重复,每组关键部件的毁伤状态定能和某种受损级别相对应[5-20]。

装甲车辆受损状态的组合数目为 $4 \times 18 \times 3 \times 8 \times 6 \times 4 = 41\ 772$,因此该方法也称为高分辨率易损性评估方法。

表 5.6.6　装甲车辆能力受损类及级别划分

能力受损类型	各类能力受损级别	
运动(M)	M0:未毁伤	M2:速度明显降低
	M1:速度略有降低	M3:运动功能完全丧失
火力(F)	F0:未毁伤	F9:F2 与 F3 与 F4
	F1:主要武器毁伤	F10:F2 与 F5
	F2:行进中不能发射弹药	F11:F3 与 F4
	F3:射击时间增长	F12:F4 与 F5
	F4:射击精度下降	F13:F2 与 F3 与 F4 与 F5
	F5:辅助武器毁伤	F14:F2 与 F3 与 F5
	F6:F2 与 F3	F15:F2 与 F4 与 F5
	F7:F2 与 F4	F16:F3 与 F4 与 F5
	F8:F3 与 F4	F17:F1 与 F5(火力功能完全丧失)

续表

能力受损类型	各类能力受损级别	
探测（A）	A0：未毁伤	A2：目标探测能力完全丧失
	A1：目标探测能力下降	
乘员（C）	C0：无乘员伤亡	C4：C1 和 C2
	C1：驾驶员伤亡	C5：C1 和 C3
	C2：车长伤亡	C6：C2 和 C3
	C3：炮手伤亡	C7：全部乘员伤亡
通信（X）	X0：未毁伤	X3：外部通信能力丧失
	X1：内部通信功能丧失	X4：X1 与 X2
	X2：外部通信能力小于 90m	X5：X1 与 X3（丧失全部通信能力）
灾难性（K）	K0：无灾难性毁伤	K2：油箱爆炸
	K1：弹药爆炸	K3：K1 和 K2

注：表中字母表示能力受损类型，数字表示各类的受损级别。

2. 受损状态的毁伤树

目标的性能降低是由关键部件的毁伤引起的，受损状态易损性分析方法同样用毁伤树描述关键部件毁伤与车辆受损级别的关系。

部件的毁伤状态用[0,1]之间的值表示，其中 0 表示部件完全丧失原有功能，1 表示部件保持原有功能，而[0,1]之间的值则表示某些不服从 Bernoulli 分布规律的部件功能丧失情况，如油泵转速、供油量等。图 5.6.6～图 5.6.28 所示为某装甲车辆各受损级别的毁伤树图[5-21]。

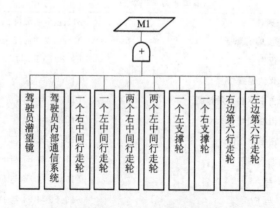

图 5.6.6 M1 级毁伤树

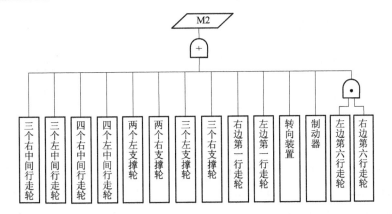

图 5.6.7　M2 级毁伤树

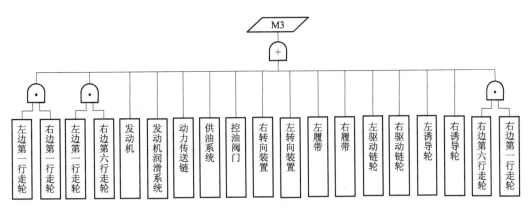

图 5.6.8　M3 级毁伤树

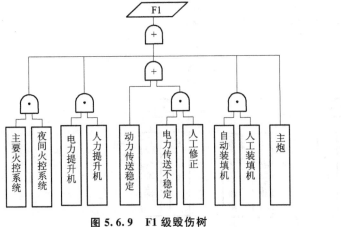

图 5.6.9　F1 级毁伤树

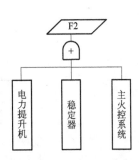

图 5.6.10　F2 级毁伤树

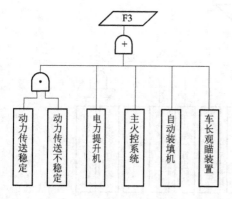

图 5.6.11　F3 级毁伤树

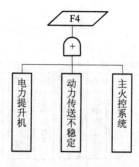

图 5.6.12　F4 级毁伤树

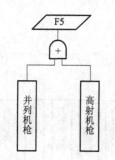

图 5.6.13　F5 级毁伤树

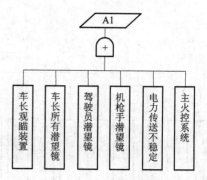

图 5.6.14　A1 级毁伤树

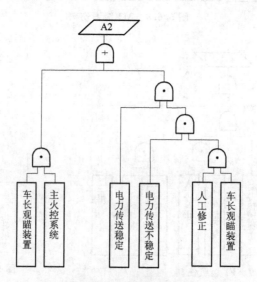

图 5.6.15　A2 级毁伤树

图 5.6.16　C1 级毁伤树

图 5.6.17　C2 级毁伤树

图 5.6.18　C3 级毁伤树

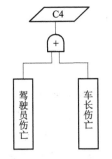

图 5.6.19　C4 级毁伤树

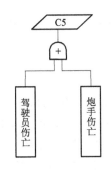

图 5.6.20　C5 级毁伤树

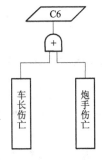

图 5.6.21　C6 级毁伤树

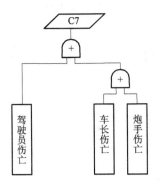

图 5.6.22　C7 级毁伤树

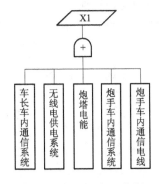

图 5.6.23　X1 级毁伤树

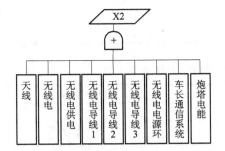

图 5.6.24　X2 级毁伤树

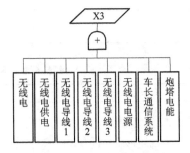

图 5.6.25　X3 级毁伤树

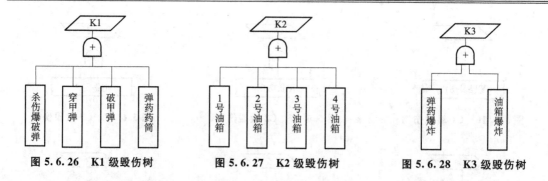

图 5.6.26　K1 级毁伤树　　　　图 5.6.27　K2 级毁伤树　　　　图 5.6.28　K3 级毁伤树

3. 车辆受损状态的概率及其分布

为了分析车辆目标受弹药攻击后其受损状态及各受损状态出现的概率,同列表评估法一样,在垂直于车辆受攻击方向的投影面内将其划分为很多单元,计算每个单元格内受弹药攻击时目标的受损状态,并在单元格内采用随机的方法改变射线(攻击线)位置,运算多次(表5.6.7),统计得到受损状态的概率值,该概率值是平均概率。如果考虑弹药命中位置的散布,同样可以得到每个单元内的加权受损状态概率值,见表 5.6.8。表中 DS 状态的数字分别对应表 5.6.6 中的受损级别,如 300202 表示运动功能完全丧失(M3)、火力未毁伤(F0)、探测未毁伤(A0)、车长伤亡(C2)、通信未毁伤(X0)、油箱爆炸(K2)。

表 5.6.7　单个单元每次计算的受损状态

计算序号(10 次运算)	DS 状态
1	000200
2	000200
3	000200
4	000200
5	000200
6	200202
7	000200
8	000200
9	300202
10	300202

表 5.6.8　单个单元受损状态概率计算结果

DS 状态	DS 概率(不加权)	DS 概率(加权)
000200	0.600 0	0.000 009 7
300200	0.100 0	0.000 001 6
300202	0.100 0	0.000 001 6
000202	0.100 0	0.000 001 6
200202	0.100 0	0.000 001 6

　　完成每个单元的受损状态概率计算后,可以得到车辆目标详细的易损性分析结果,该结果包括三方面的信息:

　　① 此攻击方向车辆出现的各受损状态及其概率值,见表 5.6.9,该结果表明了目标最易出现的受损情况及出现的概率;

　　② 受损状态概率分布,如图 5.6.29 所示,该结果表明了弹药攻击位置与受损状态的关系;

　　③ 各能力受损级别发生的概率,见表 5.6.10,表明了目标主要性能受损状态及发生的概率,例如表格中第 2 行 2 列的数据表示装甲车辆出现速度轻微降低的概率为 19.24%。

表 5.6.9　受损状态概率分布表(目标为某型坦克,弹药为大口径穿甲弹,周向方位 0°)

受损状态	受损状态概率值
000000	0.320 41
300000	0.047 44
000401	0.042 56
000002	0.026 85
...	...
100201	0.000 16
111251	0.000 16
311252	0.000 13
391002	0.000 13
091351	0.000 11

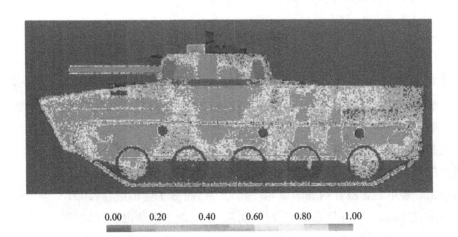

| 0.00 | 0.20 | 0.40 | 0.60 | 0.80 | 1.00 |

图 5.6.29　受损状态概率分布图

表 5.6.10　各能力受损级别的概率表

能力级别	运动(M)	火力(F)	探测(A)	通信(X)	乘员(C)	灾难性(K)
0	0.748 0	0.650 9	0.753 5	0.349 7	0.888 0	0.482 3
1	0.192 4	0.220 3	0.246 5	0.041 4	0.000 1	0.468 2
2	0.010 2	0.000 0	0.000 0	0.040 2	0.000 1	0.028 1
3	0.049 5	0.001 8	—	0.091 7	0.003 1	0.021 4
4	—	0.000 0		0.327 1	0.000 0	—
5	—	0.000 0		0.004 6	0.108 7	—
6	—	0.000 0		0.066 5	—	—
7	—	0.000 0		0.078 7	—	—
8	—					
9	—	0.127 0		—	—	—
10		0.000 0				
...	—	...		—		
17		0.000 0				

从受损状态易损性分析方法的输出信息可以看出,该方法的优点是:

① 不仅考虑了目标的运动、火力功能,还考虑了目标的乘员、通信以及探测能力;

② 提供了更详细的受损状态;

③ 能够计算一种状态发生时另一种状态出现的概率,例如,可以很方便地计算出当没有灾难性毁伤发生时,车辆丧失所有乘员(C7)的概率。

参 考 文 献

[5-1] 闫清东,张连第,赵毓芹. 坦克构造与设计(上册)[M]. 北京:北京理工大学出版社,2006.

[5-2] 张自强,赵宝荣,张锐生,魏传忠. 装甲防护技术基础[M]. 北京:兵器工业出版社,2000.

[5-3] 胡金锁. 电磁装甲技术原理及其有限元分析[M]. 北京:兵器工业出版社,2005.

[5-4] 王维和,李惠昌,译. 终点弹道学原理[M]. 北京:国防工业出版社,1988.

[5-5] 张国伟,等. 终点效应及靶场试验[M]. 北京:北京理工大学出版社,2009.

[5-6] 郑振忠. 装甲装备战斗毁伤学概论[M]. 北京:兵器工业出版社,2004.

[5-7] 王儒策,赵国志. 弹丸终点效应[M]. 北京:北京理工大学出版社,1993.

[5-8] S. Christian Simonson. Alogorithms for the Analysis of Penetration by Shaped Charge Jets. Lawrence Livemore National Laboratory. April,1992. UCRL-LR-109887.

[5-9] 隋树元,王树山. 终点效应学[M]. 北京:国防工业出版社,2000.

［5-10］A. S. Dinovitzer，M. Szymezak，T. Brown. Behind-armour debris modeling. 17th International Symposium on Ballistics，Midrand，South Africa，March，1998.

［5-11］付塍强. 目标毁伤数字仿真平台及其模型库系统的建立［D］. 南京：南京理工大学，2004.

［5-12］M. Szymczak，J. L. M. J. van Bree，M. Lans. A comparison of behind-armour debris recording and analysis techniques：flash radiography and witness packs. 18th International Symposium on Ballistics，Sanantonio，TX，November，1999.

［5-13］V. Hohler，K. Kleinschnitger，E. Schmolinske，A. Stilp. Debris cloud expansion around a residual rod behind a perforated plate target. 13th International Symposium on Ballistics，Stockholm，June，1992.

［5-14］A. L. Yarin，I. V. Roisman，K. Weber，V. Hohler. Model for ballistic fragmentation and behind-armor debris［J］. International Journal of Impact Engineering，2000（24）.

［5-15］M. Mayseless，N. Sela，A. J. Stilp，V. Hohler. Behind the armor debris distribution function. 13th International Symposium on Ballistics，Stockholm，Sweden，June，1992.

［5-16］K. Weber，V. Hohler，K. Kleinschnitger. Debris cloud expansion behind oblique single plate targets perforated by rod projectiles. 17th International Symposium on Ballistics，Midrand，South Africa，March，1998.

［5-17］Paul H. Deitz，Aivars Ozolins. High-resolution Vulnerability Methods and Applications. US Army Ballistic Research Laboratory，Nov，1990，AD-A230036.

［5-18］Paul. H. Deitz. A Vulnerability/Lethality Taxonomy for Analyzing Ballistic Live-Fire Events. Ballistic Vulnerability/Lethality Division，Survivability/Lethality Analysis Directorate.

［5-19］William E. Baker，Jill H. Smith，Wendy A. Winner. Vulnerability/Lethality Modeling of Armored Combat Vehicles—Status and Recommendations. U. S. Army Research Laboratory，Feb，1993，AD-A261691.

［5-20］James. N. W. The mathematical structure of the vulnerability spaces. 1994，AD-A288850.

［5-21］Mark D. Burdeshaw，John M. Abell，Scott K. Price，Lisa K. Roach. Degraded States Vulnerability Analysis of a Foreign Armored Fighting Vehicle. U. S. Army Research Laboratory，Nov，1993，AD-A273416.

第6章 战术导弹易损性

战术导弹是用于毁伤战役战术目标的导弹,其射程通常在 1 000 km 以内,多属近程导弹。主要用于打击敌方战役战术纵深内的核袭击兵器、集结的部队、坦克、飞机、舰船、雷达、指挥所、机场、港口、铁路枢纽和桥梁等目标。20 世纪 50 年代以后,常规战术导弹曾在多次局部战争中被大量使用,成为现代战争中的重要武器之一。

6.1 战术导弹结构及组成

战术弹道导弹(TBM)能够飞行很远,将所携载荷输送到目标区,大功率的火箭发动机将导弹加速到弹道导弹的高度,根据所携载荷类型决定开舱或爆炸位置。战术导弹一般由载荷、动力、导引及控制舱段等组成。

6.1.1 战术导弹的载荷

战术弹道导弹可以携带不同的载荷,其战斗部有以下几种类型:整体式高能炸药战斗部;内置式高能炸药战斗部;整体式大容积化学战斗部;内置式大容积化学战斗部;子母战斗部。

1. 整体式和内置式战斗部

整体式战斗部的壳体是导弹结构的一部分,前后端通过一定的方式和导弹的其他舱段连接;内置式战斗部是将战斗部放置在导弹壳体内部,战斗部有自己独立的壳体,如图 6.1.1 所示。根据战斗部装填物质的不同,又分为高能炸药战斗部和化学战斗部。

① 高能炸药战斗部内部装填高能炸药,在目标区炸药爆炸驱动壳体形成高速破片,压缩周围空气形成冲击波,靠破片和冲击波毁伤目标。

为了满足对不同目标攻击能力,各型导弹选用了多种不同类别的战斗部,如高爆战斗部、预制破片战斗部、连续杆战斗部、定向战斗部等,如图 6.1.2 所示。

② 化学战斗部内部装填有毒化学物质,这些有毒物质可通过呼吸或皮肤吸收进入人或家畜体内,使其在几分钟内死亡或伤残。化学战斗部的结构和整体式高能战斗部的相似,有毒物质放置在一个柱形或锥形容器内,炸药爆炸使战斗部解体,从而使有毒物质进入周围环境。

无论是整体式战斗部还是内置式战斗部,一般都位于制导和控制舱之后,主要由战斗部壳体、炸药装药(化学物质)、引信机构及传爆序列等组成。

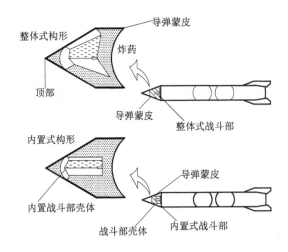

图 6.1.1　整体式和内置式高能炸药战斗部的几何描述

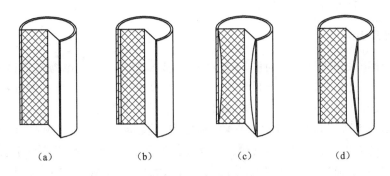

图 6.1.2　战斗部结构示意图

（a）自然破片战斗部；（b）预制破片战斗部；（c）连续杆战斗部；（d）定向战斗部

2. 子母战斗部

　　子母战斗部主要由子弹和抛射装置组成,如图 6.1.3 所示,抛射装置大多位于战斗部中心,周围排放子弹药(根据战斗部结构分多层放置)。当战斗部得到引信启动指令后,抛射装置内的抛射药被点燃,形成高压气体加速子弹药使其飞离母弹。子弹接近目标时,子弹引信作用,子弹爆炸,形成冲击波、高速破片或射流、FFP 等毁伤元,毁伤目标。

　　子母战斗部增大了战斗部的杀伤面积,提高了战斗部的效率,在反机场跑道、反装甲集群等目标方面得到广泛的应用。

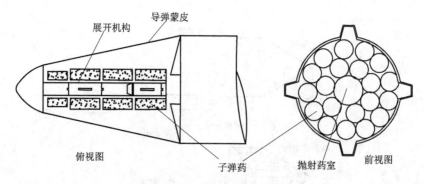

图 6.1.3　子母战斗部示意图

6.1.2　战术导弹的动力舱段

动力装置是为战术导弹提供飞行动力的,主要由发动机系统和燃料供给系统组成,下面以"战斧"巡航导弹为例分析其结构特点。

1. 发动机系统

由于战术导弹采用吸气式发动机,不能从静态起飞,所以起飞时必须用固体火箭发动机作为助推器来发射。助推器串联在导弹尾部,工作时间很短,仅几秒钟,待主发动机工作后抛弃。毁伤战术导弹大都在其飞行过程或终段,所以对助推器不予考虑。

涡喷、涡扇发动机(初期为 J402-CA-400 涡喷发动机,后期为 F107-WR-400 涡扇发动机)位于后弹体内,弹体中部为燃料箱,其喷管直通弹体尾部,可弹出的吸气斗位于后弹体下方,发射前,缩回弹体内,发射后弹出,空气通过进气道进入燃烧室,主发动机才能工作。

战斧巡航导弹的涡扇发动机安装在尾锥内铝质框架上,框架的蒙皮是 2219-T62 铝合金板材,框架为 2219-T6 铝合金锻件。

整个发动机长 772 mm,最大直径 307 mm,重 58 kg。主要部件由进气道、风扇、低压压气机、高压压气机、燃烧室、高压涡轮、低压涡轮和尾喷管等组成。结构如图 6.1.4 所示。

① 进气道:亚音速,平直环形进气道,前接整体式钟形进气口。

② 风扇:2 级轴流式。每级叶片和盘均为整体 17-4PH 钢铸件。压比为 2.08。不带进气导流片的风扇能防水和防外来物损坏。

③ 低压压气机:一个没有级间漏气的四级轴流式压气机,前面两级用做风扇机,经风扇压缩过的空气,一半送到外涵道,另一半送到第三和第四级。经低压压气机压缩的空气流,送到高压压气机。高压压气机是一个形状固定的单级离心式压气机,由一个单级轴流式高压涡轮驱动。而低压压气机由一个逆转的二级轴流式低压涡轮驱动。经离心式压气机压缩的空气流,送到燃烧室,而燃料靠装在高压轮轴上的甩油盘喷入燃烧室,与燃油混合燃烧形成高温燃

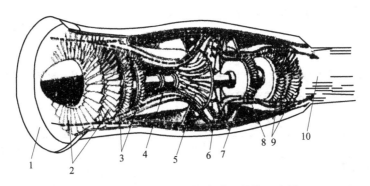

图 6.1.4　F107-WR 涡扇发动机结构示意图

1—发动机进气口;2—轴流风扇;3—低压压缩机;4—扩压段;5—高压压缩机;
6—环形燃烧室;7—旁通气流;8—高压涡轮;9—低压涡轮;10—尾喷管

气推动涡轮旋转,最后通过尾喷管与从涵道来的空气混合后排出,产生推力。

④ 高压压气机:单级离心式,由高压涡轮驱动。叶轮也是 17-4PH 钢铸件。压比为 3.89,转速为 64 000 r/min。机匣是两端式结构,两端之间用螺钉连接,前段罩着低压涡流式压气机,后段罩着高压离心式压气机。为在机动飞行时减少陀螺力矩,高、低压转子设计成反方向旋转。

⑤ 燃烧室:离心甩油环形燃烧室。高压涡轮导向器是燃烧室的焊接构件。整体机匣。燃油从发动机前端的空心轴流入,然后从高压压气机轴上的一个转动甩油盘喷射出。

⑥ 高压涡轮:单级轴流式。导向器位于燃烧室组件内。非冷却的涡轮铸件用电子束焊在一个高强度合金钢轴上。导向叶片和工作叶片均不冷却,机匣由从压气机引来的空气冷却,以保证工作叶片和叶匣的径向间隙不变。

⑦ 低压涡轮:2 级轴流式。

⑧ 尾喷管:有一个中心锥体保证内外涵道气流掺和,锥体内布置了后支点。外涵空气流经铝制涵道进入排气喷管。尾喷管包括发动机后框,由涵道支撑,喷管与涵道又得到中接机匣后端支撑,但不和发动机热端相连。

此外,发动机系统还包括控制系统、润滑系统、点火启动系统等。

① 控制系统:液压机械式控制,由液压机构、流量计、流量调控计算机和截流阀组成。它感受从弹体制导系统传输的电压信号,在慢车和最大速度之间调节发动机转速;控制减速和加速时的燃油流量;按导航系统指令迅速切断或供应燃油。启动、加速、稳定和减速均为自动转速控制。

② 润滑系统:自足式独立滑油系统。它由 1 个增压泵、3 个回油泵、1 个大约 0.8 L 的小油箱、1 个油滤和燃油-滑油冷却系统组成。3 个回油泵中,2 个用于涡轮轴承回油槽回油,1 个用于齿轮箱回油。

③ 点火启动系统:点火和启动同时完成,主要是 1 个装有固体药柱的点火器,也是启动器。利用固体火药燃烧产生的火焰和燃气进行点火和启动。火焰从启动器喷出后直接进入燃

烧点火室,而燃气从启动器喷出直接冲击高压涡轮。

2. 燃料供给系统

巡航导弹的燃料供给系统由 1 个增压和高压泵组件、油门开关、调节器、输油环和燃油箱等部分组成。其燃油采用 RJ-4 或者 JP-9,性质见表 6.1.1。

表 6.1.1　"战斧"巡航导弹燃料参数表

性能参数	RJ-4	JP-9
热值/(Btu·UKgal^{-1})[①]	140 000	142 000
黏度/cP[②]	60	24
冰点/℃	<-40	<-53.9
闪点/℃	65.6	110
密度/(kg·cm^{-3})(15 ℃以下)	1.08×10^3	0.94×10^3
平均化学式	$C_{12}H_2O$	$C_{10.6}H_{16.2}$
$w(C):w(H)$	0.6	0.65
平均相对分子质量	164	143

6.1.3　战术导弹的导引和控制导舱

1. 导引舱段

制导系统是导引和控制导弹飞向目标的仪表、设备的总称,常有前导引后控制的说法。导引系统不断测量导弹适时的运动情况,并与发射前规定的导弹运动状况进行比较,得出运动偏差,及时向导弹发出修正偏差、正确跟踪目标的控制指令;而控制系统就是要执行命令,根据导引系统发出的修正指令,改变导弹飞行姿态,保持其稳定飞行,控制导弹去攻击目标,所以导引系统是测量飞行误差,控制系统是修正飞行误差。

作战任务不同,所用的制导系统不同,如"战斧"BGM-109B 的制导设备为改进型 AN/DPW-23,而 BGM-109A 为地形匹配辅助惯性导航系统,BGM-109C/D 为地形匹配和景像匹配修正的惯性导航系统。

惯性制导系统由陀螺仪、加速度仪、万向架和计算机等关键部件组成。现代巡航导弹上大都采用捷联式惯性制导,惯性制导装置直接安装在弹体上,通过计算机排除弹体角运动影响后,获得巡航导弹飞行所需的运动参数值。但巡航导弹在连续飞行几个小时后其固有累积误差可能

①　1 Btu=1 055.06 J。

②　1 cP=1 mPa·s。

达到最大值,再加上受气象和推进系统性能等影响,可能导致偏离预定目标较大的距离,因此巡航导弹还需要加装位置修正系统,定期修正惯导累积误差,提高制导精度。目前战斧巡航导弹上普遍使用的修正系统有地形匹配系统(TERCOM)和数字景像匹配系统(DSMAC)。

地形匹配是一种利用地形海拔高度特征进行位置识别的制导方式,以校正惯导系统误差,该系统主要由雷达高度表、气压高度表及计算机组成。

景像匹配制导系统是一种利用目标地区的景象特征进行定位的制导体制。主要由成像传感器、图像处理装置、数字相关器和计算机等组成。

2. 控制舱段

导弹控制系统从结构上可以分为飞行控制和制导控制系统。为导引导弹飞向目标,弹上制导系统发出法向加速度指令,然后按此指令调整弹体飞行姿态,选择可以产生指令加速度的攻角,这种控制系统称为飞行控制系统(自动驾驶仪)。在导弹整个控制系统中,这是内部回路。导弹采用高度、速度和动压等控制系统气动参数进行大幅度增益调整或采用自动调整器进行自适应控制。气动力控制操纵弹体基本形式有主翼控制和尾翼控制两种。

在有大量气动力和干扰的情况下,导弹自动驾驶仪飞行控制系统必须确保其自身稳定性和性能,即要求对于所有可能的设备性能变化,反馈控制器能维持系统稳定性和回路性能。

中远程巡航导弹控制系统分为初期、中段制导控制以及末制导控制等。巡航导弹在各个阶段需要不同的控制方式,高空巡航阶段需要采用一种姿态保持控制器,而降低和低空巡航阶段采用高度保持器,末段寻的阶段使用加速度指令控制系统。所有这些均需要翼面或其他形式气动力组件来完成。制导和控制系统基本回路体现为:探测系统—补偿系统—传动装置—弹体对控制的响应。

控制系统主要由飞行控制伺服系统(由舵机、配电器、电缆线路等组成)、前翼与尾翼、弹载计算机、指令传输线路、电源系统等组成。飞行控制伺服系统是实现导弹飞行控制的传动装置,以调整飞行器尾部两个升降副翼控制面位置,用以控制导弹俯仰、滚动和偏航飞行。

6.2　关键部件及失效模式

战术导弹是由很多系统和部件组成,部件或部件组合毁伤使导弹不能完成战斗任务,下面简单分析战术导弹的关键部件及其失效模式[6-1]。

1. 燃料箱毁伤

如果推进装置的燃料箱被破片击中,可能引起燃烧或爆炸,导致相邻关键部件的二次毁伤或者整个导弹的灾难性毁伤;如果燃料箱结构毁伤,由于燃料供应不足,导弹失去机动能力,不能到达预定的攻击点,也就失去了击中预定目标的能力。

2. 再入控制毁伤模式

下面这些关键部件的失效将影响导弹的控制能力。

① 惯性微处理器单元受损:如果这个部件被破片毁伤,惯性测量单元就不能测量导弹飞行中的偏差,这些数据的丢失会使导弹失去最佳撞击点。

② 控制阀受损:该部件控制侧向喷嘴的气体流量。如果该部件毁伤,则使导弹失去一个控制动力装置。但该部件是冗余部件,因为要使导弹完全失控,需要多个控制阀同时被毁伤。

③ 气源:再入装置包含一个气源产生器,如果该气源产生器受到破片撞击,则会影响控制阀。

④ 雷达单元:再入装置仅包括一套雷达单元,主要为导弹提供终点飞行信息,如果它被破片击中而毁伤,影响导弹的控制能力。

⑤ 微处理器:如果微处理器毁坏,它将不能处理从雷达和惯性微处理器单元送来的信息。导弹不能发送控制指令。此外,该部件毁伤会影响战斗部爆炸的位置。

3. 电源毁伤

① 能量供给:导弹的很多系统(如雷达、微处理器以及内置微处理器单元)都是由电源提供能量。如果电源被毁伤,导弹无法控制甚至无法引爆有效载荷。

② 电力传输:由导线、开关等部件的毁伤引起。

4. 结构毁伤

如果导弹结构被破坏到足够程度,将导致整个导弹的毁伤。

① 结构被穿孔或切割:当很多破片或大破片撞击侵彻导弹结构或导弹直接撞击时,由于导弹结构的主要承力部件被破片穿孔或切割,使其丧失承载能力,导致导弹的结构毁伤。

② 超压作用使导弹结构毁伤:当外部爆炸冲击波的超压很高时,使导弹结构材料屈服,导致导弹结构毁伤。

③ 穿透:如果大量或大破片撞击导弹结构连接处时,会使这些连接部件失效,导致导弹结构毁伤。不过一般来说,单个小破片不会使导弹结构毁伤。

5. 载荷部分

载荷是导弹毁伤目标的主要部件。导弹战斗部类型不同,使其毁伤的要求也不同。

① 整体式高爆炸药战斗部:使内部的高能炸药燃烧或爆炸。

② 装填大量液体化学物质的战斗部:以足够的能量撞击容器使其破裂,使内部装填物泄漏。

③ 子母战斗部:穿透内部所携带的子弹。

关键部件及失效模式分析一方面可以判断部件的重要性,另一方面可以分析部件的毁伤形式及可能导致的后果,该过程通常采用毁伤树法来完成。

6.3　战术导弹对冲击波的易损性

反战术弹道导弹战斗部（ATBM）在空气中爆炸时，所释放出的爆轰产物快速膨胀压缩周围空气，由此产生非常高的速度和压力，足以形成强烈的冲击波，引起导弹毁伤。冲击波以炸点为中心以球面形式向外运动，后面空气的密度和压力的分布是非线性的，冲击波以及其后的气流称为爆炸冲击波，由此引起的毁伤称为冲击波毁伤。

战斗部爆炸形成的冲击波范围约为 16 倍装药直径，内部是一个主要由爆轰产物组成的气态球状云团；距炸点 16 倍装药直径以外，冲击波消失，冲击波压力约等于周围空气压力[6-2]。距炸点较近和较远区域，冲击波的速度和压力有很大不同，根据离炸点距离不同可分为近区冲击波和远区冲击波。近区内，因为空气冲击波和爆轰产物共同作用在目标上，因此也称为复合爆炸冲击波；远区内，只有受冲击的空气作用在目标上。

6.3.1　近区冲击波效应

图 6.3.1 为球形装药爆炸时，冲击波运动到不同位置时，冲击波压力-距离的分布曲线。

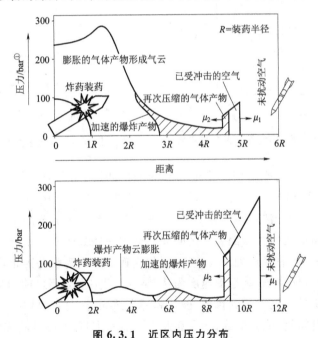

图 6.3.1　近区内压力分布

---

①　1 bar＝10^{-5} Pa。

由于爆轰气体的膨胀,在波阵面后面又形成了第二个冲击波,所以冲击波面后产物的压力分布在冲击波后出现一个不连续的压力峰值,第二个冲击波向回运动,降低了爆轰产物的运动速度,但由于在中心处发生反射,增加了总的冲击波的强度。在近区内,温度、质点速度和密度都是随时间变化的连续函数,曲线如图 6.3.2 所示。

6.3.2　远区冲击波效应

分别以冲击波运动到 25 倍装药半径和 50 倍装药半径为例来分析远区冲击波效应,压力曲线如图 6.3.3 所示。

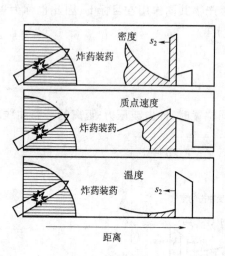

图 6.3.2　距炸点 5R 处的温度、质点速度和密度

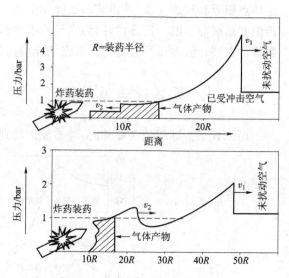

图 6.3.3　远区内冲击波压力分布

距炸点较远处,空气的扰动变成稳定衰减的冲击波,由于爆轰产物的惯性使产物速度膨胀,所以在冲击波后面出现一个低压区,压力低于周围空气初始压力。在实际试验数据基础上,分析了破片相对于冲击波阵面的相对位置,图 6.3.4 为一个典型的试验记录。

根据试验数据得到的气体云团直径随时间的变化曲线如图 6.3.5 所示。

在 4～5 ms 时,云团直径达到最大值,云团的高速膨胀出现瞬态静止,如图 6.3.6 所示,此时,破片追上前面的气体产物,其运动速度为 2 134 m/s,追上云团之前约运动 2 ms(20 ft[①])。

如果在破片追上冲击波时遇到目标,破片和冲击波同时作用在目标上,此时作用在目标上的能量最大,对目标的毁伤能力最强;如果在此点之后遇到目标,破片将先碰到目标,应该单独分析冲击波和破片对目标的毁伤效应。

---

① 1 ft＝0.304 8 m。

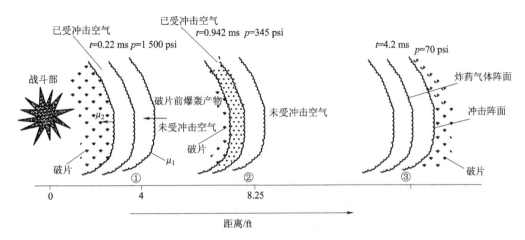

图 6.3.4　在不同位置和时刻爆炸云团的轮廓

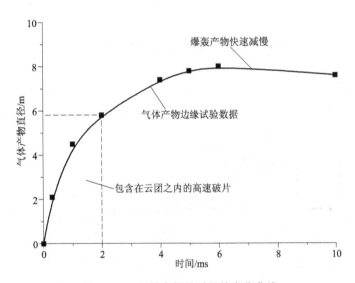

图 6.3.5　云团直径随时间的变化曲线

当战斗部在导弹目标附近爆炸时,对目标的毁伤能力主要与超压峰值和脉冲宽度有关,毁伤能力用标准的冲击波方程来计算。另外,导弹和目标遭遇高度也是一个重要因素,因为高度影响超压峰值。由图 6.3.7 冲击波压力时间曲线可看出,前面是一个具有陡峭前沿的正压区,后面跟着一个负压区,负压区对目标毁伤的贡献很小。

波阵面前面气体压力为 p_0,冲击波峰值压力为 p_s^+,冲击波到达目标时刻为 t_a,作用在目标上的正压时间为 t_d,负压时间为 t_d^-,作用在目标上的冲击波结束时刻为 $t_a+t_d+t_d^-$,因为正

压远大于负压,负压引起的毁伤忽略不计,正压冲量由下式计算[6-3]:

$$I = \int_{t_a}^{t_a+t_d} p(t) \, \mathrm{d}t \tag{6.3.1}$$

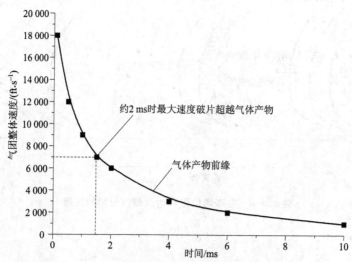

图 6.3.6 云团运动速度随时间的变化曲线

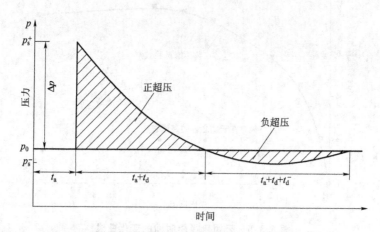

图 6.3.7 战斗部爆炸形成冲击波的典型压力-时间曲线

不同位置处的峰值超压可由下式计算[6-4]:

$$\Delta p_m = p_s^+ - p_0 = \overline{A} \cdot W^{\frac{2}{3}} R^2 \tag{6.3.2}$$

其中,$\overline{A}$ 为常数,$\overline{A} = 6.0 \times 10^5 \sim 60 \times 10^5 \, \mathrm{Pa \cdot m^2 \cdot kg^{-\frac{2}{3}}}$;$W$ 为装药质量(kg)。

冲击波总能量为

$$E_B = \frac{pI}{2\rho_0 C_0} \tag{6.3.3}$$

其中，ρ_0 为波阵面前空气的初始密度；C_0 为波阵面前空气的初始音速。

战斗部爆炸后形成冲击波的超压按照如下的经验公式衰减[6-5]：

$$p(t) = p_0 + (p_s^+ - p_0)(1 - t/t_d)\,\mathrm{e}^{-\alpha t/t_d} \tag{6.3.4}$$

其中，$p(t)$ 为 t 时刻（假设 t_a 时刻为 0 时刻）冲击波阵面压力；p_s^+ 为冲击波峰值压力；t_d 为正压时间；α 为波形修正系数。

战斗部爆炸形成的冲击波在很短的时间内快速衰减，目前大多采用简单的数学函数来模拟冲击波压力，波形参数可根据波阵面到达时刻进行计算。

压力方程可用来预测作用在目标单位面积上的比冲量，该冲量是目标面积的函数，用波形参数表示的冲量方程为[6-5]

$$\frac{I}{A} = \int_0^{t_d} p(t)\,\mathrm{d}t = p_0 t_d + (p_s^+ - p_0)t_d\left[\frac{1}{\alpha} - \frac{1}{\alpha^2}(1 - \mathrm{e}^{-\alpha})\right] \tag{6.3.5}$$

6.4　爆炸方程和相似定律

不同的装药在不同距离处对目标的毁伤能力不同，相似定律建立了不同尺寸对象之间的比例关系和动量守恒。常用霍普金森（Hopkinson）或立方根定律来分析模拟不同距离处的冲击波，相对距离可写为

$$Z = \frac{R}{\sqrt[3]{W}} \tag{6.4.1}$$

其中，R 为波阵面到装药中心之间的距离（m）；W 为装药质量（kg）。

假设战斗部装药直径为 D_0，目标处在距炸点 R 处，作用在目标上的压力为 p，冲量为 I，正压时间为 t_d，幅度为 A；如果目标放置在距炸点 ξR 处，则作用在目标上的冲量为 ξI，幅度为 ζA，装药直径 ξD_0 都可通过相似因子 ξ 调整，但是温度、密度、速度和压力不是按照此比例变化，缩放前后的比较如图 6.4.1 所示。

根据霍普金森（Hopkinson）方程，可以计算冲击波的压力，如图 6.4.2 所示。

战斗部爆炸时，爆轰产物膨胀距离远远超过目标所处位置。在很多有关爆炸的计算中，必须计算冲击波压力和周围气体初始压力的比 p/p_0。对于高能炸药，p/p_0 的计算方程为[6-2,6-4]

$$\frac{p}{p_0} = \frac{808[1 + (Z/4.5)^2]}{\sqrt{1 + (Z/0.048)^2}\,\sqrt{1 + (Z/0.32)^2}\,\sqrt{1 + (Z/1.35)^2}} \tag{6.4.2}$$

正压时间 t_d 是计算超压-时间历程所需的一个重要参数，可通过下式计算：

$$\frac{t_d}{W^{\frac{1}{3}}} = \frac{980[1 + (Z/0.54)^{10}]}{[1 + (Z/0.02)^3][1 + (Z/0.74)^6]\,\sqrt{1 + (Z/6.9)^2}} \tag{6.4.3}$$

其中，$\dfrac{t_d}{W^{\frac{1}{3}}}$ 为单位质量 TNT 炸药爆炸时冲击波的正压时间（ms）；Z 为相对距离。

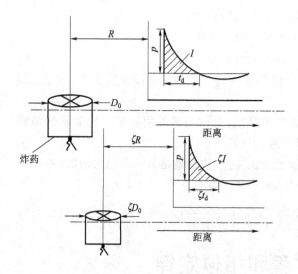

图 6.4.1 用 Hopkinson 方程
缩放的爆炸冲击波

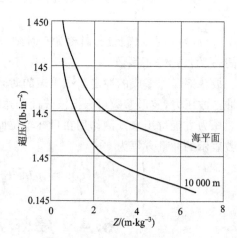

图 6.4.2 战斗部爆炸形成的
超压与相对距离关系曲线

某距离上超压峰值和战斗部释放出的能量的立方根成正比,根据相似定律,如果距离 R 和炸药能量的立方根的比值相同,则压力也相同,所以

$$R/R_1 = (W/W_1)^{\frac{1}{3}} \tag{6.4.4}$$

可得

$$R = R_1(W/W_1)^{\frac{1}{3}} \tag{6.4.5}$$

质量为 W_1 的炸药在距离 R_1 处产生一给定的压力值,根据上式可算出一个新的 W 值在 R 处产生同样的压力。

几乎所有的战斗部试验都是在地面上进行的,依据相似定律,它们在高空爆炸时的相同距离处的压力 $p^{(h)}$ 可由下式计算:

$$\frac{p^{(h)}}{p_0^{(h)}} = \frac{p^{(sl)}}{p_0^{(sl)}} \tag{6.4.6}$$

其中,$p^{(sl)}$ 为海平面的参考超压值(Pa);$p_0^{(h)}$ 为该高度周围气体初始压力(Pa);$p_0^{(sl)}$ 为海平面空气初始压力(Pa)。

任一高度爆炸形成冲击波的正压时间:

$$t^{(h)} a_0^{(h)} \left[\frac{p_0^{(h)}}{E^{(h)}}\right]^{\frac{1}{3}} = t^{(sl)} a_0^{(sl)} \left[\frac{p_0^{(sl)}}{E^{(sl)}}\right]^{\frac{1}{3}} \tag{6.4.7}$$

其中,$E^{(sl)}$ 和 $E^{(h)}$ 分别为炸药在海平面和一定高度的能量;$a_0^{(sl)}$ 和 $a_0^{(h)}$ 分别为海平面和一定高度的音速;$t^{(sl)}$ 为战斗部在海平面爆炸形成冲击波的正压时间。

任一高度爆炸形成冲击波的比冲量为

$$\frac{a_0^{(h)} I^{(h)}}{\left[E^{(h)} p_0^{(h)2} \right]^{\frac{1}{3}}} = \frac{a_0^{(sl)} I^{(sl)}}{\left[E^{(sl)} p_0^{(sl)2} \right]^{\frac{1}{3}}} \tag{6.4.8}$$

其中，$I^{(sl)}$ 为战斗部在海平面爆炸形成冲击波的比冲量。

战斗部爆炸后，超压到达目标需要一定的时间，该时间是战斗部装药半径、马赫数和空气音速的函数，到达距离 R 处的时间由下式计算：

$$t_a = \frac{1}{a_x} \int_{r_i}^{R} \left(\frac{7p_0}{7p_0 + 6p} \right)^{\frac{1}{2}} dR \tag{6.4.9}$$

或

$$t_a = \frac{1}{a_x} \int_{r_i}^{R} \left(\frac{7p_0 R^2 + 6 \overline{A} W^{\frac{2}{3}}}{7p_0 R^2} \right)^{-\frac{1}{2}} dR \tag{6.4.10}$$

其中，r_i 为战斗部装药半径（m）；a_x 为该高度的空气音速（m/s）。

应用上述这些方程可以确定战斗部爆炸后形成冲击波的特性，运用兰钦-雨果尼奥方程及空气的一些特性，可确定冲击波速度、质点速度、超压、密度和波阵面后空气的动态压力。冲击波速度为[6-2]

$$U_s = C_0 \left(1 + \frac{\gamma+1}{2\gamma} \frac{p}{p_0} \right)^{\frac{1}{2}} \tag{6.4.11}$$

式中，p 为波阵面后的超压峰值（Pa）；p_0 为波阵面前的周围空气压力（Pa）；C_0 为波阵面前的空气音速（m/s）。

在常温下，绝热指数 γ 取 1.4，上式又可写为

$$U_s = C_0 \left(1 + \frac{6p}{7p_0} \right)^{\frac{1}{2}} \tag{6.4.12}$$

战斗部爆炸产生的超压值是时间和距离的函数，将压力方程(6.3.2)代入式(6.4.11)或(6.4.12)就可计算出冲击波的速度，它是距离的函数。冲击波阵面后面质点运动速度可通过下式计算：

$$u = \frac{C_0 p}{\gamma p_0} \left(1 + \frac{\gamma+1}{2\gamma} \frac{p}{p_0} \right)^{-\frac{1}{2}} \tag{6.4.13}$$

对于空气，$\gamma = 1.4$，则上式可写为

$$u = \frac{5p}{7p_0} \frac{C_0}{\left(1 + \frac{6p}{7p_0} \right)^{\frac{1}{2}}} \tag{6.4.14}$$

超压峰值可用下式将波阵面后空气密度 ρ 及波阵面前空气密度 ρ_0 联系起来。

$$\frac{\rho}{\rho_0} = \frac{2\gamma p_0 + (\gamma+1)p}{2\gamma p_0 + (\gamma-1)p} \tag{6.4.15}$$

若 $\gamma = 1.4$，则 $\frac{\rho}{\rho_0}$ 为

$$\frac{\rho}{\rho_0} = \frac{\left(7 + \dfrac{6p}{7p_0}\right)}{\left(7 + \dfrac{p}{p_0}\right)} \tag{6.4.16}$$

动压可表示为

$$q = \frac{1}{2}u^2 \tag{6.4.17}$$

根据兰钦-雨果尼奥方程可得

$$q = \frac{p^2}{2\gamma p_0 + (\gamma - 1)p} \tag{6.4.19}$$

或

$$q = \frac{5p^2}{2(7p_0 + p)} \tag{6.4.20}$$

6.5　破片侵彻机理

为了达到对目标最大程度的毁伤,破片必须具有足够侵彻能力,并且能将破片的所有能量全部传递给目标,破片的侵彻能力与破片的形状、质量、速度等因素有关。下面介绍几个常用的破片侵彻计算模型。

6.5.1　THOR 侵彻方程

THOR 侵彻方程是 20 世纪 60 年代初期建立的,可用于估算破片低速碰撞侵彻时的剩余速度和剩余质量,计算剩余速度的 THOR 方程为[6-2]

$$v_r = v_s - 10^c (eA)^a m_s^\beta (\sec\theta)^\gamma v_s^\lambda \tag{6.5.1}$$

式中,v_r 为破片剩余速度(ft/s);v_s 为碰撞速度(ft/s);e 为目标厚度(in);A 为破片的平均入射面积(in²);m_s 为破片质量(grain①);θ 为破片入射方向和目标法线之间的夹角;c、α、β、γ、λ 为材料常数。

破片能穿透靶板的最小速度,称为极限穿透速度。如果速度低于极限穿透速度,破片就不能穿透靶板,用于计算极限穿透速度的 THOR 方程为

$$v_c = 10^{c_1} (eA)^{\alpha_1} m_s^{\beta_1} (\sec\theta)^{\gamma_1} \tag{6.5.2}$$

计算破片穿透靶板后剩余质量的 THOR 方程为

$$m_r = m_s - 10^c (eA)^a m^\beta s (\sec\theta)^\gamma v_s^\lambda \tag{6.5.3}$$

---

① 1 grain=0.064 8 g。

对于钢质破片,不同材料靶板方程中的常数见表 6.5.1,极限穿透速度方程中的常数见表 6.5.2。

表 6.5.1　THOR 方程常数(剩余速度和质量方程)

材料	C	α	β	γ	λ
镁	6.9	1.1	1.2	1.1	0.09
铝合金	7.0	1.0	1.1	1.2	0.14
钛合金	6.3	1.1	1.1	1.4	0.70
铸铁	4.8	1.0	1.1	1.0	0.52
表面硬化钢	4.4	0.7	0.8	1.0	0.43
低碳钢	6.4	0.9	0.9	1.3	0.02
高强度钢	6.5	0.9	0.9	1.3	0.02
铜	2.8	0.7	0.7	0.8	0.80
铅	2.0	0.5	0.5	0.7	0.82
Tub 合金	2.5	0.6	0.6	0.9	0.83

表 6.5.2　THOR 方程常数(极限速度方程)

材料	C_1	α_1	β_1	γ_1
镁	6.4	1.0	1.1	1.0
铝合金	6.2	0.9	0.9	1.1
钛合金	7.6	1.3	1.3	1.6
铸铁	10.2	2.2	2.2	2.2
表面硬化钢	7.7	1.2	1.4	1.7
低碳钢	6.5	0.9	1.0	1.3
高强度钢	6.6	0.9	1.0	1.3
铜	14.1	3.5	3.7	4.3
铅	10.0	2.7	2.7	3.6
Tub 合金	14.8	3.4	3.5	5.0

6.5.2　破片侵彻模型

如图 6.5.1 所示,破片撞击靶板时,破片变形使破片穿孔直径增大。当破片撞击硬的或高密度靶板时,破片出现剪切质量损失;当撞击速度较高或破片入射角度较大时,破片会出现破碎情况。下面分析破片撞击薄靶时的破片剩余速度及质量。

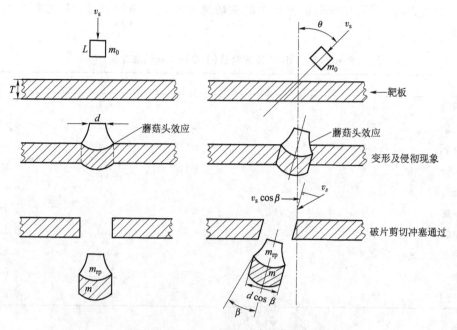

图 6.5.1　钝头破片对薄靶的侵彻过程

1. 正撞击时的剩余速度

钢质钝头破片撞击靶板时,破片和靶板在界面处发生塑性变形,下面根据动量和能量方程来确定破片剩余速度[6-6]。

动量方程为

$$m_0 v_s = m v_{rm} + m_{rp} v_{rp} + I \tag{6.5.4}$$

能量方程为

$$\frac{m_0 v_s^2}{2} = \frac{m v_{rm}^2}{2} + \frac{m_{rp} v_{rp}^2}{2} + \frac{(m_0 - m_{rp}) v_s^2}{2} + E_f + W_s \tag{6.5.5}$$

式中,v_r 为所有破片及冲塞质心的剩余速度(m/s);v_{rm} 为塞块质心剩余速度(m/s);v_{rp} 为剩余破片质心速度(m/s);m 为塞块质量(kg);m_{rp} 为破片剩余质量(kg);v_s 为破片撞靶速度(m/s);W_s 为剪切靶板消耗的能量(J);I 为靶板剪切过程中,传递给靶板的动量(kg·m/s);E_f 为破片和塞块弹塑性变形损失的能量(J)(假设破片和塞块是弹塑性碰撞过程)。

碰撞过程中,破片的动能转化为剩余破片的动能、塞块的动能和侵彻过程中损失质量 $(m_0 - m_{rp})$ 的动能,除此之外,还有自由碰撞时的变形能 E_f 和剪切靶板消耗的能量 W_s,碰撞过程中变形所消耗的总能量等于碰撞前后动能之差,即

$$E_f = \frac{m}{m_{rp} + m} \frac{m_{rp} v_0^2}{2} - \frac{m_{rp} + m}{2 m m_{rp}} m (\Delta v_{rm})^2 \tag{6.5.6}$$

其中，Δv_{rm} 是弹性压缩恢复引起的速度增量，根据动量守恒，则

$$v_{rm} = v_r + \Delta v_{rm} \tag{6.5.7}$$

$$v_{rp} = v_r - \frac{m}{m_{rp}} \Delta v_{rm} \tag{6.5.8}$$

将方程(6.5.6)代入方程(6.5.5)可解得 W_s 为

$$W_s = \frac{m_{rp} v_s^2}{2} \frac{m_{rp}}{m_{rp} + m} - \frac{1}{2}(m_{rp} + m)v_r^2 \tag{6.5.9}$$

当碰靶速度等于极限速度，即 $v_s = v_{50}$ 时，则 $v_r = 0$，代入上式可得

$$(W_s)_{50} = \frac{1}{2} m_{rp} v_{50}^2 \frac{m_{rp}}{m_{rp} + m} \tag{6.5.10}$$

将方程(6.5.6)～方程(6.5.8)代入方程(6.5.5)得剩余速度为

$$v_r = \left(1 + \frac{m}{m_{rp}}\right)^{-1} (v_s^2 - v_{50}^2)^{\frac{1}{2}} \tag{6.5.11}$$

由上式可知，要计算剩余速度，必须定出塞块质量和极限速度，塞块质量可近似由下式计算：

$$m = \rho_m A_f T \sec\theta \tag{6.5.12}$$

式中，ρ_m 为靶板密度(kg/m^3)；A_f 为破片横截面积(m^2)；T 为靶板厚度(m)；θ 为破片入射角($°$)。

侵彻过程中，破片的实际迎阻面积发生变化，上式可修正为

$$m = (D/d)^2 \rho_m A_f T \sec\theta \tag{6.5.13}$$

其中，D 为侵彻过程中，塞块的最小直径；d 为破片直径。

2. 正撞击时破片的极限穿透速度

对于正碰撞，可采用下面方程近似估算极限速度(v_{50N})。

当 $\frac{T}{d} \geqslant 0.1$ 时，

$$v_{50N} = \frac{C(T/d)^b + K}{(L/d)^{\frac{1}{2}}} \tag{6.5.14}$$

当 $\frac{T}{d} < 0.1$ 时，

$$v_{50N} = J \frac{T}{d} \sqrt{\frac{L}{d}} \tag{6.5.15}$$

其中，T 为靶板厚度；d 为侵彻体直径；b 为无量纲常数；L 为侵彻体长度；C、K、J 为经验常数(单位与速度单位相同)，表 6.5.3 列出了钢质侵彻体侵彻钢靶和铝靶时的常数值。

表 6.5.3　计算 v_{50N} 所用的常数值

靶板材料/(m·s^{-1})	钢(300 BHN)	铝(2024-T4)
C	1 297	227
K	−164	141
J	1 544	1 450
b	0.61	1.75

3. 斜撞击时破片的极限穿透速度及剩余质量

对于斜侵彻,剩余速度可用下式计算:

$$v_r = \sqrt{\frac{m_0}{m_{rp}+m} \cdot \frac{m_0 + m\sin^2\beta}{m_0+m}} \cdot \sqrt{v_0^2 - v_{50}^2} \tag{6.5.16}$$

在斜侵彻过程中,侵彻体的运动方向发生了变化,变化角度用破片入射速度方向和剩余速度方向之间的夹角 β 表示,如图 6.5.2 所示。计算剩余速度之前,必须先定出 β。

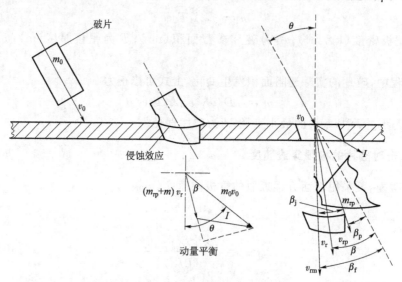

图 6.5.2　斜碰撞时塞块破片弹道

破片的折转角 β_p 是碰靶初速 v_0 和极限速度 v_{50} 的函数,方程为

$$\beta_p = \frac{1}{2}\arcsin\frac{\sin(2\beta_x)}{\left(\frac{v_0}{v_{50}}\right)^2 + \left(\frac{v_0}{v_{50}}\right)\sqrt{\left(\frac{v_0}{v_{50}}\right)^2 - 1}} \tag{6.5.17}$$

对于钝头侵彻体

$$\beta_x = \theta \tag{6.5.18}$$

对于尖头或拱形头部的侵彻体,则

$$\beta_{\mathrm{x}} = \frac{\pi}{8}\left[1 + \sin 2.25(\theta - 0.222\pi)\right] \qquad (6.5.19)$$

如果破片和塞块的剩余速度近似相等,则

$$\beta_{\mathrm{f}} = \theta/3 \qquad (6.5.20)$$

其中,$\beta_{\mathrm{j}} = \beta_{\mathrm{f}} - \beta_{\mathrm{p}}$,$\beta \approx \beta_{\mathrm{p}} + \dfrac{1}{2}\beta_{\mathrm{j}}$。

破片的极限弹道速度由下式计算:

$$v_{50} = v_{50\mathrm{N}} \sec\theta \qquad (6.5.21)$$

对于规则钝头钢质破片的侵彻问题,泰勒(Taylor)建立了计算剩余质量的经验方程,方程采用了一些经验系数。

$$m_{\mathrm{r}}/m_0 = 1.0 - 8.16 \times 10^{-5}\left[(\eta/v_{\mathrm{s}})v_{\mathrm{s}} - 215\right]^{1.42}(285/B_{\mathrm{p}}) \qquad (6.5.22)$$

其中,m_{r} 为剩余质量(kg);m_0 为破片初始质量(kg);v_{s} 为破片初速(m/s)。

$\dfrac{\eta}{v_0}$ 可由下式计算:

$$\eta/v_{\mathrm{s}} = \frac{\dfrac{2}{s}\sqrt{\dfrac{(\rho E)_{\mathrm{p}}}{(\rho E)_{\mathrm{t}}}}}{1.0 + \dfrac{\cos\theta}{0.6\dfrac{\varrho_{\mathrm{m}} T A_{\mathrm{f}}}{m_0} + 0.15}} \qquad (6.5.23)$$

式中,E 为杨氏模量(Pa);A_{f} 为侵彻体的迎阻面积(m²);T 为靶板厚度(m);ρ 为密度(kg/m³);θ 为破片入射角;η 为无量纲常数;B_{p} 为破片硬度。下标 p 和 t 分别表示侵彻体和靶板。

可用方程(6.5.24)计算 s[6-2]:

$$s_1 = 1 + \sqrt{\frac{(\rho E)_{\mathrm{p}}}{(\rho E)_{\mathrm{m}}}}$$

$$s_2 = 1 + \frac{m_0 \cos\theta}{\rho_{\mathrm{m}} A_{\mathrm{p}} T} \qquad (6.5.24)$$

其中,s_1 用于半无限靶模型,s_2 用于靶板冲塞模型,当 $s_1 > s_2$ 时,取 $s = s_1$,否则 $s = s_2$。该剩余质量计算模型是在薄靶撞击的基础上建立的,不适于高速碰撞,有时会出现剩余质量大于初始质量的情况,这时取 $m_{\mathrm{r}} = m_0$。出现这种情况的原因是:当碰撞压力较高时,材料在横向上逐步受挤压,最终被剪掉。除此之外,还会出现剩余质量为负值的情况,这是因为碰撞压力高,破片出现破裂,此时剩余质量可由下式计算:

$$m_{\mathrm{r}}/m_0 = \mathrm{e}^{\frac{-\rho_{\mathrm{p}} U_{\mathrm{p\mu}} v_{\mathrm{s}} \cos\theta}{\sigma_{\mathrm{e\mu}} L}} \qquad (6.5.25)$$

式中,L 为破片尺寸参数;$\sigma_{\mathrm{e\mu}}$ 为破片的动态屈服强度;$v_{\mathrm{s}}\cos\theta$ 为碰撞速度的法向矢量;ρ_{p} 为侵彻体密度;$U_{\mathrm{p\mu}}$ 为侵彻体轴向塑性波波速,$U_{\mathrm{p\mu}} = 1.61\sqrt{\dfrac{\sigma_{\mathrm{e\mu}} g}{\rho_{\mathrm{p}}}}$,$\sigma_{\mathrm{e\mu}} \approx 3.92B(\mathrm{N}^2/\mathrm{mm}^2)$,其中 B 为

目标靶布氏硬度。

冲击波相互作用并且在自由表面处反射引起破片破裂,碰撞时的峰值压力与破片入射方向有关,破片着靶面与靶面之间的夹角用 μ 来表示,如果 μ 大于某一临界角 μ_c,即 $\mu > \mu_c$ 时,破片破碎,μ 的临界值由下式计算[6-6]:

$$\mu_c = \arcsin \frac{v_0}{C_0} \cos \theta \qquad (6.5.26)$$

其中,C_0 为侵彻体内弹性波波速。

硬度 R_c 为 30 的钢质破片,其极限速度 v_c 为

$$v_c = 610 \left[1 + \frac{(\rho U)_{st}}{\rho U} \right] \sec \theta \qquad (6.5.27)$$

其中,ρ 为密度（kg/m³）;U 为材料塑性波波速（m/s）;st 表示钢;v_c 单位为 m/s。

6.5.3 靶后二次破片

破片和靶板之间的碰撞压力与破片的撞击速度成正比,破片撞击速度越高,对目标的穿透概率越高。碰撞过程中产生的强拉伸波削弱了靶板和破片材料的强度,使破片破碎,形成二次破片,依靠这些二次破片侵彻并毁伤内部易损部件。侵彻体撞碰靶时产生的压力由下式计算:

$$p = \frac{\rho_1 U_1 \rho_2 U_2}{\rho_1 U_1 + \rho_2 U_2} v_s \qquad (6.5.28)$$

式中,下标 1 和 2 分别表示破片和靶板。

斯威夫特（Swift）做了很多二次破片的试验,发现二次破片的分布呈中空的椭球形,靶板碎片分布在椭球的外侧,侵彻体碎片分布在椭球的内侧,图 6.5.3 显示了不同方向上碎片速度和初速的关系[6-2]。

用变量 β_f 表示碎片飞散方向偏离侵彻体入射方向的角度,碎片速度和碎片最大速度的比值可根据下式计算:

$$\frac{v_f}{v_{fm}} = \frac{\sec |\beta_f - \gamma|}{1 + (a/b)^2 \tan^2 |\beta_f - \gamma|} \qquad (6.5.29)$$

其中,$\frac{a}{b} = 1.6$,$\gamma = \frac{\theta}{3}$。和侵彻入射方向相同的碎片,其速度等于剩余速度,即 $v_f = v_{rp}$。碎片都分布在一个圆锥内,包含在半锥角内的碎片比例可根据下式估算:

$$\frac{N_f(\beta_f)}{N_m} = \frac{\tan \beta_f}{\tan \beta_{fm}} \qquad (6.5.30)$$

式中,$N_f(\beta_f)$ 是包含在角度 β_f 内的破片数目。所含破片百分比与半锥角之间的曲线关系如图 6.5.4 所示。

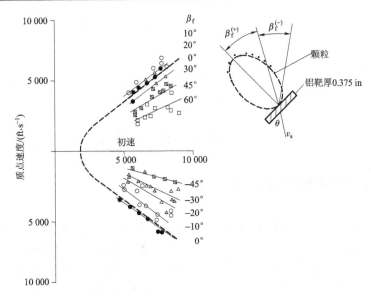

图 6.5.3　碎片速度和侵彻体初速的关系曲线(柱形钢质侵彻体,靶板为铝,入射角 45°)

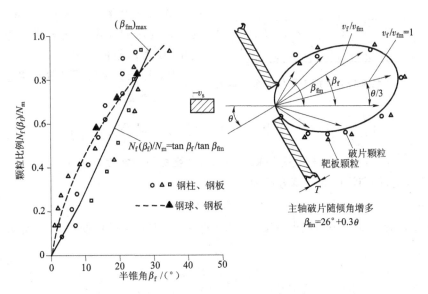

图 6.5.4　破片分布(1.1 g 柱形钢破片,速度范围为 1 500~3 000 m/s)

碰撞时产生的碎片总数为

$$N_{\mathrm{m}} = a(v_{\mathrm{s}}/v_{50\mathrm{N}} - 1)^b (\cos \theta)^c + 1 \tag{6.5.31}$$

此方程仅适用于铝靶,常数 a、b、c 为

$$\begin{cases} a = 41\exp\left[-1.073\left(\dfrac{T}{d} - 2.46\right)^2\right] \\ b = 3\left(1 - \dfrac{T}{4d}\right) \\ c = 1(5456\mathrm{H}117\,铝板) \end{cases} \tag{6.5.32}$$

6.6　杆条侵彻机理

6.6.1　杆条侵彻的极限穿透速度

一些地对空或空对空导弹战斗部(如离散杆战斗部)中装有高密度杆条破片,战斗部爆

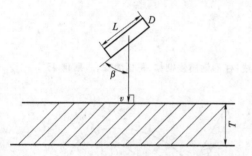

炸后这些破片获得很高的速度。当杆条破片正撞击靶板时,杆条侵彻能力较强,当具有一定的攻角时,其侵彻能力就大大地降低。图 6.6.1 描述了具有攻角杆条对平板撞击的关系示意图。其中,杆条长度为 L,v为杆条的撞靶速度,β 为杆条轴线与速度的夹角(攻角),靶板厚度为 T。

图 6.6.1　具有攻角杆条垂直撞击靶板关系示意图

Wollmann 提出了计算杆条垂直侵彻时侵彻深度表达式[6-1,6-8]:

$$\left(\frac{P}{L}\right) = \left(1.0 - \frac{D}{L}\right)\mu\,(1.0 - \mathrm{e}^{-v/0.6})^8 + 2.64\frac{D}{L}\left(\frac{v}{A}\right)^{2/3} \tag{6.6.1}$$

其中,$\mu = \sqrt{\rho_\mathrm{P}/\rho_\mathrm{t}}$,$\rho_\mathrm{P}$ 为杆条材料密度(kg/m³),ρ_t 为靶板材料密度(kg/m³)。

有攻角情况,侵彻深度的计算方程为

$$P = (P_0 - P_1)\mathrm{e}^{-a\left(\frac{\beta}{\beta_\mathrm{crit}}\right)^2} + P_1 \tag{6.6.2}$$

其中,P_0 为攻角为 0°时杆条的侵彻深度,P_1 为攻角为 90°时杆条的侵彻深度,计算公式分别为

$$P_0 = L(P/L) \tag{6.6.3}$$

$$P_1 = D(P/L) \tag{6.6.4}$$

$$a = 0.2\left(\frac{L}{D}\right)^{0.8} \tag{6.6.5}$$

β_crit 为临界攻角(如图 6.6.2 所示),其计算公式为

$$\beta_\mathrm{crit} = \arcsin\frac{H/D - 1.0}{2(L/D)} \tag{6.6.6}$$

其中,H 为侵彻孔直径(m)。

侵彻穿孔的直径与杆条直径的比值计算公式如下:

$$\frac{H}{D} = 1.152\ 4 + 0.338\ 8v + 0.128\ 6v^2 \tag{6.6.7}$$

或

$$\frac{H}{D} = \sqrt{\frac{Y_P}{R_t} + 2\frac{\rho_P}{R_t}(v - U)^2} \tag{6.6.8}$$

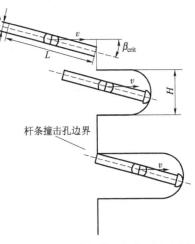

式中,U 为侵彻速度

$$U = v - \mu(v^2 + A)^{\frac{1}{2}}/(1 - \mu^2) \tag{6.6.9}$$

$$A = 2(R_t - Y_P)(1 - \mu^2)/\rho_t \tag{6.6.10}$$

其中,Y_P 和 R_t 分别为杆条和靶板强度(Pa)。

有攻角杆条垂直侵彻靶板厚度 T_P 和无攻角杆条侵彻靶板厚度 T_{P0} 的关系为

图 6.6.2　临界攻角的几何关系示意图

$$\frac{T_P}{T_{p0}} = \frac{P}{P_0} \tag{6.6.11}$$

令 $T_P = T$,则 $T_{P0} = T/(P/P_0)$,由此可得到有攻角杆条的弹道极限穿透速度计算公式为

$$v_c = 0.001\left[\frac{A'(10.0D)^3(T_{P0}/D)^{1.6}}{m_0}\right]^{\frac{1}{2}} \tag{6.6.12}$$

即

$$v_c = 0.001\left[\frac{A'(10.0D)^3\left(\frac{P_0}{P}\frac{T}{D}\right)^{1.6}}{m_0}\right]^{1/2} \tag{6.6.13}$$

其中,m_0 为杆条初始质量(kg);A' 为常数,随杆条硬度的变化而变化,当杆条硬度 $R_C = 55\sim75$ 时,$A' = 7\ 500$;当 $R_C = 40\sim52$ 时,$A' = 7\ 700$;当 $R_C = 20\sim30$ 时;$A' = 8\ 100$。

杆条撞击速度与极限穿透速度相比较,如果撞击速度大于极限穿透速度,杆条就能够穿透目标板。

6.6.2　金属杆对薄靶板的切口长度

杆条对导弹结构侵彻穿透现象,可能引起导弹结构失效,从而造成战术导弹的失稳。杆条对结构的毁伤能力除与侵彻深度有关外,还与切口长度有关,下面分析杆条斜侵彻钢板时的理论切割长度。

图 6.6.3 所示为长为 L 的杆沿水平弹道飞向目标靶板。图中,Ω 是水平弹道和它在目标靶上投影之间的夹角,ϕ 是杆的速度与杆轴之间的夹角,θ 是运动轨迹线和铅垂线所组成的面与运动轨迹线和杆轴形成的面之间的夹角。则杆切割靶板的切口长度可以有下面公式计算[6-2]:

$$p = L\sin\phi\ \sqrt{1 + \cos^2\theta\cot^2\Omega} \tag{6.6.14}$$

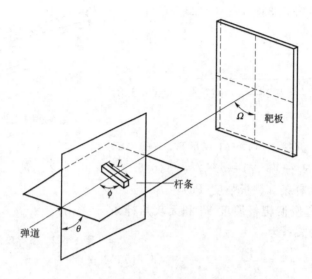

图 6.6.3　杆条和目标靶之间的关系示意图

6.7　爆炸冲击波和破片对导弹结构的毁伤

　　战斗部距目标较近时,作用在目标上的能量很大,对导弹的结构具有较强的毁伤能力,通常采用压力-冲量等毁伤概率曲线表示冲击波对目标结构的毁伤结果,这些曲线显示了目标的毁伤程度与作用在目标上压力与冲量之间的关系,图 6.7.1 所示为典型的压力-冲量曲线。

　　实际上,战斗部爆炸后通过冲击波和破片两种途径将能量传递给目标,即使破片不能侵入或穿透目标,仍有动能传递给目标。因此,研究导弹的结构易损性时必须将冲击波和破片对目标的作用结合在一起分析。

　　冲击波的总能量 E_B 可由下式计算[6-2]：

$$E_B = \frac{pI}{2\rho_0 C_0} \tag{6.7.1}$$

其中,p 为冲击波的压力；I 为冲击波的冲量；ρ_0 为空气初始密度；C_0 为音速。

　　战斗部爆炸形成的破片的有效能量为

$$E_F = \frac{1}{2}\sum_{i=1}^{N} m_i v_i^2 \tag{6.7.2}$$

其中,N 为碰撞目标的破片总数；v_i 为破片碰撞目标速度；m_i 为破片质量。

　　根据目标结构吸收的能量,可以预测目标的

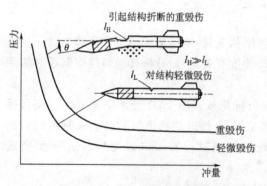

图 6.7.1　压力-冲量等毁伤曲线

失效模式,作用在导弹目标上的总能量为

$$E_{\mathrm{T}} = E_{\mathrm{B}} + E_{\mathrm{F}} = \frac{pI}{2\rho_0 C_0} + \frac{1}{2}\sum_{i=1}^{N} m_i v_i^2 \tag{6.7.3}$$

战斗部可能对目标造成的毁伤情况,如图 6.7.2 所示。不管破片是否侵彻目标,破片的能量都作用在导弹结构上,削弱其结构,再加上冲击波的能量,增强了对目标的毁伤,可将导弹看做是一个某处受力的悬臂梁。b、a、L 为导弹的初始几何参数,作用在目标上的总能量为 E_{T},用一个作用在导弹前部的等效静态载荷所做的功表示[6-2]:

$$U_{\mathrm{m}} = \frac{1}{2} p_{\mathrm{m}} y_{\mathrm{m}} \tag{6.7.4}$$

其中,y_{m} 为最大弹性挠度;p_{m} 为等效静态载荷。

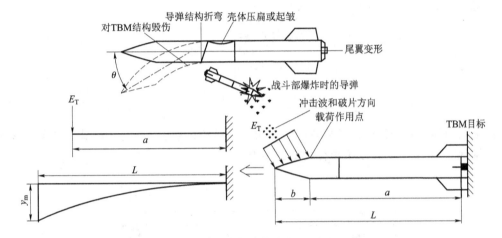

图 6.7.2 冲击波和破片对目标的毁伤形式

最大挠度为

$$y_{\mathrm{m}} = -\frac{p_{\mathrm{m}} L^3}{3EJ} \tag{6.7.5}$$

其中,J 为截面的惯性矩;E 为弹性模量。

圆环的惯性矩为

$$J = \pi R^3 t \tag{6.7.6}$$

式中,t 为导弹模拟结构截面圆环厚度;R 为导弹半径。

则最大挠度可写为

$$y_{\mathrm{m}} = -\frac{p_{\mathrm{m}} L^3}{3\pi E R^3 t} \tag{6.7.7}$$

等效静态载荷所做的功可写为

$$U_{\mathrm{m}} = -\frac{p_{\mathrm{m}}^2 L^3}{6\pi E R^3 t} \tag{6.7.8}$$

目标接受的冲击波和破片的能量等于等效载荷所做的功,所以

$$\frac{pI}{2\rho_0 C_0} + \frac{1}{2}\sum_{i=1}^{N} m_i v_i^2 = \frac{-p_m^2 L^3}{6\pi ER^3 t} \tag{6.7.9}$$

解得

$$p_m = \left[\frac{-6\pi ER^3 t}{L^3} \left(\frac{pI}{2\rho_0 C_0} + \frac{1}{2}\sum_{i=1}^{N} m_i v_i^2 \right) \right]^{\frac{1}{2}} \tag{6.7.10}$$

根据战斗部作用在目标上的总功,则可算出弯曲应力:

$$\sigma_m = \frac{M_{max} c}{J} = \frac{p_m L c}{J} \tag{6.7.11}$$

式中,M_{max}为最大力矩;c为导弹截面上相对于弹轴的距离($c=R$处应力最大)。

则战斗部爆炸在目标上产生的最大应力为

$$\sigma_m = \frac{Lc}{J}\left[\frac{-6\pi ER^3 t}{L^3} \left(\frac{pI}{2\rho_0 C_0} + \frac{1}{2}\sum_{i=1}^{N} m_i v_i^2 \right) \right]^{\frac{1}{2}} \tag{6.7.12}$$

将式(6.7.10)代入式(6.7.5)可得最大挠度为

$$y_m = \left[\frac{-6\pi ER^3 t}{L^3} \left(\frac{pI}{2\rho_0 C_0} + \frac{1}{2}\sum_{i=1}^{N} m_i v_i^2 \right) \right]^{\frac{1}{2}} \frac{L^3}{3EJ} \tag{6.7.13}$$

这里利用简支梁理论研究了战斗部爆炸对导弹结构的毁伤,最大变形量是在导弹长度的基础上推得的,图6.7.3显示了导弹的受载情况。

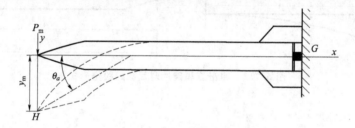

图 6.7.3　导弹受载情况示意图

最大力矩 $M = -p_m x$,弹性梁的方程为

$$\frac{d^2 y}{dx^2} = \frac{M(x)}{EJ} \tag{6.7.14}$$

则

$$EJ \frac{d^2 y}{dx^2} = -p_m x \tag{6.7.15}$$

积分得

$$EJ \frac{dy}{dx} = -\frac{1}{2}p_m x^2 + C_1 \tag{6.7.16}$$

根据初始条件,可计算积分常数 C_1,因为点 G 固定,$x=L$,$\theta=\dfrac{\mathrm{d}y}{\mathrm{d}x}=0.0$,将此条件代入式 (6.7.16)可得

$$C_1 = \frac{1}{2}p_\mathrm{m}L^2 \tag{6.7.17}$$

将 C_1 代入式(6.7.16),方程变为

$$EJ\frac{\mathrm{d}y}{\mathrm{d}x} = -\frac{1}{2}p_\mathrm{m}x^2 + \frac{1}{2}p_\mathrm{m}L^2 \tag{6.7.18}$$

两边积分得

$$EJy = -\frac{1}{6}p_\mathrm{m}x^3 + \frac{1}{2}p_\mathrm{m}L^2x + C_2 \tag{6.7.19}$$

当 $x=L$ 时,$y=0$,则

$$C_2 = -\frac{1}{3}p_\mathrm{m}L^3 \tag{6.7.20}$$

则式(6.7.19)可写为

$$EJy = -\frac{1}{6}p_\mathrm{m}x^3 + \frac{1}{2}p_\mathrm{m}L^2x - \frac{1}{3}p_\mathrm{m}L^3 \tag{6.7.21}$$

即

$$y = \frac{p_\mathrm{m}}{6EJ}(-x^3 + 3L^2x - 2L^3) \tag{6.7.22}$$

$x=0$ 时,得到最大挠度 y_m 为

$$y_\mathrm{m} = -\frac{2p_\mathrm{m}L^3}{6EJ} \tag{6.7.23}$$

将(6.7.10)代入上式得

$$y_\mathrm{m} = \frac{L^3}{3\pi ER^3t}\left[\frac{-6\pi ER^3t}{L^3}\left(\frac{pI}{2\rho_0C_0} + \frac{1}{2}\sum_{i=1}^{N}m_iv_i^2\right)\right]^{\frac{1}{2}} \tag{6.7.24}$$

令

$$\theta = \left(\frac{\mathrm{d}y}{\mathrm{d}x}\right)_\mathrm{H} = \frac{pL^2}{2EJ} \tag{6.7.25}$$

根据上面的方程可以计算导弹结构任意截面处的应力、导弹结构的最大挠度以及弯曲角度,由此可以判定导弹的毁伤情况。

6.8　引爆弹药的碰撞弹道

战术导弹能够携带很多不同类型的战斗部,其中应用最多的是高能炸药战斗部,当高速破片撞击导弹战斗部时,可能发生以下三种情况:冲击起爆;燃烧转爆轰;炸药反应但随后熄灭[6-2]。

具体出现何种毁伤情况与破片质量、形状、速度、入射角度等因素有关,图 6.8.1 所示为战斗部的响应与破片撞击条件的关系示意图。

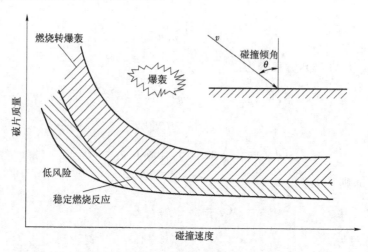

图 6.8.1 不同碰撞条件下战斗部反应图

当破片以低速大着角撞击战斗部时,破片跳飞的可能性较大,产生冲击起爆的概率较小,这类撞击条件所在区域称为低风险区;当破片速度增加到极限穿透速度之上时,破片穿透战斗部壳体并且嵌在入口处,此时破片温度很高,且进口处不能通风,这意味着压力和热量被封闭在战斗部内,使内部的炸药发生燃烧反应。当炸药燃烧产生的热量和散失的热量平衡时,出现稳定燃烧现象;当燃烧产生的热量大于散失的热量时,出现燃烧转爆轰现象,这与破片侵彻孔大小、深度以及是否贯穿(影响通风情况)等因素有关。当破片速度很高时,在炸药中形成高压脉冲,直接使炸药爆炸,称为冲击起爆区。

6.8.1 冲击起爆模型

战术导弹战斗部装药的外面都有金属壳体,破片穿透导弹及战斗部的壳体,引爆炸药,如图 6.8.2 所示。

裸装药的起爆原因是冲击起爆,决定炸药是否起爆的主要因素是撞击速度,此外,还与炸药性能、破片材料、头部形状、破片的迎阻面积和入射角有关。破片必须具有一定的长度来维持破片和炸药界面的高压,和裸装药相比,战斗部外面的壳体降低了炸药起爆的临界速度。

下面分析破片撞击覆有壳体炸药的过程,如图 6.8.3 所示[6-2]。

破片以速度 v_F 撞击炸药壳体时,破片内质点速度 $u_F = v_F$,炸药壳体内质点速度 $u_C = 0$,碰撞后瞬间,冲击波以速度 u_{SC} 进入炸药壳体,反射回破片的速度为 u_{SF},碰撞时存在一个压缩区,该区内破片和壳体的压力及质点速度相等,$p_F = p_C$。破片和壳体界面处质点速度为

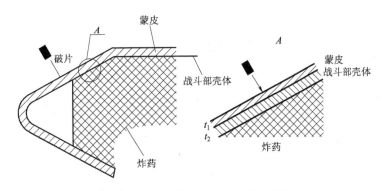

图 6.8.2　破片撞击起爆战斗部示意图

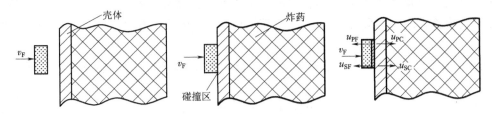

图 6.8.3　炸药冲击起爆过程描述

$$u_{PC} = v_F - u_{PF} \tag{6.8.1}$$

或

$$u_{PF} + u_{PC} = v_F \tag{6.8.2}$$

破片速度由 v_F 降到了 $v_F - u_{PF}$，压缩区的压力可由下式计算：

$$p_C = p_F = \rho_{0C}(C_C + S_C u_{PC})u_{PC} \tag{6.8.3}$$

其中，炸药壳体和破片内压力分别为 $p_C = \rho_{0C} u_{SC} u_{PC}$；$p_F = \rho_{0F} u_{SF} u_{PF}$，状态方程为 $u_S = C + S u_P$，u_s 为冲击波速度；C 为音速，S 为经验系数。下标 c 表示战斗部壳体，F 表示破片，0 表示初始值，则

$$p_F = \rho_{0F}(C_F + S_F u_{PF})u_{PF} = \rho_{0F} C_F u_{PF} + \rho_{0F} S_F u_{PF}^2 \tag{6.8.4}$$

$$p_C = \rho_{0C}(C_C + S_C u_{PC})u_{PC} \tag{6.8.5}$$

将式(6.8.1)代入式(6.8.4)得

$$p_F = \rho_{0F} C_F (v_F - u_{PC}) + \rho_{0F} S_F (v_F - u_{PC})^2 \tag{6.8.6}$$

因为 $p_C = p_F$，所以

$$u_{PC}^2(\rho_{0C} S_C - \rho_{0F} S_F) + u_{PC}(\rho_{0C} C_C + p_{0F} C_F + 2\rho_{0F} S_F v_F) - \rho_{0F}(C_F v_F + S_F v_F^2) = 0 \tag{6.8.7}$$

解此方程可得壳体内质点速度：

$$u_{PC} = -(\rho_{0C}C_C + \rho_{0F}C_F + 2p_{0F}S_Fv_F) \pm$$

$$\frac{\sqrt{(\rho_{0C}C_C + \rho_{0F}C_F + 2\rho_{0F}S_Fv_F)^2 - 4u_{PC}(\rho_{0C}S_C - \rho_{0F}S_F)(-p_{0F})(C_Fv_F + S_Fv_F^2)}}{2(\rho_{0C}S_C - \rho_{0F}S_F)^2}$$

$$(6.8.8)$$

上述过程介绍了一种计算破片和目标战斗部壳体之间压力和质点速度的方法,利用该方法同样可计算壳体和炸药之间的压力及质点速度。

战斗部杀伤力研究领域常用的方程是 Jacobs-Roslund 方程,此经验公式可用于计算冲击起爆的临界速度,方程为[6-1,6-9,6-10]

$$v_c = \frac{A}{\sqrt{D\cos\theta}}(1+B)\left(1+\frac{CT}{D}\right) \tag{6.8.9}$$

式中,v_c 为使炸药爆炸的临界撞击速度(km/s);A 为炸药感度系数($\text{mm}^{3/2}/\mu\text{s}$);$B$ 为破片形状系数;C 为覆盖板的保护系数;T 为盖板厚度(mm);D 为破片主要尺寸(mm);θ 为撞击的入射角(°)。

破片的形状及着靶姿态对起爆炸药具有很大的影响,破片的形状系数 B 可通过下式计算:

$$B = 1.77 - 0.007\ 25\alpha \tag{6.8.10}$$

其中,α 为破片头部的锥角,范围为 70°~160°,如图 6.8.4 所示。如果破片为正圆柱形,头部锥角大于 160°,其形状系数为

$$B = \frac{T}{D} \tag{6.8.11}$$

对于立方体破片,如果不是面撞击的情况,则 α 为

$$\alpha = 180° - 2\beta \tag{6.8.12}$$

其中,β 为最接近目标面的破片面与目标面的夹角,如图 6.8.4 所示。

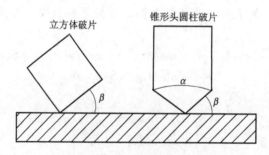

图 6.8.4　立方体和锥形头部破片撞击靶板的角度关系图

炸药感度系数 A 是预测炸药是否起爆的一个主要参数,必须准确。Bahl 等利用平头圆柱形破片进行了试验,表 6.8.1 为试验获得的常数值[6-1]。

表 6.8.1　Jacobs-Roslund 常数

系数	材料或头部形状
$A=2.05$	PBX-9404
$B=0.1$	平头
$=1.0$	圆头
$C=1.86$	钽
$=2.96$	复合材料

　　根据这些常数值就可以确定高速破片撞击炸药时的冲击起爆概率。当破片撞击没有盖板的裸炸药时,破片使炸药冲击起爆所必需的临界速度与炸药特性、破片的呈现面积、撞靶时的姿态、破片的入射角度以及破片的材料等因素有关;如果炸药外面覆盖有壳体,使炸药爆炸的临界速度提高。公式中的系数 C 体现了盖板的保护作用,可通过试验得到。主要尺寸参数 D 表示允许冲击波卸载的侵彻体长度,对于柱形侵彻体,该参数为圆柱直径,但对于长方体,该参数取最小边长,不过由此计算得到的速度值较大;另一种方法就是取各边的平均值,准确地确定冲击波卸载的临界尺寸需要进行很多试验。

　　起爆概率可根据下式计算(该方程是以 Weibull 函数为基础建立的[6-1])。

$$P(v_r) = 1 - \exp[-B_5(v_r - B_6)^{B_7}] \qquad v_r \geqslant B_6 \tag{6.8.13}$$
$$P(v_r) = 0 \qquad\qquad\qquad\qquad\qquad v_r < B_6$$

式中,$P(v_r)$ 为破片以速度 v_r 撞击时炸药的起爆概率;常数 B_6、B_7 和 B_5 用 Jacbos-Roslund 方程(6.8.14)计算。

$$B_6 = v_{min}$$
$$B_7 = \frac{-1.9}{\ln\dfrac{v_{mid} - v_{min}}{v_{max} - v_{min}}} \tag{6.8.14}$$
$$B_5 = \frac{-4.61}{(v_{max} - v_{min})^{B_7}}$$

　　在 Jacbos-Roslund 方程中,如果破片以最有利的姿态撞击目标靶,就可得到最小临界速度 v_{min};以最不利的姿态撞击靶板,就可得到 v_{max};v_{mid} 介于两者之间,需要通过试验或经验的方法得到,也可简单取两者的平均值进行估算。

6.8.2　入射角的影响

　　高速破片入射角对其是否引爆威胁战斗部的影响很大,如图 6.8.5 所示为入射角对破片是否引燃或引爆战斗部的关系图,由图可知,破片的入射角度越大,引燃或引爆战斗部需要的破片撞击速度越高。因为破片要引燃或引爆战斗部中的炸药,必须具有一定的质量和速度,破片入射角度越大,其在侵彻过程中因侵蚀而损失的质量越多,甚至可能破碎,所以破片的剩余质量减小。

　　总体上讲,整体战斗部比内置式战斗部更容易被引爆,因为内置式战斗部导弹蒙皮与战斗部壳

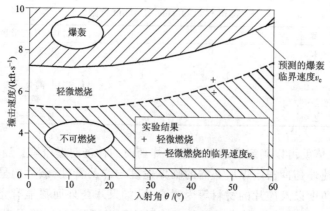

图 6.8.5　入射角的影响

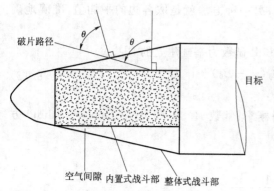

图 6.8.6　入射角对整体式和
内置式战斗部起爆的影响

体之间的间隙较大,破片撞击内置战斗部壳体的入射角变大,如图 6.8.6 所示。

对于整体式战斗部,破片撞击时首先侵彻导弹蒙皮,然后侵彻战斗部壳体,撞击时形成的初始冲击波在蒙皮材料中形成,然后通过战斗部壳体向炸药中传播。两种材料的厚度、音速影响破片的极限穿透速度以及向炸药中传播的冲击波强度,进而影响对炸药的起爆能力。

对于内置式战斗部,穿过蒙皮的破片剩余质量和速度减小、入射角度变大,空气间隙的存在使靶后二次破片覆盖面积增大,传递给战斗部的总能量及能量密度减小,所以毁伤内置式

战斗部更加困难,破片对两种战斗部的侵彻过程如图 6.8.7 所示。

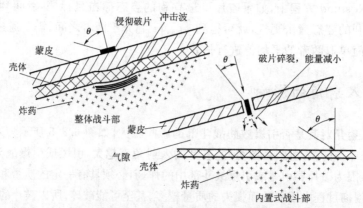

图 6.8.7　破片对整体式和内置式战斗部撞击侵彻作用过程示意图

6.9 集束弹药对破片的易损性

集束弹药战斗部内部排列很多柱形子弹药,如果一个子弹药被引爆,其形成大量高速的壳体破片飞向相邻子弹药,破片侵彻该子弹药并引爆之,离爆炸子弹药越近,破片的密度越高,越容易被引爆,距离越远,撞击破片的数量和能量都减小,则不易被引爆。距爆炸不同距离处的子弹药可能遭受不同程度的毁伤。试验表明相邻子弹药的易损性与相隔距离有关,下面用数学理论讨论爆炸弹药引爆相邻弹药(殉爆)的概率,该理论已经通过试验验证。

Picatinny Arsenal 建立了一个预测炸药对破片撞击敏感程度的分析方程[6-11],该工作的目的就是提高人们预测弹药易损性的能力和分析安全间隔距离。大部分工作建立在英美两国的理论研究和试验基础上,并建立了计算产生高速爆轰所需临界速度的方程。此方程为:

$$v_b = \sqrt{\frac{K_f \exp(5.37 t_a / \sqrt[3]{m})}{m^{\frac{2}{3}}(1 + 3.3 t_a / \sqrt[3]{m})}} \tag{6.9.1}$$

式中,K_f 为炸药感度常数;t_a 为靶板厚度(in);v_b 为临界速度(ft/s);m 为破片质量(oz①)。

由方程知,临界速度与破片质量有关,如果碰撞速度已知,能够产生高速爆轰的最小破片质量可计算出来,相邻弹药的间隔距离也可计算出来。60/40 Cyclotol 炸药的感度常数 K_f 为4 148.0。

根据弹药的间隔距离和临界速度,发生爆炸的概率由下式计算:

$$P = 1 - e^{N_e} \tag{6.9.2}$$

其中,N_e 为击中子弹药的有效破片数,其值为

$$N_e = \frac{N(m)}{d^2} A \tag{6.9.3}$$

其中,A 为目标的呈现面积;$N(m)$ 为破片质量大于 m 数目总数,可用 Mott 或 Held 破片分布模型计算;d 为子弹药之间的距离。

采用 Cyclotol 和 Pentolite 炸药进行了真实试验,并与方程计算结果进行比较,结果表明计算结果比实际试验值低[6-11]。

6.10 液压水锤效应

当高速破片撞击装有液体的容器(如油箱、燃料舱等)时,破片穿透容器壳体,同时在液体中形成冲击波,液体中冲击波的压力作用在破片入口的四周,导致壳体向外膨胀、破裂,使已经受到穿孔削弱的壳体受到更严重的破坏,这就是液压水锤效应,如图 6.10.1 所示。当破片撞

---

① 1 oz=28.349 5 g。

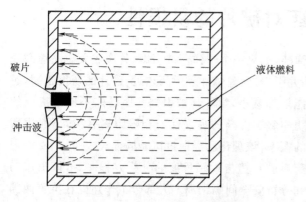

图 6.10.1　液压水锤效应示意图

击速度较高时,破片继续在液体中运动,形成气穴,穿透容器的背板。气穴的收缩与膨胀以及背板的穿透都使液体容器的破坏加重,但后续阶段的破坏效应小于前者,本书仅介绍前者的毁伤效应[6-12~6-14]。

Rosenbury 等建立了一套给定临界碰撞速度分析液压水锤效应的方法,下面介绍该方法。当破片撞击液态容器(如油箱)面板时,局部区域受到高压作用,板向外膨胀,如图 6.10.2 所示,其中,破片撞击速度为 v_0,破片长度为 $\overline{L}$,液体箱的初始长度为 $2L_0$。

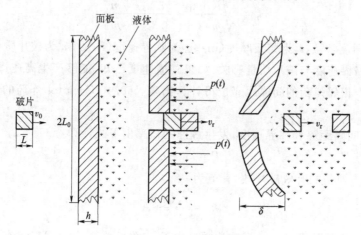

图 6.10.2　液压水锤效应

破片进入液体到破片开始在液体中运动,压力的变化梯度很大,这段时间有 40~50 ms,可将压力下降视为一个脉冲,此脉冲造成壳体变形,变形量为 δ,由胡克定律得

$$\sigma = E\varepsilon = E\left(\frac{L}{L_0} - 1\right) = E\left[\sqrt{\frac{L_0^2 + \delta^2}{L_0^2}} - 1\right] \approx E\frac{\delta^2}{2L_0^2} \tag{6.10.1}$$

其中,E 为箱体材料弹性模量;ε 为应变率;$2L$ 是拉伸后液体箱的长度。

由于变形量是时间的函数,上式可写为

$$\sigma(t) = \frac{E}{2L_0^2}\delta^2(t) \tag{6.10.2}$$

如果破片碰撞引起小变形,则会产生一个小的拉应力,但是,变形角的存在会导致灾难性毁伤的发生,这种毁伤是由破片入口四周的大裂缝引起的。破片侵彻后,入口四周开始形成裂纹,液体内脉冲载荷使裂缝加大。

裂纹长度和孔口周围应力之间存在一种关系。根据裂纹大小可计算出应力强度因子,它与裂纹长度之间的关系如图 6.10.2 所示。

裂纹处应力强度因子可由下式计算:

$$K_{\mathrm{I}} = G\sigma\sqrt{\pi a} \tag{6.10.3}$$

其中,G 为与裂纹几何形状有关的常数;σ 为材料应力;$2a$ 为裂纹长度(图 6.10.3)。

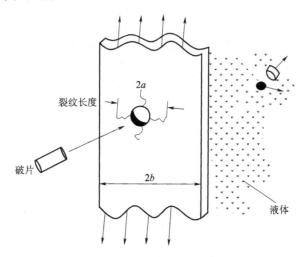

图 6.10.3　应力强度因子与裂纹和孔大小的关系

将极限应力和变形 δ_{c} 代入式(6.10.3)可得到对应的极限强度因子。

$$K_{\mathrm{Ic}} = \frac{GE\sqrt{\pi a}}{L_0^2}\delta_{\mathrm{c}}^2 \tag{6.10.4}$$

则壳体的极限变形量为

$$\delta_{\mathrm{c}} = A\frac{L_0}{a^{\frac{1}{4}}}\left(\frac{K_{\mathrm{Ic}}}{E}\right)^{\frac{1}{2}} \tag{6.10.5}$$

有了极限变形量以后,下面分析造成此变形的碰撞破片的极限速度。相关的研究已证明壳体的变形量与作用在壳体上的脉冲冲量成正比,与壳体材料密度和厚度成反比,则壳体的变形量 δ 为

$$\delta = A'\frac{\overline{p}\cdot\overline{\Delta t}}{\rho h} \tag{6.10.6}$$

式中,A' 为常数;ρ 为壳体材料密度;h 为壳体厚度;$\overline{\Delta t}$ 为脉冲周期;$\overline{p}$ 为脉冲的平均压力,由于作用在壳体上的压力脉冲近似为三角形,$\overline{p}=Bv_0^2$,B 为常数,则壳体的变形量可写为

$$\delta = \frac{Bv_0^2}{\rho h}\overline{\Delta t} \tag{6.10.7}$$

而脉冲周期 $\overline{\Delta t} = \overline{L}/U$，$\overline{L}$ 为侵彻体长度，U 为侵彻速度，由于侵彻速度和破片的速度成正比，所以

$$\overline{\Delta t} = B' \frac{\overline{L}}{v_0} \tag{6.10.8}$$

其中，B' 为常数[6-14]。

将方程(6.10.8)代入式(6.10.7)得

$$\delta = D \frac{v_0 \overline{L}}{\rho h} \tag{6.10.9}$$

其中，D 为新的常数。

由方程(6.10.9)和方程(6.10.5)得到达到临界变形量时对应的极限撞击速度为

$$v_{cr} = \varphi \frac{\rho h L_0}{a^{\frac{1}{4}} \overline{L}} \left(\frac{K_{IC}}{E}\right)^{\frac{1}{2}} \tag{6.10.10}$$

其中，φ 为常数。

对于球形或立方形破片，$\overline{L} = a$，上式可写为

$$v_{cr} = \varphi \frac{\rho h L_0}{a^{\frac{5}{4}}} \left(\frac{K_{IC}}{E}\right)^{\frac{1}{2}} \tag{6.10.11}$$

参 考 文 献

[6-1] Richard M. Lioyd. Physics of Direct Hit and Near Miss Warhead Technology[J]. Progress in Astronautics and Aeronautics, 1998, 194.

[6-2] Richard M. Lioyd. Conventional Warhead Systems Physics and Engineering Design [J]. Progress in Astronautics and Aeronautics, 1998, 179.

[6-3] A Manual for the Prediction of Blast and Fragment Loadings on Structures. U. S. Department of Energy Albuquerque Operations Office. Amarillo, Texas, DOE/TIC-11268, August, 1981.

[6-4] T. Krauthammer, S. Astarlioglu, J. Blasko, T. B. Soh, P. H. Ng. Pressure-impulse diagrams for the behavior assessment of structural components[J]. International Journal of Impact Engineering, 2008, 35: 771-783.

[6-5] Abdul R. Kiwan. An Overview of High Explosive (HE) Blast Damage Mechanisms and Vulnerability Prediction Methods. Army Research Laboratory. ARL-TR-1468, August, 1997.

[6-6] Joseph Carleone. Tactical Missile Warhead [J]. Progress in Astronautics and Aeronautics, 1998, 155.

[6-7] J. E. Greenspon. Damage to Structures by Fragments and Blast. Ballistic Research Laboratory. Tech. Rep. No. B-11, June, 1971.

[6-8] Gabi Luttwak. Oblique and Yawed Rod Penetration. The 5th Int. Symp. on Behavior of

Dense Media under High Dynamic Pressure, HDP5, Saint-Malo, France, June 2003.

[6-9] B. D. Fishburn. An Analysis of Impact Initiation of Explosives and the Currently Used Threshold Criteria. November, 1990, AD-A230187.

[6-10] D. L. Dickinson, L. T. Wilson. The Effect of Impact Orientation on the Critical Velocity Needed to Initiate a Covered Explosive Charge [J]. Int. J. Impact Engineering, 1997, 20:223-233.

[6-11] Richard M. Lioyd. Physics of Kinetic Energy Rod Warheads Against TBM Submunition Payloads. Raytheon Systems Company Tewksbury, MA 01826, USA, 1999. 6.

[6-12] R. E. BALL. Structural Response of Fluid-Containing-Tanks To Penetrating Projectiles (Hydrodynamic Ram)-A Comparison of Experimental and Analytical Results. Naval Postgraduate School, Monterey, California. May, 1976, AD-A026320.

[6-13] S. J. Bless. Fuel Tank Survivability for Hydrodynamic Ram Induced by High Velocity Fragments. University of Dayton Research Institute. Jan, 1979, AD-A070113.

[6-14] Z. Rosenerg, S. J. Bless, J. P. Gallagher. A Model for Hydrodynamic Ram Failure Based on Fracture Mechanics Analysis[J]. Int. J. Impact Engineering, 1987, 6(1).

第7章 舰船目标易损性

舰船目标主要包括水面舰船和水下舰船两类。水面舰船主要包括航空母舰、导弹护卫舰、导弹驱逐舰、巡洋舰等;水下舰船主要为潜艇,包括核潜艇和常规动力潜艇。下面以两类典型的水面舰船(航空母舰)和潜艇为例,介绍舰船目标的易损性和评估技术。

7.1 舰船目标分析

7.1.1 潜艇的结构及性能参数

1. 潜艇的基本结构

现代军用潜艇自 19 世纪末到 20 世纪初问世以来,经过一个多世纪的发展,特别在两次世界大战期间以及战后诸多国际事务中发挥了重要的作用。目前,全世界有 46 个国家和地区拥有潜艇,而拥有核潜艇的国家仅有美国、俄罗斯、英国、法国和中国,其他国家拥有常规动力潜艇。

现代潜艇基本由五部分组成(图 7.1.1),即武器舱、指挥控制舱、动力舱、尾舱和舰桥升降装置。按具体结构也可分为艇体结构、指挥台围壳结构和艉部结构。每一部分分别承担不同的功能。

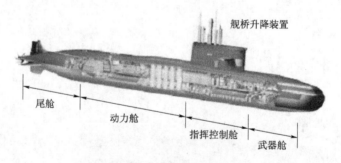

图 7.1.1 潜艇的内部结构

（1）艇体结构

现代潜艇的艇体基本上是由耐压型结构和轻型结构两部分组成。耐压结构包括耐压艇体、耐压指挥台以及耐压液舱等,是保证潜艇在安全深度之内能够从事水下运行的基本结构。轻型结构包括潜艇的指挥台围壳、上层建筑以及一些液舱等。轻型结构又进一步分为非耐压水密结构和非耐压非水密结构。潜艇的耐压艇体结构通常有三种形式:单壳体结构、双壳体结构以及介于单双壳体之间的过渡型鞍形压载水舱壳体结构(或者称为个半毂体结构)。图7.1.2是单壳体和双壳体耐压艇体结构图[7-1]。

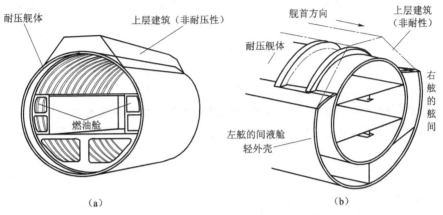

图 7.1.2　单壳体和双壳体耐压艇体结构图

(a)单壳体耐压艇体;(b)双壳体耐压艇体

(2) 指挥台围壳

现代潜艇的舰桥结构及其外部包覆的导流罩通常被称为潜艇的指挥台围壳,它是一种能够承受海上风浪的特殊罩壳。潜艇指挥台围壳的形状和尺寸随着潜艇技术的发展而不断变化。20世纪初期,现代潜艇刚刚出现时,潜艇上只有指挥台,没有指挥台围壳。当时的指挥台是一个垂直的圆柱形耐压体,其侧面装有供瞭望和观察水面情况的水密观察窗,顶部带有水密盖罩,大小只能容纳艇长一个人。从提高潜艇水下航速的角度看,指挥台围壳的存在增加了潜艇的水下航行阻力,特别是当潜艇在水下以比较高的速度旋回时,指挥台围壳的作用像是一个翼,作用在指挥台围壳上的流体动力对潜艇形成了一个不对称的力矩,从而可能使潜艇突然发生横滚。潜艇一旦发生这种情况是相当危险的。因此,原则上指挥台围壳的尺寸应该是越小越好。21世纪的最新型潜艇,都采用了低矮且具有极好流线形的指挥台围壳。具体的围壳结构如图7.1.3所示。

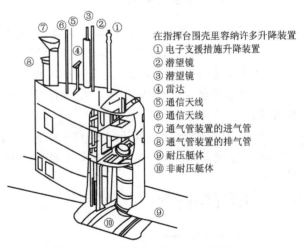

在指挥台围壳里容纳许多升降装置
① 电子支援措施升降装置
② 潜望镜
③ 潜望镜
④ 雷达
⑤ 通信天线
⑥ 通信天线
⑦ 通气管装置的进气管
⑧ 通气管装置的排气管
⑨ 耐压艇体
⑩ 非耐压艇体

图 7.1.3　现代潜艇典型指挥台围壳

(3) 艉部结构

潜艇艉部结构大体上分为两种类型,即常规艇型的艉部结构和尖艉结构。

常规艇型的艉部结构,如图 7.1.4(a)所示,是在艉部左右两舷各布置一个螺旋桨,在螺旋桨的后面有两个艉水平舵,位于全艇最后部的是一个垂直舵。第二次世界大战以前的潜艇,基本上都采用这种常规艇型的艉部结构。尖艉结构也称十字艉部,它是在潜艇的艉部装有呈十字形布局的水平稳定翼和垂直稳定翼,左右舷各有一个水平稳定翼,上下方各有一个垂直稳定翼。每个稳定翼上各有一块舵板,而螺旋桨则装在潜艇的最末端,如图 7.1.4(b)所示。20 世纪 70 年代后期,世界上许多国家的常规动力潜艇纷纷开始采用尖艉结构。

现在常用的还有一种变形的尖艉结构——X 形尖艉结构,其水平稳定翼和垂直稳定翼不再呈十字形布置,而是呈 X 形布置(如图 7.1.5 所示)。X 形艉舵的结构形式既能使艉舵面积达到最大,提高了潜艇水下操纵性能,又能保证艉舵不伸出潜艇的龙骨线之外,在潜艇坐沉海底时,保证艉舵不会受到海底的碰撞而遭受损伤,但艉舵所产生的力矩对潜艇运动姿态影响十分复杂。

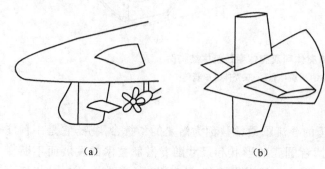
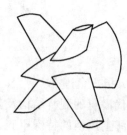

（a）　　　　　　　　　（b）

图 7.1.4　潜艇的常规型和尖艉型艉部结构　　　　**图 7.1.5　潜艇的 X 形艉部结构**
（a）常规型艉部结构；（b）尖艉型艉部结构

2. 潜艇的基本性能参数

（1）常规动力潜艇的基本数据（以美国"小鲨鱼"级为例）

① 排水量(水面/水下）：7 500 t/9 500 t；

② 主尺度(长×宽×吃水)：110 m×14 m×10.4 m；

③ 动力装置：1 台 VM5 型压水堆,2 台 GT3A 型蒸汽轮机,2 台应急推进电机,单轴,7 叶螺旋桨；

④ 航速(水面/水下)：20 kn(节)/36 kn[①](节)；

⑤ 武器装备：533 mm 鱼雷发射管 4 具,650 mm 鱼雷发射管 4 具,533 mm 外部鱼雷发射管 6 具；

⑥ 下潜深度：600 m；

---

① 1 kn=0.514 4 m/s。

⑦ 航员人数:85 名。

(2) 核动力潜艇的基本数据(以美国"俄亥俄"级弹道导弹核潜艇为例)

① 排水量(水面/水下):16 600 t/18 750 t;

② 主尺度(长×宽×吃水):170.7 m×12.8 m×11.1 m;

③ 主机:SG8 型压水堆一座,齿轮传动汽轮机 2 台,单轴单螺旋桨;

④ 功率(水面/水下):60 000 hp①(马力);

⑤ 航速(水面/水下):20 kn/25 kn;

⑥ 武器装备:艇首部装有 4 具 533 mm 鱼雷发射管,配备 MK68 鱼雷,每艘"俄亥俄"级核潜艇拥有 24 个垂直导弹发射管,可发射 24 枚"三叉戟 II"型导弹;

⑦ 下潜深度:400 m;

⑧ 航员人数:155 名。

7.1.2　航空母舰的结构及性能参数

航空母舰是一种以舰载机为主要作战武器并作为其海上活动基地的大型军舰,主要用于攻击水面舰艇、潜艇和运输船队,袭击海岸设施和陆上目标,夺取作战海区的制空权和制海权。航空母舰适于远洋航行和长期的海上作战,具有突出的攻防作战能力,几乎每次大规模的局部战争和军事冲突都有航空母舰的参加,充分显示出了航空母舰作为战略威慑和作战平台的强大威力。

航空母舰的分类有多种,按吨位可以分为大(重)、中、小(轻)三种类别;按载机类型可分为载固定翼机和载旋翼(直升)机两类;按动力可分为核动力型和常规动力型;按用途可分为多用型和专用型。

目前,世界上拥有航空母舰的国家有 9 个,分别是美国、俄罗斯、英国、法国、印度、意大利、西班牙、巴西、泰国,日本和韩国拥有直升机航空母舰。美国现役航空母舰共 11 艘,全是核动力航空母舰(10 艘"尼米兹"级和 1 艘"企业"级)。"尼米兹"级航空母舰,一般排水量在 7 万吨以上,载机 70 架以上,警戒半径在 1 000 km 以上。该级航空母舰不断改进,不断增大,现排水量已超过 10 万吨。美国正在研制的"福特"级航空母舰未来将取代现役的"企业"级和"尼米兹"级航空母舰。与"尼米兹"级航空母舰相比,"福特"级航空母舰将在长达 50 年的服役期内,总体运营成本节省 50 亿美元。新一代的福特号航空母舰将采用电磁弹射技术,这有别于以往航空母舰采用的蒸汽弹射技术。

俄罗斯的"库兹涅佐夫"航空母舰排水量为 55 000 t(正常)和 67 500 t(满载),整个飞行甲板长 300.5 m,宽 70 m。飞行甲板厚 16～40 mm。此航空母舰的最大特点之一是它没有按常规采用蒸汽弹射器来完成起降飞机,而是使用滑跃甲板助飞。美国和俄罗斯现役航空母舰见表 7.1.1。

---

① 1 hp=745.7 W。

表 7.1.1　美国、俄罗斯现役航空母舰一览表

国家/级别		名称	飞行甲板长/m	设计水线宽/m	速度/kn
美国	企业	企业 CVN-65	342.3		33
	尼米兹	尼米兹 CVN-68	332.9	40.8	30
		艾森豪威尔 CVN-69			
		文森 CVN-70			
		罗斯福 CVN-71			
		林肯 CVN-72			
		华盛顿 CVN-73			
		斯坦尼斯 CVN-74			
		杜鲁门 CVN-75			
		里根 CVN-76			
		布什 CVN-77			
俄罗斯		库兹涅佐夫	300.5	37	30

　　法国作为一个航空母舰大国,其代表为搭载固定翼飞机的"戴高乐"号核动力中型航空母舰,其排水量为 39 680 t(满载),总长 261.5 m,总宽 64.4 m,航速 27 km/h。此外,法国还拥有搭载直升机的航空母舰如"贞德"号。

　　英国"无敌"号垂直短距起降飞机航空母舰为轻型航空母舰,其排水量 20 600 t(满载),总长 192.6 m,宽 36 m,飞机甲板的长度能保证 6 架直升机无障碍起降。

1. 航空母舰的基本结构

　　第二次世界大战以前设计的航空母舰以机库为主甲板,这层甲板以下的部分为主舰体,以上的部分为上层建筑。20 世纪 60 年代以后,航空母舰的舰体结构有了很大的变化:把飞行甲板作为主舰体的加强甲板,将舰底到飞行甲板看成一个巨大的钢质箱形结构来进行设计,以达到安全抗爆的目的。通常,甲板是纵向连通,平台则是局部。一般甲板之间的高度为 2.4~2.8 m。机库的高度则取决于舰载机的高度,有时机库高度要占去 2~3 层甲板的空间。下层的机舱和辅机舱通常也需要较高的高度。图 7.1.6 和图 7.1.7 分别是典型航空母舰纵剖图和横剖图,从图中可以看出其垂向分隔、纵向和横向分割:采用横壁和纵壁进行分割,纵向和横向水密隔壁分隔而成水密隔舱,水密隔舱可以防止舱室浸水蔓延到其他舱室,以保证航空母舰的安全,从而保证此类航空母舰的抗沉性。

　　(1) 舰岛

　　舰岛是航空母舰顶层的关键部位,采用多层岛式建筑,如图 7.1.8 所示。舰岛矗立于右舷偏后处,上面设有格子桅,布满了各种指挥、通信、导航天线和其他作战雷达天线。舰岛内部设有航空控制室和航海室,是航空母舰航行和飞行作业的指挥和控制中心,也是航空母舰进行观

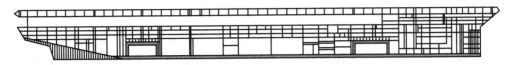

图 7.1.6　典型航空母舰纵剖图

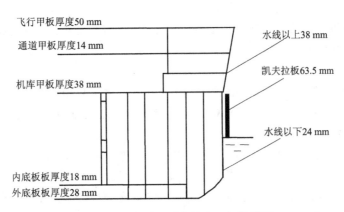

飞行甲板厚度50 mm

通道甲板厚度14 mm

机库甲板厚度38 mm

水线以上38 mm

凯夫拉板63.5 mm

水线以下24 mm

内底板板厚度18 mm

外底板板厚度28 mm

图 7.1.7　"尼米兹"级航空母舰横剖图

测以及与其编队进行联系和实施指挥的主要部位。为开阔视野,开设了周向舷窗,因此,该部位防护能力较差,是航空母舰最薄弱的部位。

（2）飞行甲板

飞行甲板作为舰载机飞行活动的中心,是航空母舰上最大的目标舱段（图 7.1.8）。飞行甲板上除了配备舰载机起飞用的弹射装置和降落用的阻拦装置以及舰载机出入机库的升降机外,还布置有飞机弹药升降机、综合助降装置、炸弹投放坡道、飞机和舰载小艇的收放吊车、近程武器系统、无线电通信天线等设施。飞行甲板分为降落区、起飞区和停机区三个主要区域。飞行甲板的长度包括降落区和弹射起飞区的长度。如飞行甲板被毁坏,舰载机就无法起飞与降落,航母将会失去作战能力。平时,甲板上保持大量的值勤飞机;战时,甲板上布满空勤人员、待命飞机和弹药,是最易受攻击的部位。

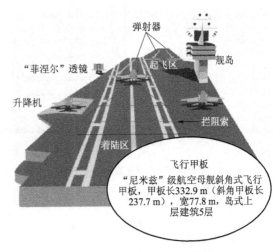

弹射器

舰岛

"菲涅尔"透镜

起飞区

升降机

拦阻索

着陆区

飞行甲板
"尼米兹"级航空母舰斜角式飞行甲板,甲板长332.9 m（斜角甲板长237.7 m）,宽77.8 m,岛式上层建筑5层

图 7.1.8　航母飞行甲板上各主要部位

（3）舰载机

舰载机是形成航空母舰作战能力的核心力量，是航母的主要作战武器。各级别航母均配备大量的舰载机，既有固定翼飞机，又有直升机。舰载机的主要类型有战斗机、攻击机、预警机、电子战飞机、反潜机、空中加油机和侦察机。大型航空母舰上一般搭载 4 架固定翼预警机，这种预警机可以监视高度 30 km，半径 370 km 的区域，具有探测、指挥和控制能力，是航空母舰编队 C³I 系统的重要组成部分。航母上搭载的反潜机一般分为两类：固定翼反潜机和反潜直升机，是保护航母水下安全的主要作战平台。加油机通常由攻击机改装而成，用于空中加油。预警机、反潜机和加油机在航母上配备数量较少，攻击和防御能力较弱，一旦被击毁或击伤，将对航母的作战效能产生较大影响。

（4）机库

航空母舰机库一般位于飞行甲板下，机库甲板（通常称为主甲板）与飞行甲板之间还有一层顶楼甲板。机库通常由防护门分隔成三部分，能容纳一定数量的固定翼飞机。

（5）甲板上起飞降落装置

甲板上起飞降落装置主要有弹射器和阻拦机构。弹射器位于飞行甲板的起飞跑道下，是航空母舰的关键部位，其主要作用是提供固定翼飞机起飞时的初速。目前常用的是蒸汽动力弹射器。每个弹射器由发射机系统、蒸汽系统、复位系统、拖索张紧系统、润滑系统、收索系统、控制系统等子系统组成，每个子系统缺一不可，如图 7.1.9 所示，阻拦机构位于飞行甲板的降落跑道下，是航空母舰上的关键部位，是固定翼飞机在飞行甲板上降落的必需设施。航空母舰上一般配备多部阻拦机构。

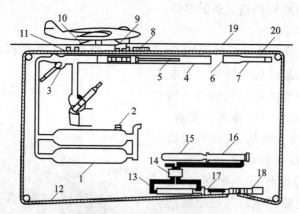

图 7.1.9　蒸汽弹射器示意图

1—贮汽筒；2—蒸汽进气口；3—弹射阀；4—弹射汽缸；5—活塞；6—密封条；7—制动水缸；8—往复车；

9—拖索；10—牵止杆；11—拖拽车；12—复位钢索；13—复位机；14—控制阀；15—空气瓶；16—蓄压器；

17,18—固定滑轮；19—甲板；20—导向滑轨

（6）升降机

飞机在机库和飞行甲板之间的移动需要借助于升降机。现代航空母舰上大多配置多部舷

侧升降机,舷侧设有多处开口。

（7）燃油舱与弹药舱

航空母舰的燃油舱包括舰用燃油舱和航空燃油舱。大型航母的燃油舱和弹药舱均位于底舱的第1、2层,处于水线以下。弹药舱主要提供航母防卫以及舰载机作战的弹药。

（8）动力舱

航空母舰主机舱、电站与主机控制室共同构成航母的动力舱段,一般位于底舱的底部及舷侧。

（9）人员舱

人员舱一般分布于除飞行甲板和底舱以外的其他区域。一艘航母上有数千名舰员和航空人员。人员舱分布较广,受到攻击的概率较大。

2. 航空母舰的基本性能参数

以"尼米兹"号航母为例,其性能与装备如下:

① 排水量(轻载/满载):72 916 t/91 487 t;

② 主尺度(长×宽×吃水):332.9 m×76.8 m×11.3 m;

③ 航速:30 kn 以上;

④ 载员:舰员 3 184 名,航空人员 2 800 名,编队司令部人员 70 名;

⑤ 武器装备:3 座"海麻雀"防空导弹系统,4 座"密集阵"近战武器系统(CVN-68 和 CVN-69 为 3 座),3 座 324 mm 3 联装鱼雷发射系统;

⑥ 搭载飞机:固定翼飞机约 80 架,直升机 6 架;

⑦ 电子设备:SPS64(V)9 导航雷达;SPS48E 三坐标雷达;6 部 MK95 型导弹火控雷达;SLQ32(V)4 电子战系统;SLQ36"水精"鱼雷诱饵系统等。

7.2　反舰弹药对舰船的毁伤模式

反舰导弹和鱼雷是现代反舰弹药的主力军。反舰导弹(如弹道导弹和飞航/巡航导弹)通常携带半穿甲子母弹、侵彻子母弹、爆破子母弹等战斗部,用于打击主甲板以下至飞机库的舱段,具有侵彻、冲击波、破片、引燃等多种破坏效应。除了能对舰载机的作战保障要害部位造成毁伤外,其爆炸所产生的高速破片群对航空母舰上的作战人员、停放的舰载机也具有良好的杀伤效果。

鱼雷是由运载平台发射入水,能在水中自航、自控和自导,在水中爆炸毁伤目标的水中弹药。现代鱼雷主要用于攻击潜艇,也用于攻击大、中型水面舰船,它们通常被用来破坏舰船最关键的水下部分。

7.2.1　侵彻毁伤

　　侵彻战斗部对舰船的毁伤机理主要是整体穿甲。这类战斗部本身具有很高的动能,能在命中部位击出一个孔洞。在整体穿甲过程中,除了穿孔外,周围有较大面积的裂纹或变形区。整体穿甲可使穿孔附近区域的装甲板产生大量裂纹,在钢装甲板内侧产生大量的层裂破片,造成二次毁伤效果,可以毁坏内部设备及杀伤人员。同时,钢装甲板由于受到撞击而强度大大降低,在强大的高温高压爆轰产物作用下,对舰体的破坏作用还会继续扩大。毁伤可能扩展到水线以下,使舰舱大量进水,再加上海浪的冲击,使部分舰体解体。

7.2.2　破片毁伤

　　内部爆炸的战斗部圆柱形壳体在炸药爆轰波作用下,迅速膨胀、开裂,最终形成大量的高速破片。高速破片对舰船的破坏与破片的质量、数量和着靶速度都有直接关系。

　　战斗部在舰船内部的爆炸点具有一定的随机性,因此,舰船舱室的各个部分都可能受到攻击。按照作用的舱室不同,可以将高速破片的毁伤分为三种,即穿甲作用、引燃作用(击穿油箱)和引爆作用(冲击弹药库内的炸弹、炮弹、导弹并使其引爆)[7-2]。

7.2.3　爆炸毁伤

　　Keil[7-3]对水面舰船的爆炸动响应和破坏进行了系统的论述,指出水面舰船的船体破坏主要分为三种模式:第一种模式为舷侧破坏,主要由直接接触爆炸引起。由于舷侧的加强筋比较弱,加强筋与面板变形一致,冲击较强时面板和加强筋同时破坏;第二种模式为底部结构破坏,由船底下方爆炸引起的冲击波和气泡脉动压力作用所致;第三种模式为船体纵桁破坏,由非接触爆炸条件下的冲击波和气泡脉动压力共同作用下的总体鞭状震荡响应所致,表现为在整船的一个截面或几个截面上形成塑性铰,纵桁被拉压至屈服或失稳,舷侧出现自上而下的皱褶。

　　和非接触爆炸相比,接触爆炸有两个明显的特点:一是接触爆炸首先破坏船体,然后主要破坏爆炸区的机械设备及杀伤人员,而非接触爆炸则是由强烈的冲击振动破坏机械设备和杀伤人员,舰体产生较大的塑性变形;二是接触爆炸在爆炸区有局部性的严重破损,而在舰船其他区域没有破损或只有轻微破损。非接触爆炸对舰船的破坏则是全舰性的,其对舰船的破坏作用,主要包括对舰体的直接冲击波损伤、对技术装备的冲击振动损伤以及对人员的冲击振动杀伤三个方面。

7.2.4　引燃毁伤

除上述几种杀伤因素外,为了增强破坏效果,扩大综合杀伤效应,在战斗部设计中,常常考虑增加适量的辅助战剂,如纵火剂、引燃剂、烟雾剂等。上述辅助战剂在爆炸时,随着爆轰产物、空气冲击波及破片进入其他各舰舱内,使人员设备造成烧伤或破坏,扩大毁伤能力。

7.3　舰船的破坏标准

目前在水中兵器领域,国内外已经使用的破坏标准主要有三种:冲击波峰值标准、冲击因子标准和冲击加速度标准。

7.3.1　冲击波峰值标准

该标准是苏联对战争中缴获的舰船隔舱进行大量水中爆炸试验,由试验数据分析获得的[7-4]。该标准规定:舰船一层底(外壳)被破坏时,它所受到的水中冲击波峰值压力为 $8\sim10$ MPa;舰船的二层底被破坏时,冲击波峰值压强为 $17\sim20$ MPa;舰船的三层底被破坏时,冲击波峰值压力为 70 MPa。对于球形装药,爆炸冲击波的峰值为[7-5]

$$p_m = K_\omega \left(\frac{\sqrt[3]{m_\omega}}{r} \right)^\alpha \tag{7.3.1}$$

式中,p_m 是冲击波峰值压力(MPa);m_ω 是炸药的质量(kg);r 是爆炸中心与舰船的距离(m);K_ω 和 α 与炸药相关的经验系数。对于 TNT 装药,K_ω 和 α 分别为 53.3 和 1.13。

对于该式用于其他种类装药的可行性问题,国内曾进行过两种不同装药的对比实验。结果表明,不能用"某种炸药的 TNT 当量"代替上式中的 m_ω 来计算 p_m。表 7.3.1 给出了几种装药的 K_ω 和 α 值。

表 7.3.1　不同装药的 Cole 爆炸参数

爆炸参数	炸药			
	THL	HBX-1	PENT	NSTHL
K_ω	63.48	53.51	56.21	67.08
α	1.144	1.18	1.194	1.26

7.3.2　冲击因子标准

为简洁描述舰船结构的冲击环境,需要考虑装药质量、爆距、爆炸方位等因素,为此人们定义了冲击因子,其目的是对同一舰船,若冲击因子相等则认为其水下爆炸冲击响应总体效果近似相等。目前常用的冲击因子有两种形式:一种是基于冲击波超压的冲击因子,这种冲击因子的定义为

$$C_1 = \sqrt[3]{m_\omega}/r \qquad (7.3.2)$$

式中,C_1 是冲击因子;m_ω 为炸药质量(kg);r 为爆心距目标点的距离(m);由此可以将式(7.3.1)表示为

$$p_m = K_\omega (C_1)^\alpha \qquad (7.3.3)$$

从上式可知,对于同一种炸药,若不同工况的冲击因子 C_1 相等,则所考虑的入射点的超压 p_m 相等。这种形式的冲击因子曾被北约和苏联用于潜艇结构生命力考核[7-6],是使用较早的一种冲击因子形式。近年来,随着大量的模型试验和数值计算发现,该冲击因子在描述近距离、小装药量水下爆炸问题时存在明显不足,小装药量的装药结构在近场爆炸时,所产生的峰值压力有时比大装药量的装药结构远场爆炸时的大,但是它对目标结构产生的破坏不一定大[7-6]。

随着对水下爆炸问题的进一步研究,研究者越来越倾向于使用另外一种基于平面波假定的冲击因子来描述水下爆炸冲击环境。这种冲击因子的形式为

$$C_2 = \sqrt{m_\omega}/r \qquad (7.3.4)$$

这种定义方式实际上是基于平面波假设并从结构遮挡的冲击波能量相等角度定义的。若爆距 r 与目标结构特征尺寸 L 相比足够大[7-7],这一计算方法是较为合理的。但实际情况并不总是这样,姚熊亮[7-7]等定义了新型的球面波水下爆炸冲击因子 C_e 为

$$C_e^2 = S_e \cdot C_2^2 \qquad (7.3.5)$$

即

$$C_e = \sqrt{S_e} \cdot C_2 \qquad (7.3.6)$$

其中,S_e 为目标在以爆炸点为球心的某一球面上的投影面积。计算时,通常取以爆距 r 为半径的球面。但这一方法仍然存在一定的不足:没有考虑传播到目标不同部位的冲击波在能量上的差异,也即该方法认为传播到目标各部位的冲击波能量密度是相同的。

7.3.3　冲击加速度标准

冲击加速度标准是根据美国军标 MIL—S—901G 制定的[7-4]。美军标规定,海军船用重型设备(大于 2.7 t)的抗冲击性能将用浮动冲击平台进行考核。被试设备安装在浮动冲击平台上要经历 5 次水中爆炸冲击试验考核,其中最严厉的一次试验条件是:在水深大于 12.2 m 环境条件下,27.22 kg TNT 炸药在离平台水平距离 6.1 m、水下 7.3 m 处爆炸。浮动平台自重 30 t,面积 8.5 m×4.9 m,吃水深度大约 1 m。经估算,这样的爆炸使被试设备承受的冲击加速度约为 234.4g。这说明要使美军船用设备损坏,水中爆炸给舰船施加的冲击加速度不能小于该

值。对于人员来说,体重约 70 kg 的直立人员只能承受小于 $20g$ 的冲击加速度。由于船体的减振作用,舰船最上面一层甲板的冲击加速度通常可减少为船底的 1/10。

舰船的冲击加速度值 A_s 可以用下式估算:

$$A_s = \frac{S \cdot p_m}{m_w} \tag{7.3.7}$$

式中,p_m 是冲击波峰值压力(MPa),可参考式(7.3.1)求解;m_w 为舰船的实际排水质量(kg);对于潜艇则是水下排水质量,S 是舰船的设计水线面积(m^2),对应于潜艇的舯纵剖面,估算值为

$$S = \begin{cases} 0.705L \cdot B & \text{水面作战舰船} \\ 0.840L \cdot B & \text{商船} \\ 0.680L \cdot B & \text{潜艇} \end{cases} \tag{7.3.8}$$

其中,L、B 分别为舰船的长度(m)和宽度(m)。

以上三个破坏标准中,冲击波峰值标准的计算方法简单,而且以船体击穿作为损伤标准,比较适合于鱼雷这样的近距离爆炸武器。不足之处是没有考虑舰船结构特征影响。冲击因子标准有计算简单的特点,而且可以根据对舰船毁伤程度的要求方便地将其换算为概率值,但仍有与冲击波标准相同的不足。冲击加速度标准克服了这一不足,其简化公式使用也比较方便。但由于其公式推导过程中进行了集中平均处理,实际上更适合于水雷等远距离爆炸,从而使冲击波相对较全面、均匀地作用于目标的情况。该评定方法直接用于鱼雷近距离爆炸集中毁伤目标某一区域情况有一定局限性,此外,后两种标准只适合于非接触爆炸。

在水雷、深水炸弹的毁伤能力计算和舰艇生命力分析中,比较一致的方法是:首先确定一个目标损坏程度标准,然后根据该标准和武器装药量,计算炸药能达到该破坏程度的破坏半径,再确认目标舰艇是否在此破坏半径以内,如果在此破坏半径以内,则目标被击毁,武器攻击达到目的;否则,目标生存,武器攻击失败。

根据研究目的不同和使用武器不同,所选择的破坏程度标准也不尽相同,通常将舰船的毁伤分为 3~4 个等级:彻底摧毁而导致沉没;严重毁伤使其彻底丧失战斗力;中等损伤使其部分人员与设备受损,机动能力和战斗力下降或退出战斗;轻微损伤使部分设备受损,战斗力有所降低。近年来,随着舰船结构防护能力增强,使用单件兵器彻底摧毁和使其严重毁伤的难度越来越大,但由于现代舰艇广泛装备了先进的电子设备,相比之下,这些电子设备较容易受损伤。一旦电子设备受破坏,舰艇通常无法进行作战,势必退出战斗。作为攻击方来说,达到了作战目的。所以在北约以及国内水雷界对目标的毁伤计算中,常以使目标中度损伤而使其退出战斗为标准。与水雷、深水炸弹不同,鱼雷是精确制导的进攻性武器,爆炸方式是接触爆炸或近距离非接触爆炸。所以,在对目标的毁伤能力分析中,不宜用远距离非接触爆炸相同的标准。特别是在对目标命中毁伤能力的效能分析中,应该以"严重毁伤使其彻底丧失作战能力或沉没"为标准。

7.4 舰船结构在接触爆炸载荷作用下的毁伤

7.4.1 接触爆炸的破坏半径

吉田隆[7-8]根据第二次世界大战中舰船破损资料及试验结果给出的接触爆炸破坏半径的经验公式为

$$R_c = 6.4a \cdot m_\omega^{0.38}/h \tag{7.4.1}$$

式中,R_c 为破损半径(m);m_ω 为装药量(kg);h 为板厚(mm);a 为结构特征系数。有加强结构的平板,取 $a=0.62$。这一公式比其他经验公式得出的数值要大一些,可能与日本第二次世界大战期间的舰船由商船改装而来有关。

7.4.2 接触爆炸的破孔宽度

水中接触爆炸时,舰船外舷上的破孔通常呈椭圆形,其长轴沿水平方向,在破孔周围有裂缝和凹陷。国外关于舰船受攻击后产生破孔的公开报道多为第二次世界大战中舰体结构遭受攻击破损的战例,现有的水下接触爆炸对船舶破坏作用的估算方法,是估算一定炸药量接触爆炸下船舶结构可能的破坏范围,即破口的长度。其估算公式为[7-9]

$$L_p = K_p \frac{\sqrt{m_{\omega TNT}}}{\sqrt[3]{h}} \tag{7.4.2}$$

式中,L_p 是破孔或破损长轴的长度(m);$m_{\omega TNT}$ 是装药的 TNT 当量(kg);h 是舰船壳体钢板厚度(m);K_p 是经验系数,当计算对舰船实际破孔宽度时取 0.85,当计算破损宽度时取 1.10。刘润泉等[7-10]通过对单元结构模型的水下接触爆炸试验,得出系数 K_p 可取 0.37。

式(7.4.2)对于估算固支方板受水下接触爆炸作用产生的破口比较有意义。但由于公式中仅考虑了炸药量和板厚而未考虑加强筋的影响,对于船舶结构中较常见到的加筋板结构的破口预测则会有较大偏差。为此,朱锡等[7-11]对船体板架结构模型进行了水下接触爆炸试验,分析了加强筋对破口范围的影响,并给出了考虑加强筋影响的水下接触爆炸破孔计算公式。

引入加强筋相对刚度因子 C_j,其定义为

$$C_j = 100 \frac{\sqrt[4]{I}}{\sqrt[3]{m_{\omega TNT}}} \tag{7.4.3}$$

式中,I 为加强筋在板架弯曲方向上的剖面惯性矩(m^4)。不同加强筋的相对刚度 C_j 对加强筋板架破坏范围的影响见表 7.4.1。

表 7.4.1　C_j 不同取值条件下加强筋的相对作用[7-11]

C_j 范围	>9	7~9	4~7	<4
加强筋的相对作用	可限制破口范围，加强筋无较大破坏	对破口范围有较大影响	对破口范围有一定影响	对破口范围影响较小

公式(7.4.2)中仅考虑了板厚和药量两个因素，为反映加强筋对破口大小的影响因素，对式(7.4.2)进行修正：

$$L_p = K_p \frac{\sqrt{m_{\omega TNT}}}{\sqrt[3]{h \cdot \overline{I}^a}} \qquad (7.4.4)$$

式中，$\overline{I}$ 为加强筋相对刚度(m^3)；其余参数意义同前。$\overline{I}$ 可表示为

$$\overline{I} = \frac{I_Z}{b_Z} + \frac{I_H}{b_H} \qquad (7.4.5)$$

其中，$I_Z(I_H)$、$b_Z(b_H)$ 分别为纵(横)加强筋在板架弯曲方向的剖面惯性矩和加强筋间距。

有了加强筋的板架结构的板厚 h 按照面积等效的原则计算。首先求出加强筋的等效板厚 h_e，然后与原始板厚 h_0 叠加得到板架的相当板厚，其计算式为

$$h_e = \frac{S_Z}{b_Z} + \frac{S_H}{b_H} \qquad (7.4.6)$$

$$h = h_0 + h_e \qquad (7.4.7)$$

其中，S_Z、S_H 分别为纵、横加强筋的截面积(m^2)。

由试验结果[7-11]得到：$a = 0.153$，$K_p = 0.063$，从而得到板架结构在水下接触爆炸作用下的破口计算公式为

$$L_p = 0.063 \times \frac{\sqrt{m_{\omega TNT}}}{\sqrt[3]{h \cdot \overline{I}^{0.153}}} \qquad (7.4.8)$$

舰船对毁伤的承受能力视舰船的大小及类型的不同而不同。对于某些中小型舰船，当破孔宽度大于 6~7 m 时，就足以使其在几分钟内沉没；而对于一些大中型舰船，通常认为至少破孔宽度能引起两个以上的舱室同时进水，才能使其受重伤而难以自救或沉没。根据统计和经验数据，对于大中型水面舰船，所承受的最大允许破孔宽度的统计值为 $L_{pmax} = 13$ m。一般大中型水面舰船壳体厚度 h 不超过 16 mm。

7.5　舰船结构在非接触爆炸载荷下的毁伤

由于水的密度较大，在一般压力下几乎不可压缩，因此，水下爆炸较空气中爆炸对舰船的毁伤能力更强。从水下爆炸的作用机理上看，对舰船的毁伤破坏主要是水下冲击波、爆轰产物所形成的球状气室(气泡)和气泡脉动形成的脉动压力波及其他力量作用的结果。炸点与目标的距离不同，对目标毁伤的作用形式也不同。若炸点离目标远，则毁伤目标主要是由于水下冲

击波的作用；若炸点离目标很近，则除了水下冲击波和脉动压力波的作用外，气泡也会直接作用于目标而引起目标结构毁伤。

7.5.1　水下爆炸载荷

1. 水下爆炸现象

水下爆炸是一个非常复杂的能量转换的过程，但从它对结构的破坏角度来看，可以分为两个过程：冲击波的产生和传播；爆炸物气体与周围水的惯性作用。

冲击波是由引爆爆炸物产生的，冲击波产生后，迅速到达水气交界面，进入水中，以极快的速度向外传播。冲击波的特点是：压力特别高，在爆心，压力可达几万个大气压；持续的时间很短，一般为毫秒级。爆炸物在引爆之后，变成高温，高压气体，该气体被周围的水围成气泡。气泡内部的高压将驱使周围的流体以小于声速的速度向外扩散运动（滞后流），在此阶段，将水看成不可压缩的介质。由于惯性的作用，气泡将过度膨胀，同时其内部压力减小，直至占外部流体静水压很小的一部分，气泡表面的负压差使气泡的膨胀运动停止，并使气泡产生收缩（坍塌）运动，收缩过程由流场中周围流体静压力驱动，该过程将会继续，直至不断增加的内部气泡压力将该过程瞬间逆转过来。气体和水的弹性特性为气泡振荡提供条件，该过程称为气泡脉动，直至破裂。气泡排开一部分密度比内部气体大的流体，排开的流体重量远远超过了气泡内部的气体的重量，这就提供了浮力。浮力使气泡向上移动，由浮力及重力作用产生的气泡运动及其向上迁移的过程如图 7.5.1 所示。水下爆炸脉动气泡的特点是：脉动气泡能产生很高的压力，其幅值为冲击波压力的 20% 左右；持续的时间约为秒级。气泡脉动是空中爆炸所没有、水下爆炸所特有的现象。

水下爆炸冲击波和气泡载荷均会对附近的结构产生强大的作用力，使其损坏。但由于它们的强度和作用时间不同，这两种载荷造成的结构损伤模式不同。冲击波所经过的介质，在冲击波强大的压力作用下，迅速地屈服，发生严重的损伤，直至断裂。由于冲击波的持续时间很短，其对自振周期在毫秒级的结构具有非常大的损伤力，而自振周期在毫秒级附近的结构在船体上一般为局部结构，如板、板格或板架，因此水下冲击波对局部结构的损伤很严重，对船体结构的总体破坏影响很小。

20 世纪 80 年代以前，水下爆炸损伤相关研究绝大部分集中于冲击波造成的结构破坏。但是，从 80 年代中期起，人们意识到气泡对结构的损伤可能比冲击波更严重。原因是，水下冲击波往往造成局部损伤，而现代舰船的设计

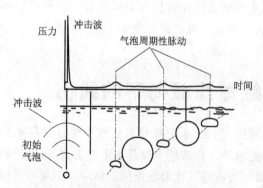

图 7.5.1　水下爆炸冲击波和气泡脉动简图

有足够的强度储备来抵抗局部损伤。因此,水下冲击波一般不会造成舰船的沉没。但是,气泡不同,气泡运动驱使周围大面积流体的运动,形成滞后流,气泡脉动产生脉动压力,滞后流及脉动压力对舰船造成总体破坏。如果舰船的固有频率与气泡脉动频率一致,会引起结构的鞭状效应,加剧对舰船的破坏作用,危及舰船的总纵强度,船体将拦腰折断。此时,船体结构通常还将遭受气泡坍塌形成的射流的破坏作用,致使折断的船体很快沉入水中,其破坏过程如图7.5.2所示。

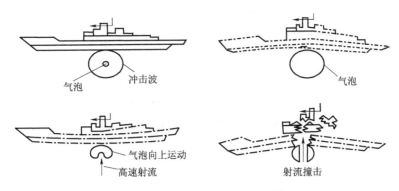

图 7.5.2　水下爆炸气泡对舰船的毁伤

2. 射流现象

为了揭示气泡的动力学特性,最初人们研究的是球对称气泡的运动[7-12]。多年之后,人们发现大多数情况下,气泡坍塌阶段呈现的是非球对称的形式。一些物理试验和数值研究清楚地显示:当气泡在结构表面附近振荡时(假设浮力可被忽略,且气泡处于稳定的流场中),气泡在膨胀阶段被结构表面轻微地排斥开,而在坍塌阶段被结构表面强烈地吸引,这时在气泡内部将会形成一股射流,这股射流产生于远离结构表面的一边,并且高速穿过气泡,直到它撞击到气泡壁的另一边[7-13~7-15]。射流成因可以用著名的 Bjerknes 效应来解释。在不计及浮力影响的情况下,边界附近气泡形成射流的过程如图7.5.3所示。

另一方面,如果气泡在自由表面附近振荡,再次假定气泡处于零浮力且稳定的流场中,这时在气泡的坍塌阶段也能形成一股射流,这股射流的方向是远离自由面的,总的来说,气泡将会被自由表面击退。由边界影响使气泡产生的射流,称为边界诱导射流[7-16~7-18]。

后来,通过研究发现,即使当气泡附近不存在任何边界时,由于重力影响,气泡内部仍然会产生射流,如图7.5.4所示,气泡射流由流体中的静压力梯度产生。这种类型的射流

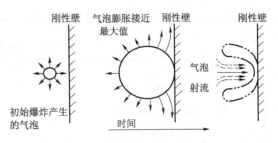

图 7.5.3　边界附近气泡射流形成的过程

称为引力诱导射流。同样,随着气泡的运动,形成的射流有可能会穿透到气泡的另一侧,气泡则变成多连通的,从而形成环状气泡。环状气泡将继续向上移动并继续收缩,直到某一平衡位置处气泡迅速停止收缩。这时,气泡变得不稳定,可能破裂成更小的气泡或者膨胀时又融合成一个气泡。这种现象在大气泡和小气泡中均会发生,但是在水下爆炸气泡中更为普遍[7-19]。

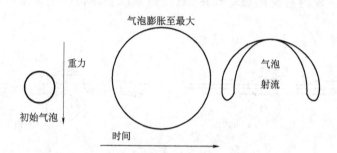

图 7.5.4　重力场中气泡射流形成的过程

3. 气泡能量

水下爆炸主要呈现两个阶段:冲击波和气泡。这两个能量可以根据气泡脉动周期的试验值算出[7-5]。冲击波能量的计算公式为

$$E_p = K_1 4\pi r^2 / (\rho_0 c_0) \times \int_0^{6.7\theta} p(t)^2 \, dt \qquad (7.5.1)$$

气泡能量的计算公式为

$$E_B = K_2 T^3 / m_\omega \qquad (7.5.2)$$

式中,K_1 和 K_2 为与装药有关的经验系数;r 为距炸点的距离(m);m_ω 为装药质量(kg);ρ_0 为水的密度(kg·m^{-3});c_0 为水中声速(m·s^{-1});$p(t)$ 为冲击波压力(MPa);θ 为冲击波衰减系数;T 为气泡脉动周期。

冲击波具有压力峰值大、频率高等特征,如图 7.5.2 所示;而气泡脉动压力虽然压力峰值较小,但是作用时间很长,具有低频特征,对水中结构特别是水面舰船具有很强的破坏力。研究表明,气泡在第一次坍塌(脉动)后,气泡内的剩余能量只有初始能量的 7% 左右(见表7.5.1),所以一般只考虑一次脉动对水中结构的破坏作用。

表 7.5.1　水中爆炸的能量分配　　　　　　　　　　　　　　　　　　%

项目	爆炸能量的消耗	留给下次脉动的能量
用于冲击波的形成	59	41
用于第一次气泡脉动	27	14
用于第二次气泡脉动	6.4	7.6

7.5.2　水下爆炸冲击波

水下爆炸冲击波的表征参数主要是峰值压力和比冲量。对于铸装 TNT 球形装药,水下爆炸所产生的冲击波的峰值[7-20]和冲击波的能量和冲量[7-5]为

$$p(t) = \begin{cases} p_{\mathrm{m}} \mathrm{e}^{-\frac{t}{\theta}} & t < \theta \\ 0.368 p_{\mathrm{m}} \dfrac{\theta}{t} \left[1 - \left(\dfrac{t}{t_+} \right)^{1.5} \right] & \theta < t < t_+ \end{cases} \quad\quad (7.5.3)$$

$$p_{\mathrm{m}} = \begin{cases} 44.1 \times 10^6 \left(\dfrac{\sqrt[3]{m_\omega}}{r} \right)^{1.5} & 6 \leqslant \dfrac{r}{r_0} < 12 \\ 52.4 \times 10^6 \left(\dfrac{\sqrt[3]{m_\omega}}{r} \right)^{1.13} & 12 \leqslant \dfrac{r}{r_0} \leqslant 240 \end{cases} \quad\quad (7.5.4)$$

$$\theta = 0.084 \times \sqrt[3]{m_\omega} \left(\frac{\sqrt[3]{m_\omega}}{r} \right)^{-0.23} \quad\quad (7.5.5)$$

$$i = 5\,768 \times \sqrt[3]{m_\omega} \left(\frac{\sqrt[3]{m_\omega}}{r} \right)^{0.89} \qu\quad (7.5.6)$$

$$E_{\mathrm{sh}} = 8.14 \times 10^4 m_\omega^{1/3} \left(\frac{m_\omega^{1/3}}{r} \right)^{2.05} \quad\quad (7.5.7)$$

$$u_{\mathrm{sh}} = \frac{p(t)}{\rho_0 c_0} + \frac{\int_0^t p(\tau) \mathrm{d}\tau}{\rho_0 r} \qu\quad (7.5.8)$$

式中,$p(t)$ 是冲击波压力(Pa);p_{m} 是冲击波峰值压力(Pa),早期的冲击波以指数形状衰减,当 $t > \theta$ 以后,冲击波衰减变慢,以近似于时间倒数的关系衰减;t_+ 是冲击波正压作用时间(ms);θ 是冲击波衰减系数(ms);m_ω 是装药质量(kg);r 为距炸点距离(m);r_0 为装药半径(m);i 是比冲量(N·s/m²);E_{sh} 是冲击波在单位面积通过的能量(J/m²);u_{sh} 是冲击波及过后的流体粒子速度,由冲击波波头粒子速度(右边第一项)和滞后流速(右边第二项)组成,滞后流的最大速度出现在冲击波的冲量达到最大值时。对于 TNT 球形装药,单位体积滞后流的最大能量为

$$E_{\mathrm{a}} = 0.5 \rho_0 u_{\mathrm{sh}}^2 = 0.204 E_{\mathrm{sh}} m_\omega^{0.235} / r^{1.73} \quad\quad (7.5.9)$$

从式(7.5.9)可以看到,滞后流的能量基本以爆炸距离 r 的 3.78 次方的关系衰减。当距爆点比较近时,滞后流的能量不能忽略;当据爆点比较远时,滞后流的能量可以忽略。

7.5.3　气泡的脉动

若忽略浮力的影响,并认为水是不可压缩的,则在自由水域中,气泡外的水是向外做径向运动的,气泡的能量守恒形式为

$$2\pi\rho_0 R_b^3 \left(\frac{dR_b}{dt}\right)^2 + \frac{4}{3}\pi p_0 R_b^3 + E(R_{bmax}) = E_b \tag{7.5.10}$$

其中，R_b 是气泡的半径（m）；p_0 是静水压力（Pa），ρ_0 是水的密度（kg/m³）；$E(R_{bmax})$ 为气泡在最大半径时 R_{bmax} 的内能；E_b 为气泡的总能量，$E_b = \eta Q m_\omega$，其中，Q 是装药的爆轰能，η 为冲击波过后的余能率；其余参数含义同前。

公式第一项是气泡径向运动引起的流体径向动能，第二项为气泡膨胀至 R_b 过程中对静水压力所做的功。相对于气泡的脉动做功而言，气体的内能较小。如果忽略气体的内能项，则有

$$\frac{4}{3}\pi p_0 R_{bmax}^3 = E_b \tag{7.5.11}$$

其中，R_{bmax} 是气泡最大半径（m）。该公式说明：当气泡半径达到最大时，$dR_b/dt = 0$。将式（7.5.11）代入式（7.5.10），并假设 $E(R_{bamx} = 0)$，则变换式（7.5.10）并积分得到

$$t = \left(\frac{3\rho_0}{2P_0}\right)^{1/2} \int_{R_{b0}}^{R_b} \left[(R_{bmax}/R) - 1\right]^{1/2} dR \tag{7.5.12}$$

其中，R_{b0} 是气泡初始半径。和 R_{bmax} 相比，R_{b0} 的值要小得多。若假设 $R_{b0} = 0$，则式（7.5.12）变为

$$T = 1.83 R_{bmax} \left(\frac{\rho_0}{p_0}\right)^{1/2} \tag{7.5.13}$$

式中，T 是第一次气泡脉动周期（s）。由于总能量 E_b 和装药质量 m_ω 成比例关系，因此将式（7.5.11）代入上式，得

$$T = K_T \frac{m_\omega^{1/3}}{p_0^{5/6}} \tag{7.5.14}$$

其中，K_T 是与装药相关的常数。对于 TNT 而言，如果将 p_0 用深度 h_b 来表示，则有经验公式：

$$T = 2.11 \times \frac{m_\omega^{1/3}}{(h_b + 10)^{5/6}} \tag{7.5.15}$$

式中，h_b 是气泡膨胀到最大半径时对应的等效水深（m）。同理，式（7.5.11）也可写成

$$R_{bmax} = K_R \frac{m_\omega^{1/3}}{p_0^{1/3}} \tag{7.5.16}$$

式中，K_R 也是与装药相关的常数。将 R_{bmax} 写成 h_b 的函数，则有

$$R_{bmax} = 3.5 \times \left(\frac{m_\omega}{h_b + 10}\right)^{1/3} \tag{7.5.17}$$

7.5.4　气泡脉动引起的压力

在气泡的运动过程中，应用可变半径气泡运动的速度势，可以导出气泡运动引起的压力[7-5]：

$$\frac{p(t)}{\rho_0} = gh_z + \frac{1}{r}\frac{\mathrm{d}}{\mathrm{d}t}\left(R_\mathrm{b}^2\frac{\mathrm{d}R_\mathrm{b}}{\mathrm{d}t}\right) + \frac{1}{2}\frac{R_\mathrm{b}}{r^2}\left(R_\mathrm{b}\frac{\mathrm{d}U}{\mathrm{d}t} + 5U\frac{\mathrm{d}R_\mathrm{b}}{\mathrm{d}t}\right)\cos\theta +$$

$$\frac{R_\mathrm{b}^3}{r^3}\cdot U^2\left(\cos^2\theta - \frac{1}{2}\sin^2\theta\right) - \left[\frac{1}{2}\frac{R_\mathrm{b}^4}{r^4}\left(\frac{\mathrm{d}R_\mathrm{b}}{\mathrm{d}t}\right)^2 + \frac{R_\mathrm{b}^5}{r^5}U\frac{\mathrm{d}R_\mathrm{b}}{\mathrm{d}t}\cos\theta +$$

$$\frac{1}{2}\frac{R_\mathrm{b}^6}{r^6}U^2\left(\cos^2\theta + \frac{1}{4}\sin^2\theta\right)\right] \tag{7.5.18}$$

式中，h_z 是气泡所处位置流体静压力的等效水深(m)；U 是气泡上浮速度(m/s)；其余参数含义同前。

　　上式中右端第 1 项为静水压力，第 2、3、4 为气泡运动引起的压力项，最后一项为流体运动引起的动力负压。在气泡压缩到最小时，气泡的浮力变得很小，上浮速度可以认为是常量，主要考虑气泡运动引起的流体力和由气泡收缩引起气泡内压力的变化，这时脉动压力可以用下式表示[7-5]：

$$\frac{p(t)}{\rho_0} = gh_z + \frac{R_\mathrm{b}}{R}\left[\frac{1}{2}\left(\frac{\mathrm{d}R_\mathrm{b}}{\mathrm{d}t}\right)^2 + \frac{1}{4}U^2 + \frac{k}{\rho_0}\left(\frac{V}{m_\omega}\right)^{-\gamma}\right] \tag{7.5.19}$$

式中，k 是与 CJ 点爆轰产物压力和体积有关的常数；γ 是等熵指数；V 是爆轰产物的体积(m³)。

　　在无限域中，不考虑气泡的上浮，水下爆炸二次脉动压力波的比冲量估算公式为[7-5]

$$i_\mathrm{s} = 2.277\frac{(\eta Q m_\omega)^{2/3}}{h_\mathrm{b}^{1/6}R_\mathrm{b}} \tag{7.5.20}$$

　　公式中参数的含义同前。对于 TNT 装药，一般取余能率 $\eta = 0.41$，$Q = 4.29\times10^6$ J/kg，则 TNT 装药的二次脉动压力波的比冲量为 $i_\mathrm{s} = 3.424\times10^4\,m_\omega^{2.3}/(h_\mathrm{b}^{1/6}R_\mathrm{b})$。可以看出，二次脉动压力的比冲量随着爆炸深度的增加略有下降。通常，脉动压力的比冲量比冲击波的大，但这不意味着气泡脉动压力对舰船结构的破坏力比冲击波的大，主要是因为它的压力峰值比冲击波小得多。但对于低频的鞭状破坏(Whipping 破坏)和低频安装的设备，其破坏力就相当可观，此时不能忽略。

7.5.5　水下爆炸载荷的半经验公式

　　由于式(7.5.10)～式(7.5.19)用来计算气泡的运动和载荷的过程比较复杂，不利于工程应用，因此需要一种工程上实用的半解析半经验的公式计算爆炸整个过程的压力。该压力过程要能够在压力值、比冲量和流体速度等方面都与实际情况比较一致。

　　将爆炸载荷分为五个阶段：指数衰减阶段、倒数衰减阶段、倒数衰减后段、气泡膨胀收缩段和脉动压力段。由于一次气泡脉动后，气泡内的剩余能量只有初始能量的 7% 左右，在考虑对舰船的破坏效应时不作考虑。

　　指数衰减阶段为冲击波的波头，炸药的爆轰波进入水中产生的冲击波波头，在时间域上以指数形式迅速衰减，完全独立于气泡的运动和泡内压力的变化。当时间超过衰减常数 θ 时，该阶段结束。

倒数衰减导数阶段为冲击波中段,爆炸生成物产生的气泡内的高压迫使气泡边界迅速向外膨胀引起压力。这一阶段冲击波的衰减速度要慢很多,基本上以时间的倒数关系衰减,压力幅值较高,气泡内为正压,滞后流引起的负压可忽略。

倒数衰减后段为冲击波的尾段,仍然是由爆炸生成物产生的气泡内的高压压迫周围流体引起压力。这一阶段冲击波的特征与倒数衰减阶段基本一致。由于这一阶段滞后流达到最大值,必须考虑流动引起的负压效应。该阶段结束,气泡内的压力与流体的外部压力相等,气泡不向外辐射压力。

气泡膨胀收缩阶段的压力与冲击波已经完全没有关系,主要是由气泡内部的压力、流体外压和流体的惯性控制气泡的运动和流体的压力。这一阶段的压力为负超压,表示气泡内的压力小于流体静压力。

脉动压力阶段为气泡收缩到最小并再次向外膨胀的阶段。

关于冲击波的三个阶段和随后的气泡膨胀收缩阶段(还没有到脉动阶段)的压力,Zamyshlyayev[7-20] 给出了解析公式。这些公式的计算结果与 Cole 的气泡运动计算结果符合较好。指数衰减阶段由式(7.5.3)确定,倒数衰减阶段与式(7.5.3)基本一致。为完整起见,把冲击波波头到气泡膨胀收缩阶段的压力波计算公式全部列出。

$$p(t) = p_\mathrm{m}\mathrm{e}^{-\frac{t}{\theta}} \quad t < \theta \tag{7.5.21}$$

$$p(t) = 0.368 p_\mathrm{m} \frac{\theta}{t}\left[1 - \left(\frac{t}{t_+}\right)^{1.5}\right] \quad \theta \leqslant t < t_1 \tag{7.5.22}$$

$$p(t) = p^*\left[1 - \left(\frac{t}{t_+}\right)^{1.5}\right] - \Delta p \quad t_1 \leqslant t < t_+ \tag{7.5.23}$$

$$p(t) = \frac{10^5}{\overline{r}}\left(\frac{0.686 \overline{p}_0^{0.96}}{\xi} + 5.978 \overline{p}_0^{0.62}\frac{1 - \xi^2}{\xi^{0.92}} - 30.1 \overline{p}_0^{0.65}\xi^{0.36}\right) -$$

$$\frac{1.73 \times 10^{10}}{\overline{r}\,\overline{p}_0^{0.43}}(1 - \xi^2)\xi^{0.1} \quad t_+ \leqslant t < T - t_2 \tag{7.5.24}$$

式(7.5.21)是指数衰减阶段压力波,式(7.5.22)是倒数衰减前段压力波,式(7.5.23)是倒数衰减后段压力波,式(7.5.24)是气泡膨胀收缩阶段压力波。其中,p_m 是冲击波压力峰值,Pa;θ 是冲击波时间衰减常数(s),由下式表示:

$$\theta = \begin{cases} 0.45 r_0 \cdot \overline{r}^{0.45} \cdot 10^{-3} & \text{当 } \overline{r} \leqslant 30 \text{ 时} \\ 3.5 \dfrac{r_0}{c_0}\sqrt{\lg \overline{r} - 0.9} & \text{当 } \overline{r} > 30 \text{ 时} \end{cases} \tag{7.5.25}$$

式中,$\overline{r} = r/r_0$;r 是距爆心距离(m);r_0 是装药半径(m);t_1 可以用公式 $\overline{t_1} = c_0 t_1 / r_0$ 获得;$\overline{t_1}$ 由下式得到:

$$\frac{\overline{t_1}}{(\overline{t_1} + 5.2 - m)^{0.87}} = 4.9 \times 10^{-10} p_\mathrm{m}\overline{r}\theta \frac{c_0}{r_0} \tag{7.5.26}$$

其中,$m = 11.4 - 10.06/\overline{r}^{0.13} + 1.51/\overline{r}^{1.26}$。

t_+ 是冲击波正压作用时间:

$$t_+ = \left(\frac{850}{\overline{p_0}^{0.81}} - \frac{20}{\overline{p_0}^{1/3}} + m \right) \frac{r_0}{c_0} \tag{7.5.27}$$

式中,$\overline{p_0} = p_0/p_{atm}$,其中,$p_0$ 是爆心处流体静压(Pa),$p_0 = p_{atm} + \rho_0 g H_0$,$p_{atm}$ 是大气压(Pa),ρ_0 是水密度,H_0 是爆心的初始深度(m);c_0 是水中声速(m/s)。

p^* 可以用下式表示:

$$p^* = \frac{7.173 \times 10^8}{\overline{r}(\overline{t} + 5.2 - m)^{0.87}} \tag{7.5.28}$$

式中,$\overline{t} = c_0 t/r_0$。

$$\Delta p = \frac{10^5}{\overline{r}^4}(5\,635\overline{t}^{\,0.54} - 0.113\,\overline{p_0}^{\,1.15} \cdot \overline{t}^{\,2}) \tag{7.5.29}$$

$$\xi = \sin \frac{\pi \overline{t}}{2\,\overline{t}_m} \tag{7.5.30}$$

其中,$\overline{t}_m = \dfrac{4\,350}{\overline{p_0}^{0.83}} - \dfrac{30.7}{\overline{p_0}^{0.35}} + m$。

取正态指数波形作为脉动压力的波形,则脉动压力可以表示为

$$p(t) = p_{m1} e^{-(t-T)^2/\theta_1^2} \quad T - t_2 < t \leqslant T + t_2 \tag{7.5.31}$$

需要确定的是公式中二次脉动的峰值压力 p_{m1} 和衰减常数 θ_1。Cole[7-5] 估算出 TNT 装药在不考虑气泡向上运动条件下的峰值压力为 $7.1 \times 10^6 m_\omega/r$(Pa),气泡移动时压力有明显下降。另外,气泡运动方程计算结果表明:气泡脉动压力峰值不但与药量和距离有关,与爆炸深度的关系也十分密切。爆炸深度越深,峰值压力越大,衰减也越快,正压作用时间也越短。所以峰值压力必然是爆炸深度的函数。此外,由于气泡脉动源一直向上运动,压力辐射源是一移动源,当爆炸点距自由面比较近,到气泡第一次压缩到最小时已经上浮相当的距离,所以必须以气泡压缩至最小的位置作为脉动压力的起点。

在确定峰值压力时,通常要与衰减常数 θ_1 的选取结合进行,这样既保证压力峰值的精度,又使脉动压力的冲量有良好的精度,还能减少爆炸引起的流体速度误差。通过单参数的归纳和综合,得到如下精度较高的脉动压力参数的计算公式:

$$p_{m1} = \frac{39 \times 10^6 + 24 p_0}{\overline{r}_{bc}} \tag{7.5.32}$$

$$\theta_1 = 20.7 \frac{r_0}{p_0^{0.41}} \tag{7.5.33}$$

$$t_2 = 3\,290 \frac{r_0}{p_0^{0.71}} \tag{7.5.34}$$

$$\overline{r_{bc}} = \frac{r_{bc}}{r_0} \tag{7.5.35}$$

$$r_{bc} = \sqrt{r^2 + \Delta H^2 - 2r\Delta H \sin \varphi} \tag{7.5.36}$$

上式中,p_{m1} 为二次脉动压力峰值(Pa);θ_1 为二次脉动压力时间衰减常数(s);r_{bc} 是测点距气泡

中心距离(m);φ为爆心与观测点之间连线与水平线的夹角;其他符号与前面相同。

7.5.6　水下爆炸作用下舰船结构毁伤评估

由于气泡载荷作用于船体,船体会产生明显的鞭状运动,船体剖面会出现较大的弯矩,船体梁可能发生折断,舰船存在一次性毁伤的危险。

水下爆炸载荷作用下船体的强度评估关系到舰艇战时的生命力,在生命力评估体系中占有重要的地位。目前为止,大部分的评估方法均是围绕冲击波破坏而展开的,常采用安全半径、破坏半径的评估准则。针对舰船总体折断的极限破坏模式,曾令玉[7-21]基于极限强度评估舰船的总体毁伤,采用剖面极限弯矩表征舰船结构的承载能力。

1. 评估方法概述

舰船在服役期间大部分时间处于波浪中,受波浪弯矩的作用,此时如果舰船遭受鱼雷或水雷等水下武器攻击,舰船将承受波浪载荷和水下爆炸载荷的联合作用。在进行总体毁伤评估时,应同时考虑波浪载荷和水下爆炸载荷。实际中,波浪载荷具有随机性,波浪载荷与水下爆炸载荷的相互影响也非常复杂,对这些因素进行细致全面的考虑存在较大困难,因此可以作一些合理的假设,使问题简化而易于分析。

首先假设波浪为规则波,波形采用坦谷波;低级别的海况当做静水工况处理,对于高级别海况,假设水下爆炸时船体与波浪相对静止,即爆炸过程中波浪载荷不变,这一假设与计算波浪弯矩时的静置法相配合。

根据以上假设,将舰船遭受水下爆炸时受到的载荷分解为水下爆炸载荷和波浪载荷。波浪载荷采用静置法计算。将“人造波浪”弯矩 M_b、静水弯矩 M_s 和波浪附加弯矩 M_w 叠加得到总弯矩 $M = M_b + M_s + M_w$,以 M 作为水下爆炸时舰船承受的总体外载荷,然后采用极限弯矩 M_u 进行评估。总体毁伤的评估流程如图 7.5.5 所示。

在确定了海浪级别后,选择波峰和波谷位于船肿两种波浪状态,再根据已知的爆炸参数和船体参数,计算出各种弯矩的值,然后以 $M_b + M_s + M_w \geqslant M_u$ 为准则判断舰船是否会发生总体折断的极限毁伤模式。

在评估过程中,选择船肿剖面和船长 $l/4$ 剖面作为评估对象;船体鞭状振动时,船体剖面内的弯矩是动态变化的,因此,每种波浪状态下,剖面内对应两个弯矩最大值,分别为正负最大值,对这两个最大值分别用对应的极限弯矩值进行校核。

在计算极限弯矩时,考虑了冲击波的影响。舰船在遭受水下爆炸时,船体先受冲击波的作用可能出现局部破口或变形,然后破损船体在气泡载荷作用下产生鞭状运动,剖面内承受动弯矩的作用,因此,在评估舰船总体极限毁伤时,计及了冲击波导致的破口对船体承载能力的削弱。

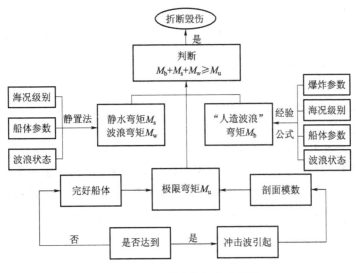

图 7.5.5　总体毁伤评估流程图

2. 波浪载荷计算

对于整个船体而言,重力和浮力是相互平衡的,但沿船长度的分布是不均匀的,这就会使船体梁横剖面内产生剪力和弯矩,船体梁发生总体弯曲。波浪的作用会加剧重力和浮力分布的不均匀性,从而加剧船体梁的弯曲。

采用静置法[7-22]计算总纵弯曲和剪力是总纵强度校核时的基本环节。静置法中,船舶与波浪相对静止,不考虑船舶和波浪的动力因素,此外假设波浪是规则波,常常采用坦谷波理论。静置法计算总纵弯矩的步骤如下。

(1)计算质量分布曲线 $p(x)$

质量曲线是各种装载状态下全船质量沿船长分布状况的反映。绘制质量曲线时,需要给出各种质量重心数据以及质量沿纵向分布的船体中纵剖面图。实际操作中,为了便于积分运算,常采用近似算法,通常将船长分成 20 个等距的理论站距,然后对每个理论站距取该站距质量的平均值构成阶梯形质量曲线。经验表明,该种处理方法具有足够的精度。

(2)计算静水浮力分布曲线 $b_s(x)$

一定装载状态下的排水量和重心位置是已知的,船体的静水力曲线和邦戎曲线等资料已经具备,那么静水浮力曲线就可以计算得出。该步骤的重点在于确定船舶的实际平衡位置,一般采用逐步迭代法,求出首尾吃水。

(3)计算静水载荷分布曲线 $q_s(x)$

在质量分布曲线和静水浮力曲线确定后,就可根据式 $q_s(x) = p(x) - b_s(x)$,计算出静水载荷曲线。静水载荷以垂直向下为正。

（4）计算静水剪力及弯矩

根据积分式 $N_s(x) = \int_0^x q_s(x)\mathrm{d}x, M_s(x) = \int_0^x N_s(x)\mathrm{d}x$ 计算静水弯矩和剪力,常采用数值积分方法进行计算,如梯形法或辛普生法等。

（5）计算波浪附加剪力及弯矩

在给定浪级的情况下,根据一定的修正系数[21]确定波浪波长和波高,然后,与"人造波浪"弯矩的计算状态相对应,选择波峰和波谷位于船肿两种状态进行计算。坦谷波相对于波轴线不对称,船首尾形状相对于船肿剖面也不对称,因此,波浪中船体的平衡位置相对于静水中要发生变化,需要重新确定,同样可采用迭代法进行计算。确定新的平衡位置后,可以根据邦戎曲线计算出波浪中的浮力分布曲线,用波浪中的浮力曲线减去静水中的浮力分布曲线即为附加浮力曲线 $\Delta b(x)$。然后由积分式 $N_w(x) = \int_0^x \Delta b(x)\mathrm{d}x, M_w(x) = \int_0^x N_w(x)\mathrm{d}x$ 计算出波浪附加剪力和弯矩。

3. 极限弯矩计算

极限弯矩是表征船舶总体极限承载能力的物理量。目前为止,船体极限弯矩的计算方法主要有非线性有限元分析法、Caldwell法、理想结构单元法和Smith法等。为了简化起见,采用军规[7-23]中的极限弯矩计算方法。

按军规,极限弯矩 M_u 为离中和轴最远的刚性构件在拉伸时可达到材料屈服强度或在压缩时可达到临界应力的弯矩,可根据剖面的弯曲状态和中和轴位置分别按下式计算:

$$M_u = \sigma_s W_{yh} \times 10^{-1} \tag{7.5.37}$$

$$M_u = \sigma_{cr} W_{ys} \times 10^{-1} \tag{7.5.38}$$

式中,σ_s 为所校核面距中和轴最远点刚性构件材料的屈服应力(MPa);W_{yh} 为假定距中和轴最远点构件的应力等于材料屈服强度时的最小剖面模数($\mathrm{cm}^2 \cdot \mathrm{m}$);$\sigma_{cr}$ 为所校核剖面距中和轴最远点构件的临界应力(MPa);W_{ys} 为假定距中和轴最远点构件中的应力等于临界应力时,经折减后的剖面模数($\mathrm{cm}^2 \cdot \mathrm{m}$)。

对于水面舰船,一般船底较甲板结构强,甲板结构比底部结构距中和轴远。因此,当甲板受压缩时,船体极限弯矩(符号为负)按公式(7.5.38)计算,即取甲板结构临界应力与相应甲板剖面模数(计及甲板板减缩)的乘积,但不大于船底剖面模数与材料屈服强度的乘积;当甲板受拉伸时,船体极限弯矩(符号为正)按公式(7.5.37)计算,即取甲板材料屈服应力与相应剖面模数的乘积,但不大于船底剖面模数与船底板架临界应力的乘积。

当爆炸发生在离船体较近的地方时,舰船总体承受动弯矩,前船体迎爆面局部结构会受到冲击波的初次毁伤出现破口,剖面承载能力下降。计算剖面模数时,可忽略失效构件的贡献,以此来反映这一因素的影响。冲击波的作用时间非常短暂,此时舱室进水和船体倾斜几乎还来不及发生,可不考虑其对外载荷的影响。

对于非接触爆炸,船体在一定的条件下才会产生破口,因此,在计算极限弯矩前,需要判断校核爆炸工况是否会产生破口。判断方法为:检验爆距是否小于舰船的破坏半径,若是,再计算破口的大小,确定失效的构件,然后再计算剖面模数。破坏半径采用下式计算[7-24]:

$$R_s = 0.11C_{x1}C_{x2}k_h m_\omega^{1/3}[E_s \cdot D/(h \cdot \sigma_{sc})]^{0.885} \times 10^{-4} \qquad (7.5.39)$$

其中,R_s 为水面舰船破坏半径(m);C_{x1} 为舰船排水量修正系数;C_{x2} 为攻击角度修正系数;k_h 为海底反射系数;m_ω 为药量(kg);E_s 为船体外板弹性模量(MPa);D 为底部板架纵桁间距(m);h 为船体外板厚度(m);σ_{sc} 为船体板材屈服应力(MPa)。破口半径采用式(7.4.8)估算。

4. 人造波浪弯矩计算

水下爆炸气泡载荷对舰船总体的毁伤作用称为"人造波浪"毁伤。研究波浪作用下舰船的总纵强度时,采用波浪弯矩描述波浪载荷作用大小是常用的做法之一。气泡脉动载荷作用下,舰船总体的响应主要为垂向弯曲振动,水平弯曲振动可以忽略不计。与波浪弯矩相对应,采用气泡脉动载荷引起的船体横剖面处的垂向弯矩描述气泡脉动载荷对舰船总体作用大小,将该弯矩称为"人造波浪"弯矩,用 M_b 表示。

定义参数 C_H 为装药质量和装药所处水深对"人造波浪"弯矩的影响,其表达式如下:

$$C_H = \sqrt{\frac{m_\omega}{H}} \qquad (7.5.40)$$

其中,m_ω 为装药质量(TNT);H 为装药所处位置的水深。

对于典型的水面舰船,静水中($C_w = 1$,C_w 为考虑浪级影响的修正系数),船舯剖面的"人造波浪"弯矩的预报公式为

$$M_b = C_\Delta \cdot G(\alpha_p) \cdot A(\beta_p) \cdot B(\psi) \cdot M_0(C_H) \qquad (7.5.41)$$

对于正弯矩最大值(正峰值):

$$\begin{cases} M_0(C_H) = \begin{cases} 0.78e^{0.814C_H - 0.707} + 0.16\sin(3.388C_H + 0.51) - 0.652 & C_H < 1.4 \\ 2.43C_H - 2.97 & C_H \geqslant 1.4 \end{cases} \\ C_\Delta = -0.545e^{0.106\Delta - 0.258} + 1.614 \\ G(\alpha_p) = 1/\sqrt{-0.196\alpha_p^4 + 0.956\alpha_p^3 + 0.211\alpha_p^2 - 3.176\alpha_p + 3.185} \\ A(\beta_p) = 1 - 0.72\beta_p^2 \\ B(\psi) = 0.55\ln\psi - 1.47 \end{cases}$$

$$(7.5.42)$$

式中,α_p 是舰船频率参数,$\alpha_p = f/f_0$,其中,$f = 1/T$ 为气泡的脉动频率,f_0 为舰船的总体基频,T 为气泡的脉动周期,T 可以采用式(7.5.15)的经验公式,也可以按照下式计算[7-25]:

$$T = 0.308 \frac{m_\omega^{1/3}}{[1.03 \times (1 + 0.1H)]^{5/6}} \qquad (7.5.43)$$

β_p 为长度参数,$\beta_p = 2x/L$,x 为爆炸点沿船长方向距船中剖面的距离,L 为船的长度;ψ 为爆炸

方位角；$G(\alpha_p)$ 是频率参数修正系数；C_Δ 为排水量修正系数；Δ 为排水量；

对于负弯矩最大值（负峰值）：

$$
\begin{cases}
M_0(C_H) = \begin{cases} 0.77e^{0.747C_H - 0.721} + 0.153\sin(3.346C_H + 0.50) - 0.624 & C_H < 1.4 \\ 2.256C_H - 2.85 & C_H \geqslant 1.4 \end{cases} \\
C_\Delta = -0.545e^{0.106\Delta - 0.258} + 1.614 \\
G(\alpha_p) = 1/\sqrt{-0.196\alpha_p^4 + 0.956\alpha_p^3 + 0.211\alpha_p^2 - 3.176\alpha_p + 3.185} \\
A(\beta_p) = 1 - 0.61\beta_p^2 \\
B(\psi) = 0.0098\psi + 0.13
\end{cases}
$$

$$(7.5.44)$$

静水中，1/4 船长处的"人造波浪"弯矩的预报公式如下。

正弯矩最大值：

$$
\begin{cases}
M_0(C_H) = \begin{cases} (0.68 - 0.07C_H)[0.78e^{0.814C_H - 0.707} + 0.16\sin(3.388C_H + 0.51) - 0.652] & C_H < 1.4 \\ (0.68 - 0.07C_H)(2.43C_H - 2.97) & C_H \geqslant 1.4 \end{cases} \\
C_\Delta = -0.545e^{0.106\Delta - 0.258} + 1.614 \\
G(\alpha_p) = 1/\sqrt{-0.196\alpha_p^4 + 0.956\alpha_p^3 + 0.211\alpha_p^2 - 3.176\alpha_p + 3.185} \\
A(\beta_p) = 0.91e^{-0.32\beta_p} + 0.16\sin(6.78\beta_p - 2.26) + 0.23 \\
B(\psi) = 0.35\ln\psi - 0.58
\end{cases}
$$

$$(7.5.45)$$

负弯矩最大值：

$$
\begin{cases}
M_0(C_H) = \begin{cases} (0.6 - 0.055C_H)[0.77e^{0.747C_H - 0.721} + 0.153\sin(3.346C_H + 0.50) - 0.624] & C_H < 1.4 \\ (0.6 - 0.055C_H)(2.256C_H - 2.85) & C_H \geqslant 1.4 \end{cases} \\
C_\Delta = -0.545e^{0.106\Delta - 0.258} + 1.614 \\
G(\alpha_p) = 1/\sqrt{-0.196\alpha_p^4 + 0.956\alpha_p^3 + 0.211\alpha_p^2 - 3.176\alpha_p + 3.185} \\
A(\beta_p) = 0.72e^{-0.43\beta_p} + 0.16\sin(6.83\beta_p - 2.45) + 0.41 \\
B(\psi) = 0.004\,5\psi + 0.6
\end{cases}
$$

$$(7.5.46)$$

公式(7.5.45)和公式(7.5.46)中 $M_0(C_H)$ 均是在船舯剖面表达式的基础上乘以一个系数表达式。$B(\psi)$ 的表达式形式与船舯剖面的相同，系数稍有变化。$A(\beta_p)$ 的表达式相比则变化较大。

5. 舰船毁伤的危险参数

由"人造波浪"弯矩估算公式可知，爆炸点位于船舯($\beta_p = 0$)时，不同的爆炸方位角 ψ 下，当 C_H 小于临界值 0.3 时，"人造波浪"弯矩非常小，几乎为零，爆炸载荷对舰船总体的作用已经相当小,随着 β_p 增加,这个临界值还会减小。因此,可以取 0.35 为临界值,当 $C_H<0.3$ 时,船体几乎不会发生鞭状运动。

若 C_H 过大,气泡脉动现象不明显,主要是冲击波作用于船体,船体结构往往只会出现局部强度破坏,舰船总体的鞭状运动的幅度不大,总体发生折断的可能性很小。

当 $C_H>3$ 时,几乎不会出现气泡脉动现象,舰船总体也几乎不会出现鞭状运动[7-21]。由此可确定舰船总体发生鞭状运动的参数范围大致为

$$0.3<C_H<3 \tag{7.5.47}$$

并非只要爆炸致使船体发生鞭状运动,就会发生总体折断,由上面的分析可知,舰船是否毁伤,与爆炸参数和海况等诸多因素有关。根据舰船的极限弯矩大小以及对应海况下静水弯矩、波浪弯矩的值,由折断条件可给出能使舰船产生总体折断毁伤的参数组合,将其称为危险参数。

图 7.5.6 所示为微浪或静水工况时,护卫舰、驱逐舰的危险参数分界线。横坐标为参数 C_H,纵坐标为爆炸方位角 ψ。分界线右边区域为舰船毁伤危险区域,左边区域为安全区,该区域内船体只会发生幅度较小的鞭状运动,船体不会折断。从图中可以看到,对于护卫舰,$C_H>1.2$ 时气泡载荷就可能导致船体发生折断;对于驱逐舰,使船体发生折断的 C_H 的临界值需要增加到 1.5 左右。此外还可以看出,爆炸点位于船舯正下方,舰船总体更容易发生折断。

按照图 7.5.6 所示曲线的作法,作出六级海况波谷位于船舯时,典型舰船的危险参数分界线,如图 7.5.7 所示。对比图 7.5.6 和图 7.5.7 可知,在六级海况时,使舰船折断的可选参数范围比静水工况时的要大,即舰船在"人造波浪"弯矩和波浪弯矩联合作用下更易折断。

这里总结的预报公式是基于常规水面舰艇的计算数据,这些水面舰艇具有细长的特点,对于特殊形式的水面舰艇,"人造波浪"弯矩估算公式以及总体毁伤评估方法是否适用还有待进一步的验证。经过计算检验,这里所用的预报公式和评估方法基本不适用于特大型的水面舰艇。

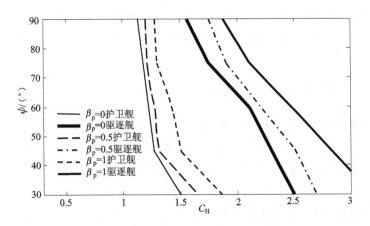

图 7.5.6　护卫舰和驱逐舰危险参数分界线预测(静水状态)

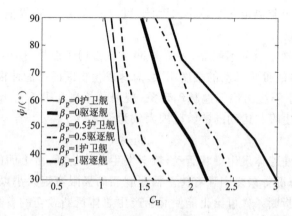

图 7.5.7 护卫舰和驱逐舰危险参数分界线预测(六级海况)

7.6 舰船设备毁伤评估

弹药命中舰艇后产生的爆炸破坏主要分为接触爆炸和非接触爆炸,其区别在于爆炸点是否接触舰艇。从对设备产生的破坏效果来看,舰船设备遭受到的攻击主要包括直接破坏和二次破坏[7-26]。直接破坏主要包括爆炸产生的高温、破片和冲击波超压引起的破坏;二次破坏主要包括冲击破坏、火灾破坏和进水破坏。根据以上破坏方式,对舰船设备在不同弹药攻击下的破坏模式进行分析[7-27]。

7.6.1 直接破坏引起的设备破坏模式分析

爆炸高温破坏、破片破坏、冲击波超压破坏总是伴随着爆炸同时发生,且以爆炸点为中心向四周扩散。在一定的距离内,很难区分是哪种因素造成的破坏。所以,把由这 3 种因素引起的破坏统称为直接破坏。

1. 爆炸高温引起设备的破坏模式分析

设爆炸点坐标为(x_0, y_0, z_0),设备的坐标为(x_1, y_1, z_1),则设备距爆炸点的距离为

$$L_s = \sqrt{(x_1 - x_0)^2 + (y_1 - y_0)^2 + (z_1 - z_0)^2} \tag{7.6.1}$$

爆炸产生高温、高压爆轰产物(俗称火球),其直径为[7-28]

$$D_h = 3.86 m_\omega^{0.32} (3\ 600/T_h)^{1/3} \tag{7.6.2}$$

式中,m_ω是炸药质量(kg);T_h是火球温度(500 K)。

当电气设备位于火球直径范围内,电气设备即遭到爆炸高温破坏,即

$$L_s \leqslant D_h \tag{7.6.3}$$

2. 破片引起设备的破坏模式分析

破片的主要危害是击中设备、损坏部件。不考虑破片沿弹轴方向的分布和飞散方向角的变化,而以爆炸点为中心,当破片呈均匀分布时,单位面积具有穿透设备箱体能力的破片数为

$$n = \frac{N_p}{A_p(s)} \tag{7.6.4}$$

式中,N_p 是具有穿透设备箱体能力的破片总数;$A_p(s)$ 是到达设备箱体处破片分布面积。若设备的尺寸为 $a \times b \times c$,则击中设备的破片数为

$$n = \frac{N_p S_s}{A_p(s)} \tag{7.6.5}$$

其中,S_s 为设备的迎爆面积(m²)。

对于舰船设备而言,某些关键部件只占整个设备面积的一部分。只有击中关键部件,设备才损坏。关键部件所占的面积称为易损面积,引入有效作用系数 K_b:

$$K_b = \frac{\text{易损面积}}{\text{迎爆面积}} \tag{7.6.6}$$

则击中关键部件的破片数为

$$n_g = \frac{K_b N_p S_s}{A_p(s)} \tag{7.6.7}$$

只要 $n_g \geqslant 1$,设备就损坏。

3. 冲击波超压引起设备的破坏模式分析

爆炸产生的冲击波超压可由下面三个方程表示[7-29]:

$$\Delta p(t) = \Delta p_m (1 - \tau_p) e^{-\tau_p \left(1 + \frac{\rho}{0.5 + t}\right)} \tag{7.6.8}$$

$$\tau_p = \frac{(t - t_s)}{t_+} \tag{7.6.9}$$

$$\rho = \frac{228}{r} - 0.95 \tag{7.6.10}$$

式中,$\Delta p(t)$ 是距爆心 r 处的超压值(MPa);r 是距爆心的距离(m);Δp_m 是冲击波超压峰值(MPa);t_s 是冲击波到达的时间(s);t_+ 是正压持续作用时间(s)。

对于空中冲击波,当超压为 $0.071 \sim 0.086$ MPa 时,各类舰艇都受到严重破坏,当超压为 $0.029 \sim 0.044$ MPa 时,各类舰船受到轻微破坏。取其均值 $0.036\ 5$ MPa 作为冲击波超压的破坏依据。

7.6.2　冲击引起设备的破坏模式分析

设备遭受的二次破坏主要分析由冲击引起的设备破坏。舰船设备受到的冲击加速度也可

以用以下经验公式反映[7-30]：

$$a_\mathrm{e} = \frac{k_\mathrm{p}}{r^\xi} \tag{7.6.11}$$

其中，a_e 为舰船设备所受的冲击加速度；k_p 为与装药当量、船底舱强力构件以及水平层总质量和底板有效承载面积有关的常数，对于舰船上的同一个考核点，k_p 为常量；r 为距爆点的距离；ξ 的取值在 20～30 之间。

该经验公式可以利用插值控制点上的爆炸冲击加速度，插值计算非控制点上的装药爆炸对舰船同一设备或部位的冲击加速度。它对于水下爆炸，尤其是当装药只在沿船长方向变动的情况，有较好的精度。

具体来说，对于 m 个插值控制点，在第 i 个非控制点上爆炸后，舰船某一设备或部位受到的冲击加速度为

$$a_\mathrm{i} = \frac{\sum_{j=1}^{m} a_j r_j^\xi}{m \cdot r_i^\xi} \tag{7.6.12}$$

式中，a_j 为装药在第 j 个插值控制点上爆炸时，该设备或部位上的冲击加速度。

7.6.3　舰船设备的冲击破坏判据

将设备的抗冲击设计值作为设备损伤阈值的一个基准。船舶设备的冲击破坏阈值是围绕冲击设备值波动的。设备的冲击破坏判据如下：

① 设备的响应加速度超过设备的允许的冲击加速度 a_cr；

② 设备的响应速度最大值超过设备允许的速度阈值 v_sr。

对于船体和外板安装部位，舰船设备的冲击加速度阈值 a_cr 和速度阈值 v_sr 分别为[7-31]

$$a_\mathrm{cr} = 196.2 \frac{(17.01 + m_\mathrm{a})(5.44 + m_\mathrm{a})}{(2.72 + m_\mathrm{a})^2} \tag{7.6.13}$$

$$v_\mathrm{sr} = 1.52 \frac{5.44 + m_\mathrm{a}}{2.72 + m_\mathrm{a}} \tag{7.6.14}$$

对于甲板安装部位[7-31]：

$$a_\mathrm{cr} = 98.1 \frac{19.05 + m_\mathrm{a}}{2.72 + m_\mathrm{a}} \tag{7.6.15}$$

$$v_\mathrm{sr} = 1.52 \frac{5.44 + m_\mathrm{a}}{2.72 + m_\mathrm{a}} \tag{7.6.16}$$

其中，m_a 是设备的模态质量。对于单自由度系统，其模态质量就是其安装质量。

参 考 文 献

[7-1] 马运义. 对潜艇采用单、双壳体结构的分析意见及建议[J]. 舰船科学技术, 2001(6): 1-9.

[7-2] 朱锡,苗宇,梅志远. 中小型舰艇设置轻型复合装甲的作用及爆炸破片的杀伤威力计算 [J]. 海军工程大学学报,2001,14(7):32-36.

[7-3] Keil A H. The Response of Ships to Underwater Explosions[J]. Transaetions of Soeiety of Naval Arehiteets and Marine Engineers,1961,69,366-410.

[7-4] 孟庆玉,张静远,宋保维. 鱼雷作战效能分析[M]. 北京:国防工业出版社,2003.

[7-5] Cole R H. Underwater Explosion[M]. Princeton:Princeton University Press,1948.

[7-6] 张振华. 舰艇结构水下抗爆能力研究[D]. 武汉:海军工程大学,2004.

[7-7] 姚熊亮,曹宇,郭君,等. 一种用于水面舰船的水下爆炸冲击因子[J]. 哈尔滨:哈尔滨工程大学学报,2007,28(5):501-509.

[7-8] 吉田隆. 旧海军舰船の爆弾被害損傷例について(1)[J]. 船の科学,1990.43(5):69-73.

[7-9] 孟祥岭. 水雷兵器总体设计原理[M]. 武汉:海军工程学院出版社,1982.

[7-10] 刘润泉,白雪飞,朱锡. 舰船单元结构模型水下接触爆炸破口试验研究[J]. 海军工程大学学报,2001.13(5):41.

[7-11] 朱锡,白雪飞等. 船体板架在水下接触爆炸作用下的破口试验[J]. 中国造船,2003,44(1):46-52.

[7-12] Rayleigh J W. On the pressure developed in a liquid during the collapse of a spherical cavity[J]. Philos Mag. ,1917,34:94-98.

[7-13] Blake J R, Taib B B, Doherty G. Transient cavities near boundaries. Part I. Rigid boundary[J]. Journal of Fluid Mechancics. 1986, 170:479-497.

[7-14] Chan P C, Kan K K, Stuhmiller J M A. Computational study of bubble-structure interaction[J]. Journal of Fluids Engineering, 2000, 122: 783-790.

[7-15] Zhang Y L, Yeo K S, Khoo B C, Wang C. 3D jet impact and toroidal bubbles[J]. J Comput. Phys. ,2001, 166(2): 336-360.

[7-16] Blake J R, Taib B B, Doherty G. Transient cavities near boundaries. Part Ⅱ. Free surface[J]. Journal of Fluid Mechanics. 1987, 181: 197-212.

[7-17] Longuet-Higgins M S. Bubbles, breaking waves and hyperbolic jets at a free surface [J]. Journal of Fluid Mechanics, 1983,127: 103-121.

[7-18] Wang Q X, Yeo K S, Khoo B C, Lam K Y. Strong interaction between a buoyancy bubble and a free surface[J]. Theor. Comput. Fluid Dyna. , 1996, 8: 73-88.

[7-19] Wang C, Khoo B C. An indirect boundary element method for three-dimensional explosion bubbles[J]. Journal of Comput. Phys,2004, 194: 451-480.

[7-20] Zamyshlyayev B V. Dynamic Loading in Underwater Explosion[R]. AD-757183,1973.

[7-21] 曾令玉. 水下爆炸载荷作用下舰船总体毁伤评估方法研究[D]. 哈尔滨:哈尔滨工程大学,2010.

[7-22] 曾广武. 船舶结构强度计算及优化设计[M]. 武汉:华中工学院出版社,1985.

[7-23] GJB40002—2000,极限弯矩校核船体总纵强度[S].

[7-24] 姚熊亮,李克杰．舰船水下爆炸新的损伤评估体系探索[J].中国造船,2008,49(3):43-54.

[7-25] 张阿漫．水下爆炸气泡三维动态特性研究[D].哈尔滨:哈尔滨工程大学,2006.

[7-26] 李建平、石全、甘茂治．装备战场抢修理论与应用[M].北京:兵器工业出版社,2000.

[7-27] 崔鲁宁,浦金云．爆炸及冲击效应对舰船电力系统生命力的影响分析[C].第十届全国海事技术研讨会,2005.

[7-28] 丛望,唐嘉亨,郭镇明．接触爆炸下舰船电力系统生命力的研究[J].哈尔滨工程大学学报,1995,(2):54-59.

[7-29] 岳海涛．舰船电力系统生命力评估[D].哈尔滨:哈尔滨船舶工程学院,1994,3.

[7-30] 崔鲁宁,浦金云．非接触爆炸作用下舰船动力系统生命力的研究方法[J].军械工程学院学报,2003,15(3):68-72.

[7-31] 汪玉,王官祥．舰船系统和设备的抗冲击性能动力仿真[J].计算机仿真,1999,16(1):27-29.

第8章　建筑物易损性

建筑物的分类方法有很多种。按照空间,可以分为地面建筑和地下建筑;按照建筑结构,可分为砖混结构、框架结构、钢筋混凝土板墙结构、空间结构;按照用途,可以分为军用建筑和民用建筑。

在诸多建筑材料中,混凝土/钢筋混凝土是使用最为广泛的建筑材料,混凝土具有制作迅速、简便、抗压强度高、抗火、抗腐蚀、材料性能稳定,适宜于一切地上、地下和水中结构等优点。在民用领域、建筑工程、桥梁和交通工程、水利和海港工程、地下工程和特殊工程等使用的材料大都是混凝土/钢筋混凝土材料。在军事领域,绝大多数军事工事如指挥所、导弹发射井、飞机库和碉堡等也都是由钢筋混凝土构筑。因此,本章对建筑物的易损性研究主要侧重于研究混凝土/钢筋混凝土的易损性。

8.1　混凝土目标特性

8.1.1　混凝土材料的特性

混凝土是用水泥做主要胶结材料,拌和一定比例的砂、石和水等,逐渐凝固硬化形成的人工混合材料。混凝土材料主要由三部分组成:骨料颗粒、硬化的水泥砂浆、气孔和缝隙。骨料颗粒占据了混凝土体积的大部分,强度较大,稳定性好;水泥砂浆包围在骨料颗粒周围,强度低,变异性大;在骨料和砂浆的界面以及砂浆内部分布着许多不规则的气孔和裂缝。显然,混凝土强度和变形性能主要取决于水泥砂浆的性能以及混凝土内部缺陷的分布。混凝土材料的这些特点,决定了其力学性能复杂、多变和离散。出于工程实际的需要,当混凝土结构尺寸大于骨料尺寸四倍以上时,可将其看成连续、各向同性的均匀材料[8-1]。

当混凝土承受载荷时,其变形由三部分组成:骨料的弹性变形、水泥凝胶体的流动、裂纹的形成和扩展。骨料的强度比由其形成的混凝土的高,即当混凝土达到极限强度值时,骨料的变形仍在弹性范围内;而后两部分变形在卸载后大部分可恢复,一般通称为塑性变形。在不同的应力阶段,这三部分变形所占比例有很大变化。当应力较低时,骨料的弹性变形占主要部分;随着应力的增大,水泥凝胶体的流动变形逐渐增加;接近混凝土的极限强度时,裂缝的变形才显著表现,并很快超过其他变形成分;在应力峰值之后,随着应力的下降,骨料的弹性变形逐渐恢复,水泥凝胶体的流动减缓,而裂缝的变形却继续增大。混凝土材料的破坏机理可以概括为:当应力增大到一定程度后,微裂纹逐渐延伸扩展连通成宏观裂缝;砂浆的损伤不断积累,切断了和骨料的联结,混凝土整体遭受破坏而逐渐丧失承载能力。不同应力状态下,裂缝出现的时机、位置、方向和形状的不同导致了其宏观力学性能的差异[8-2]。

8.1.2　地面建筑目标

弹药攻击的地面混凝土/钢筋混凝土目标主要有以下几种：

① 经济和工业基地（包括支持战争的工业和促进经济恢复的工业，如兵工厂、钢铁、电力工业等）；

② 机场（包括民用和军用）；

③ 交通枢纽（大中型桥梁、铁路等）；

④ 导弹发射井。

1. 经济和工业基地

经济和工业基地的面积通常为数十到一百多平方千米（图 8.1.1），该面积内有一系列的配套设备、厂房和一些辅助设施，因而攻击时主要打击它的要害部位，如石油基地中的炼油厂、电力工业中大型火力发电厂及水力发电站、军事工业中的飞机、坦克制造厂等，这些工业基地内的要害目标的抗压强度都不高。

工业基地面积大、目标明显，难以伪装，上空常有工业烟雾，空中目视很远就可以发现。工业基地上钢铁构件多，在微波雷达上影像明显，但在厘米波雷达上是一片亮区，难以区分单个目标，而用毫米波雷达可以区分；工业基地内的目标一般有大量的红外辐射，因而红外探测也是可行的。

2. 机场

机场通常包括跑道（图 8.1.2）、停机坪、机库、弹药库、指挥所和营房等一系列设施，但并不是所有的这些目标都能攻击，如弹药库在地下，指挥系统有两套（地上地下各一套），因此即使破坏了地面指挥塔也不能使机场的通信、指挥、控制系统完全失灵。在现有的条件下，攻击机场跑道是最经济、最合理的，而且也是可行的。机场跑道的几何特征主要是长、宽、厚等。目前，一般民用机场采用水泥砼道面，跑道长 2～4 km，宽 45～60 m，面层的厚度一般为 0.32～

图 8.1.1　经济和工业基地

图 8.1.2　机场跑道

0.4 m。一般军用跑道的宽度为 40～60 m，长度达 3 km，路面为坚固的混凝土，厚度约 0.4 m，是一种大型坚固的"狭长"目标。一般机场的主要类型和参数见表 8.1.1。

表 8.1.1　机场的主要类型和参数

机场名称	机场 A	机场 B	机场 C	机场 D	机场 E	机场 F	机场 G
主要参数	主跑道： 长 3 049 m 宽 46 m 副跑道： 间距 350 m 长 1 700 m 宽 50 m	主跑道： 长 3 068 m 宽 45 m 副跑道： 间距 200 m 长 3 068 m 宽 45 m	主跑道： 长 2 438 m 宽 46 m 副跑道： 间距 250 m 长 2 000 m 宽 40 m	主跑道： 长 2 383 m 宽 45 m 副跑道： 间距 400 m 长 2 383 m 宽 45 m	主跑道： 长 2 286 m 宽 46 m 副跑道： 间距 200 m 长 2 285 m 宽 46 m	主跑道： 长 3 658 m 宽 61 m 副跑道： 间距 700 m 长 3 658 m 宽 42 m	主跑道： 长 1 616 m 宽 60 m 副跑道： 两侧 400 m 长 1 100 m 宽 40 m

根据跑道的不同承载能力分成不同的等级，美国飞机跑道几何模型及承载能力见表 8.1.2[8-3]。

表 8.1.2　美国飞机跑道几何模型及承载能力表

跑道级别	负荷类型	长/m	宽/m	厚（混凝土层）/mm
一级	重型轰炸机	2 500～5 000	60～100	>600
二级	中型轰炸机	2 500	45～60	400
	歼击轰炸机	2 000	45	280～300
三级	歼击机	1 800～2 000	40	180～220
四级	教练机	<1 800	30	150～180

机场的跑道一般是刚性跑道，结构形式有多种，但一般军用机场跑道为混凝土质。常见的飞机跑道的断面是由位于最顶层的面层、基层和土基组成[8-4]。最底层的土基是现场土质、淤泥、沙子等材料经夯实机压实而成。基层由天然砾石或人造烧结材料，如卵石、炉渣等材料构成。面层为混凝土。跑道的断面结构如图 8.1.3 所示。

根据机场跑道的负载类型不同，其混凝土层（表层）的厚度也不尽相同，具体的厚度见表 8.1.2，其抗压强度一般为 30 MPa。卵石层的厚度一般为 300 mm，夯实土层的厚度一般为 500 mm 左右。

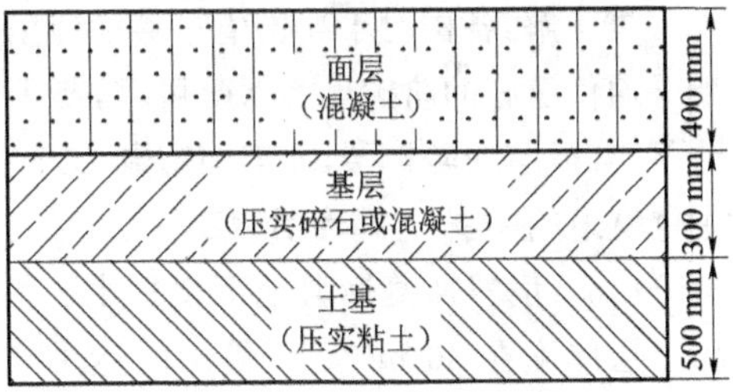

3. 导弹发射井

作为战略威慑作用的弹道导弹，为提高其射前生存能力，往往采用地下发射井来发射导弹，因此地下发射井也是未来战争所要打击的一个重要目标。导弹发射井为垂直竖立地面以下的钢筋混凝土圆筒

图 8.1.3　机场跑道断面结构图

体,井口有近百吨的钢筋混凝土井盖,内径为 4～5 m,深度≥20 m。目前,国外的导弹发射井大都采用加固技术,如美国"民兵"导弹发射井的井壁就用 1.5% 的钢筋加固,防护能力大大增强,可达 140 kg/cm²;苏联的第四代洲际导弹 SS—17、SS—18、SS—19 发射井壁用同心钢圈式加固,防护能力可达 282 kg/cm²。导弹发射井一般都部署在人烟稀少的地区,地面上无特殊建筑,并且井盖上都加有伪装,因而在空中不能看到,微波雷达也探测不到,但红外探测可以辨认。图 8.1.4 所示为俄罗斯展示的 a135 导弹发射井。

4. 大中型桥梁

破坏大中型桥梁是切断敌人运输的有效方法,一座大桥被破坏临时性维修需十几昼夜至几十昼夜,永久性的维修时间就更长,这将对对敌作战产生重大影响。铁路桥梁一般分为桥台、桥墩、桥跨等几部分,前两项由钢筋混凝土组成,桥跨由钢铁组成。如图 8.1.5 所示,桥梁的强度不取决于桥长,而是与跨度有关,跨度越大,桥架就越高,梁杆也越粗,强度也就越大。通常,铁路桥的抗压强度为 1.6 kg/cm²。

图 8.1.4　俄罗斯展示的 a135 导弹发射井[8-5]

图 8.1.5　桥梁[8-6]

8.1.3　地下建筑目标

按埋藏的深度以及常规战斗部可实现的毁伤能力,可把地下目标分为深层目标和超深层目标。目标功能不同,防护形式、防护层厚度等有所区别[8-7]。

据了解,各国对于高价值军事设施按重要性的不同进行了不同程度的加固防护,其中对战略指挥通信设施的防护最为保险可靠,要求它们能承受一定当量的核攻击。该类设施一般均深埋地下,有极厚的防护层,如美国韦瑟山绝密工程防护层厚度为 75～95 m;夏延山地下指挥中心,主体坑道的防护层厚度为 420～525 m;而另一拟建的地下指挥中心的设计防护层厚度高达1 100 m。俄罗斯莫斯科地下指挥中心的防护层厚度为 180 m;我国台湾地区指挥防护工程的防护层厚度在 30 m 以上,最深的达 100 m 左右。这类工程头部的防护层厚度顺应自然山体坡度逐渐减少,在坑口形成薄弱环节,这一部位便成了武器攻击的重点(图 8.1.6)。

　　由于坑口的防护层较薄,所以头部结构的厚度很大,具体尺寸视头部防护层厚度、设计抵抗的弹种以及重要程度而定,如图 8.1.7 所示。一般的防护工程,其顶板厚度为 0.8～1.2 m,大军区级指挥防工程为 1.5～2 m,对重要的中央级指挥防护工程,该厚度在 2 m 以上。由于山体向后顺应坡度逐渐增厚,所以结构的厚度越往深处越小。从坑道口向里,依次为入口穿廊、动荷段、静荷段。一般在动荷段设有防护门、防护密闭门和密闭门。这三种门的数量依具体情况而定,有的设两道防护门,有的设两道密闭门等。指挥防护工程口部目标特性参数见表 8.1.3。头部结构材料通常为钢筋混凝土,强度标号 C30～C60,含钢量 40～65 kg/m³,配筋率 0.5%～1.5%。

图 8.1.6　国外地下指挥中心

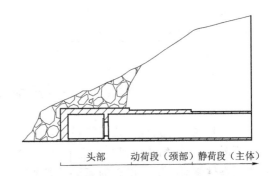

头部　　动荷段（颈部）　静荷段（主体）

图 8.1.7　深层地下战略指挥防护工程口部示意图

　　从表 8.1.3 可看出,若不考虑遮挡层的影响,按大军区以上级取值,地下指挥防护工程目标参数应为:钢筋混凝土厚度 2 m,抗压极限 35 MPa,配筋率 1.5%。地下指挥防护工程多建在山体之中,各山体地形不尽相同,致使防护层厚度也各不相同,但根据选址原则:"群山连绵,山体肥厚","地形较陡,易于成洞,地貌破坏少,引洞短等要求"以及工程实际经验:坑道口部防护层厚度一般为 3～6 m,设计时按偏严取值,取 6 m。土、混凝土防护层按 1∶2 经验比例计算:土厚度 2 m,混凝土(常用标号 C35)防护层厚度 4 m。

表 8.1.3　指挥防护工程口部目标特性参数

种　类	头部结构厚度/m	跨度/m	材料、标号
一般指挥防护工程	0.8～1.2	宽 1.5～3.7 高 3～6	钢筋混凝土 C30～C45
大军区级	1.5～2	宽 1.5～3.5 高 2.5～3.8	钢筋混凝土 C30～C60
中央级	>2	宽 1.5～2.5 高 2.5～3.0	钢筋混凝土 C45～C60

　　单层 C³I 设施、穹顶式地面 C³I 设施、飞机掩体、单层地下指挥所、地对地导弹战备掩体、地上多层建筑物下面的掩体等类目标的防护相对战略指挥通信设施的防护等级要低得多。其

防护层等效为 30 MPa 混凝土厚度为 1.8～6.4 m。表 8.1.4 列出了此类目标的特性数据[8-8]。

表 8.1.4 典型目标特性

种　类	结　　　构	等效混凝土厚度/m
单层地下 C³I 设施	坚固黏土＋钢筋混凝土	1.8
雷达通信掩蔽部	黏土 1.6 m＋块石混凝土 1.7 m＋钢筋混凝土 0.45 m	2.2
拱形屋顶 C³I 设施	紧密土 2.4 m＋混凝土 1.8 m	2.1
飞机掩体	黏土 1.8 m＋加固拱顶 2.4 m＋钢板隔层 1 m	3
深层地下洞库	稳定土 20 m＋钢筋混凝土 2 m	6
单层地下指挥所	钢筋加固混凝土 3.7 m	3.7～4.0
地地导弹战备掩体	加固土 6 m＋钢筋加固混凝土 4 m	4.6～5.8

8.2 反建筑物目标战斗部

无论是地下还是地面建筑物目标,其价值都极高。随着武器系统制导精度、战斗部毁伤威力的不断提高,毁伤地面建筑和地下建筑目标的能力大幅提高。而新的防护技术又给防护工程体系提供能对抗随之出现的新型武器系统的可能性。本节主要介绍两种常用的反建筑物目标战斗部。

8.2.1 侵爆战斗部

侵爆战斗部是指侵入目标一定深度爆炸的战斗部,常说的"钻地武器"的战斗部就是侵爆战斗部。侵爆战斗部命中混凝土目标造成的破坏由两部分组成:一个是战斗部本身撞击目标,并在撞击目标瞬间动能作用下,侵入混凝土一定的深度或打穿一定的厚度,造成对目标的侵彻破坏;另一个是战斗部延时起爆,炸药爆炸引起的破坏。

1. 侵彻毁伤

战斗部撞击建筑物目标(通常由混凝土/钢筋混凝土构成)后,使材料发生压缩和剪切变形,继而在表面出现裂缝并产生脱落,形成入口漏斗坑。当速度较高时,在障碍物背面会产生崩落现象,形成脱落漏斗坑,当侵彻体还有一定的能量并在混凝土中继续运动时,形成圆柱形通道,其直径稍大于战斗部直径,再继续运动,则打穿障碍物并形成出口漏斗坑,如图 8.2.1 所示。

战斗部对混凝土的侵彻能力与战斗部的结构有很大的关系,当混凝土强度足够时,根据经验,战斗部撞击初速小于 200 m/s 时,侵彻深度很小甚至可能从入口漏斗坑反弹出来[8-9]。

战斗部在侵彻过程中,弹道会改变,然后再做直线运动。该现象增大了斜碰击时跳弹的概率，一般情况下，相对混凝土法向着角 35°～40°时几乎全部产生跳弹。

2. 爆炸毁伤

爆炸毁伤主要有三种形式——爆轰产物的直接作用、爆炸冲击波破坏和引燃毁伤。

战斗部爆炸时，爆轰产物迅速膨胀，将介质从原来的位置上排挤出去，介质的压力、密度迅速增大形成一个压缩层。压缩层以超音速从爆心向四周迅速运动，这个运动的压缩层就称为冲击波。由于冲击波波头具有很高的压力，且介质质点也以较高的速度随同冲击波一起运动，在一定距离内遇到障碍物时，将给目标很大的冲量，使爆心附近一定范围内的目标，遭到不同程度的破坏，如图 8.2.2 所示。

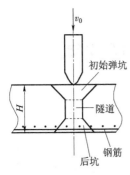

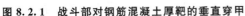

图 8.2.1　战斗部对钢筋混凝土厚靶的垂直穿甲　　　图 8.2.2　侵爆战斗部侵入混凝土后爆炸

战斗部引燃毁伤是指战斗部爆炸引起目标燃烧而造成的目标破坏。根据侵爆战斗部侵彻深度的不同，可以分为在地下目标的防护层中爆炸和地下目标内部爆炸两类。

侵爆战斗部在地下目标防护层中爆炸，其毁伤以应力波为主。应力波对防护层介质产生挤压，导致内部的结构产生拉裂破坏，同时大量的混凝土碎块飞入目标腔室内对内部设备以及人员造成伤害。

侵爆战斗部侵入地下目标的腔室内爆炸，其毁伤由空气冲击波和破片组成。空气冲击波会对内部腔室的侧墙、仪器设备和人员造成损害；侵爆战斗部的爆炸所产生的大量飞射破片也会对内部人员以及设备造成损害。

侵爆战斗部的爆炸还会造成地震波，使地面、地下建筑物以及防护工程出现震塌或震裂。

8.2.2　串联侵彻战斗部

两级串联的侵彻战斗部是 20 世纪 80 年代初由美国 LLNL 实验室开发的[8-10]。串联侵彻战斗部由前级聚能装药、后级动能侵彻体、引信和壳体等组成。后级动能侵彻体内装填高能量、低敏感度的炸药，如图 8.2.3 所示。引信在最佳炸高点起爆前级聚能装药，依靠聚能装药所形成的高速射流对钢筋混凝土目标进行有效侵彻，后级动能侵彻体依靠动能沿着前级开出

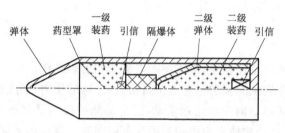

图 8.2.3　串联侵彻战斗部结构示意图

的孔洞继续侵彻,经一定的延时后引爆后级装药,毁伤目标。

串联侵彻爆破战斗部对典型目标的毁伤破坏作用主要有两种情况:穿透目标防护层后在目标腔室内爆炸;在防护层中爆炸,破坏防护层并对内部产生毁伤作用。与同等重量的动能侵彻爆破战斗部相比,串联侵彻爆破战斗部具有低着速条件下穿深大、大着角不跳弹、综合效能高等优点,是攻击机场跑道、地下指挥中心和飞机洞库等目标的有效手段。

8.3　建筑物目标的毁伤模式

8.3.1　侵彻毁伤

1. 常用的侵彻深度经验公式

目前计算弹体对岩石和混凝土等材料的侵入深度公式不少于 40 种[8-11],各种方法互不相同,千差万别,每个经验公式都有各自的应用范围和应用条件,最终的计算结果也存在一定的差别。对于土质等软介质的侵彻深度经验公式比较成熟,各个经验公式的计算结果精确度较高。而对于岩石和混凝土等脆性固体介质的侵彻深度经验公式就不够理想。在众多的复杂的侵彻深度公式中,真正应用较广且精度较高的公式并不多。下面着重介绍几个目前应用较广的岩石和混凝土侵彻深度经验公式。

在抗常规武器工程设计研究中,世界各国都有各自的计算侵彻深度公式,这些公式在实际工程设计中得到广泛应用,并在实际使用过程中不断修正和完善,精度较高。

在我国,一般采用如下的弹丸侵彻深度计算公式:[8-12]

$$H = \lambda_p \cdot K_t \frac{m_p}{d_p^2} \cdot \frac{v_{p0}}{\cos \alpha} \tag{8.3.1}$$

式中,H 为侵彻深度(m);λ_p 是弹形修正系数,$\lambda_p = 1 + 0.3(l_{pt}/d_p - 0.5)$,$l_{pt}$ 是弹头部长度;K_t 是靶介质性质决定的阻力系数,一般 $K_t = (0.8 \sim 0.9) \times 10^{-6}$;$m_p$ 是弹丸质量(kg);d_p 为弹丸直径(m);v_{p0} 是弹丸着靶速度(m/s);α 为着角。

该式基于苏联的"别列赞"公式,假定侵彻阻力与弹丸在介质中的运动速度及弹丸横截面面积成正比,通过试验确定有关系数。试验是在特定的靶体和特定的弹种以及特定的侵彻速度条件下进行的,各种条件都带有一定的局限性。在原型实弹试验中所用的弹径在 0.075～0.203 m 之间,超出这个范围就要进行修正。

系数用来反映靶介质的抗侵彻性能。由于实弹射击试验是在少量的几种强度等级混凝土靶体介质中进行的,规范中只提供少数几种强度等级混凝土介质参数。目前对高强度等级混凝土还缺乏数据,需要进一步研究。

美国陆军《抗常规武器设计规范》中,采用如下经验公式计算弹体侵彻钢筋混凝土深度:[8-13]

$$\frac{H}{d_p} = \frac{3.5 \times 10^{-4} \cdot m_p \cdot d_p^{-2.785} \cdot v_{p0}^{1.5}}{f_c^{0.5}} + 0.5 \cdot d_p \tag{8.3.2}$$

式中,f_c 为混凝土抗压强度(Pa);其他符号与式(8.3.1)相同。

1946 年,美国国防研究委员会(NDRC)提出一个不变形射弹侵彻大体积混凝土的理论,并根据该理论结合侵彻试验数据提出一个侵彻深度公式[8-14]。它认为侵彻过程中任一时刻弹丸受到的阻力是弹丸侵彻距离 H 和弹丸瞬时速度 v_p 的函数,因此,根据可得到的试验数据并结合简单的理论分析,单位面积上弹丸受到的阻力 F 可表示为

$$F = \begin{cases} \dfrac{B}{KN}\left(\dfrac{v_p}{d_p}\right)^{0.2}\left(\dfrac{H}{2d_p}\right) & \dfrac{H}{d_p} \leqslant 2.0 \\[4mm] \dfrac{B}{KN}\left(\dfrac{v_p}{d_p}\right)^{0.2} & \dfrac{H}{d_p} > 2.0 \end{cases} \tag{8.3.3}$$

式中,B 为常数;N 是弹头形状系数;K 是混凝土侵彻系数。得到弹丸运动微分方程为

$$\frac{m_p}{g}\frac{d^2 H}{dt^2} = \frac{m_p}{g}v_p\frac{dv_p}{dH} = F \cdot A \tag{8.3.4}$$

将 $A = \dfrac{\pi d_p^2}{4}$ 代入上式,令 $Z_i = \dfrac{H}{d_p}$,得到

$$v_p\frac{dv_p}{dH} = -\frac{\pi g}{4}\frac{d_p^2}{m_p}F \tag{8.3.5}$$

对式(8.3.5)进行分离变量并积分,考虑到冲击开始时,$Z_i = 0$,$v_p = v_{p0}$,最后得到

$$\frac{H}{d_p} = \left(4K\frac{N \cdot m_p}{d_p^{1.8}}v_{p0}^{1.8}\right)^{0.5} \quad \frac{H}{d_p} \leqslant 2.0$$

$$\frac{H}{d_p} = K\frac{N \cdot m_p}{d_p^{2.8}}v_{p0}^{1.8} + 1 \quad \frac{H}{d_p} > 2.0 \tag{8.3.6}$$

公式中其他符号意义同前。对于平头弹,$N = 0.72$;钝头弹,$N = 0.84$;球形弹头,$N = 1.00$;卵形和锥形弹头,$N = 1.14$。公式用系数 K 反映靶体介质的抗侵彻特性,它是纯经验常数,当时提出 K 值范围为 2~5。

1966 年,Kennedy 利用大量的试验数据对原来的 NDRC 侵彻深度公式做了一些调整,明确地表明 K 与靶介质强度有关,两者关系表示为

$$K = \frac{3.8 \times 10^{-5}}{f_c^{0.5}} \tag{8.3.7}$$

该式以侵彻大体积混凝土为理论依据,假设弹丸在侵彻过程中不变形,在美军的实验中有

很高的可信度。美军防护结构设计手册采用的就是该公式。一般称该公式为 NDRC 公式。

美国圣地亚国家实验室(SNL)提出的公式习惯上称为 Young 公式[8-15]，该公式的表示如下：

$$\begin{cases} H = 0.0008S \cdot K_1 \cdot N\left(\dfrac{m_p}{A_p}\right)\ln(1 + 2.15v_0^2 \times 10^{-4}) & v_0 < 61 \text{ m/s} \\ H = 0.000018S \cdot K_1 \cdot N\left(\dfrac{m_p}{A_p}\right)^{0.7}(v_0^2 - 30.5) & v_0 \geqslant 61 \text{ m/s} \end{cases} \tag{8.3.8}$$

式中，

$$K_1 = \begin{cases} 0.46m_p^{0.15} & m_p < 182 \text{ kg} \\ 1 & m_p \geqslant 182 \text{ kg} \end{cases} \tag{8.3.9}$$

N 是弹头形状系数，$N = \begin{cases} 0.56 + 0.183l_{pN}/d_p & \text{对于卵形弹头} \\ 0.56 + 0.25l_{pN}/d_p & \text{对于锥形弹头} \end{cases}$；$A_p$ 为弹丸平均横截面积；S 为考虑混凝土抗压强度的参数，有不同的取法：

$$S = \begin{cases} 2.7 \cdot \left(\dfrac{f_c}{Q}\right)^{-0.3} & \text{对于岩石} \\ 0.085K_e(11 - P)(t_c T_c)^{-0.06}\left(\dfrac{35}{f_c}\right)^{0.3} & \text{对于混凝土} \end{cases} \tag{8.3.10}$$

其中，$K_e = \left(\dfrac{F}{W_1}\right)^{0.3}$；$W_1$ 为靶宽度与弹丸直径之比，$F = \begin{cases} 20(\text{钢筋混凝土}) \\ 30(\text{素混凝土}) \end{cases}$，如果 $W_1 > F$，取 $K_e = 1$；P 为混凝土体积配筋率；Q 为岩石质量指标；t_c 为混凝土浇筑时间，以年为单位，若浇满一年，则取 $t_c = 1$；T_c 为靶厚度与弹丸直径的比值，在 $0.5 \sim 6$ 之间。在应用中，通常取 $S = \left(\dfrac{30}{\sigma_{ty}}\right)^{0.35}$；$\sigma_{ty}$ 是混凝土屈服应力(MPa)。该公式最早于 1967 年提出来，后经过多次修正。上述给出的公式是 1997 年修正后的公式。

除了各国抗常规武器规范中推荐的侵彻深度公式，还有许多其他的侵彻深度公式在使用。目前应用较广且可信度较高的公式由美国桑地亚(SNL)国家实验中心与美国陆军工程兵水道试验站(WES)提供[8-11]。

$$H = \frac{m_p}{A_p} \times \frac{N}{\rho_t} \times \left[\frac{v_0}{3} \times \sqrt{\frac{\rho}{\sigma_{rc}}} - \frac{4}{9} \times \ln\left(1 + \frac{3}{4} \times v_0 \times \sqrt{\frac{\rho_t}{\sigma_{rc}}}\right)\right] \tag{8.3.11}$$

式中，N 是弹头形状系数，对于卵型弹头，$N = 0.863\left(\dfrac{4\psi^2}{4\psi - 1}\right)^{1/4}$；对于锥形弹头，$N = 0.805(\sin\eta_c)^{-0.5}$；$\rho_t$ 是介质密度(kg/m³)；σ_{rc} 为靶材无侧限抗压强度(MPa)，$\sigma_{rc} = \sigma_c\left(\dfrac{K_{RQD}}{100}\right)^{0.2}$；$\psi$ 为弹头曲率半径与弹丸直径之比；η_c 为弹头锥尖半角；K_{RQD} 是反映岩石和混凝土质量的定量指标，一般认为 K_{RQD} 大于 20 而小于 100；公式中其他符号意义同前。

从上述公式可以看出，四个经验公式都是用来计算弹体对混凝土等脆性介质的侵彻深度，且都比较适合半无限靶标介质。一般计算有限厚度的靶标介质侵彻深度需要在此基础上进行调整。公式使用目的相同,但数学表达完全不同。公式(8.3.1)直接引入一个系数来反映靶体介质的抗侵彻性能,侵彻深度与弹体侵彻速度成正比。

公式(8.3.2)是美国陆军采用的计算侵彻钢筋混凝土的公式。该公式计算高强度钢纤维混凝土侵彻深度时精度较好,它不适合用来计算低强度的素混凝土材料,这与公式本身的适用范围有很大的关系。

公式(8.3.6)是美国国防研究委员会提出的公式。该式最大的特点是以大体积混凝土变形为理论依据,有很强的理论依据作保证,公式的外推性较强。公式(8.3.6)实际上分为两种情况,以两倍弹体直径的深度为界限,根据侵彻深度的不同而采用不同的计算公式。深度分段计算有其合理性,因为深度不一样,侵彻阻力肯定不一样。

公式(8.3.8)的 Young 公式在计算低强度混凝土靶时相当有效,但在计算含有钢纤维的混凝土靶时,计算偏差较大,主要是公式中没有考虑混凝土中加入钢筋、钢纤维后对侵彻带来的差异[8-16]。

WES 公式(8.3.11)也是美国陆军用来计算岩石和混凝土侵彻深度的经验公式。该公式考虑了弹头部各种形状对侵彻的影响,对弹头部形状系数的计算也作了明确的规定。同时,该式充分考虑了靶体密度、强度、弹丸质量、横截面等因素对侵彻深度的影响,且参数意义较为明确,能很容易确定。

2. 侵彻深度理论计算公式

研究侵爆战斗部侵彻建筑物目标(这里主要考虑混凝土目标)时,通常把弹丸假设为刚性弹。对刚性弹侵彻阻力的分析是所有研究的基础。目前常采用动态空腔膨胀模型来求解靶体对弹丸的侵彻阻力。动态空腔膨胀模型给出的侵彻阻力为[8-17]

$$F_x = \frac{\pi d_p^2}{4}(A\sigma_y N_1 + B\rho_t v_p^2 N_2) \tag{8.3.12}$$

其中,d_p 是弹体直径,m;σ_{ty} 为靶材屈服应力,MPa;ρ_t 为靶材密度,kg/m^3;A、B 为靶材的无量纲材料常数;v_p 为侵彻过程中弹丸瞬时速度,m/s;N_1、N_2 为与弹丸头部形状和摩擦系数 μ 有关的无量纲形状系数[8-18]。弹丸受到的阻力由两部分组成,第一部分为准静态阻力部分(材料动强度项)$A\sigma_y N_1$,第二部分是动态阻力部分(惯性项)$B\rho_t v_p^2 N_2$。

根据式(8.3.9),chen and Li[8-18,8-19]研究表明,刚性弹撞击不同靶材的无量纲侵彻深度仅由撞击函数 I 和弹头形状函数 N 两个无量纲数控制,并给出不同弹头形状刚性弹侵彻不同靶材(包括金属靶以及混凝土靶等)的无量纲侵彻深度公式:

$$\frac{H}{d_p} = \frac{2}{\pi} N\ln\left(1 + \frac{I}{N}\right) \tag{8.3.13}$$

其中,H 为侵彻深度;撞击函数 I 和弹头形状函数 N 的表达式分别为

$$I = \frac{I^*}{AN_1}, I^* = \frac{m_p v_{p0}^2}{d_p^3 \sigma_{ty}} \tag{8.3.14}$$

$$N = \frac{\lambda}{BN_2}, \lambda = \frac{m_p}{\rho_t d_p^3} \tag{8.3.15}$$

式中，m_p 为弹体质量；v_{p0} 为弹体初始撞击速度；I^* 与 λ 分别为无量纲撞击因子和无量纲质量比；其他参数同前。对于混凝土材料，式(8.3.13)还应考虑前坑深度。系数 I/N 为

$$\frac{I}{N} = \Phi_J \cdot \frac{B}{A} \cdot \frac{N_2}{N_1} \tag{8.3.16}$$

其中，$\Phi_J = \rho_t v_{p0}^2 / \sigma_{ty}$，是 Johnson 破坏数；由于不同材料的系数 B 较固定，$B \approx 1$，且摩擦较小时，有 $N_2/N_1 \approx N^*$（N^* 定义为头形因子[8-18]）。因此可认为

$$\frac{I}{N} \propto \frac{\Phi_J}{A} \cdot N^* \tag{8.3.17}$$

深侵彻一般对应于细长尖头弹体，其弹头形状函数 N 较大（常有 $N=100$），且在撞击速度范围内有 $I<N$。当弹头形状函数 N 足够大时，无量纲侵彻深度 X/d 对 N 不敏感。若 $I \ll N$，其上限表示为

$$\frac{H}{d_p} = \frac{2}{\pi} I \approx 0.637I \tag{8.3.18}$$

此外，Chen and Li[8-18]根据大量的实验数据分析，给出了在较大侵彻速度范围内（$0 < \frac{I}{N} \sim 1$），无量纲侵深 H/d 与撞击函数 I 存在更简单的线性关系：

$$\frac{H}{d_p} = \frac{1}{2} I \tag{8.3.19}$$

基于式(8.3.16)，沿用无量纲化方法，容易得知刚性弹侵彻不同靶材的侵彻深度之间具有一定的类比性和相互转换关系。由式(8.3.19)可知：

$$\left(\frac{H}{d_p}\right)_i = \frac{1}{2}\left(\frac{I^*}{AN_1}\right)_i = \frac{1}{2}\left(\frac{m_p v_{p0}^2}{d_p^3 N_1}\right)_i \cdot \frac{1}{(\sigma_{ty})_i A_i}, i = m, c, s \tag{8.3.20}$$

式中，m、c、s 分别表示金属靶、混凝土靶和土壤靶。因此有

$$\frac{X_i}{X_j} = \frac{(m_p v_{p0}^2)_i}{(m_p v_{p0}^2)_j} \cdot \frac{(d_p^2 N_1)_j}{(d_p^2 N_1)_i} \cdot \frac{(\sigma_{ty})_j A_j}{(\sigma_{ty})_i A_i}, i, j = m, c, s \text{ 且 } i \neq j \tag{8.3.21}$$

若使弹丸大小、形状以及撞击速度均相同，则式(8.3.21)可简化为

$$\frac{X_i}{X_j} = \frac{(N_1)_j}{(N_1)_i} \cdot \frac{(\sigma_{ty})_j A_j}{(\sigma_{ty})_i A_i}, i, j = m, c, s \text{ 且 } i \neq j \tag{8.3.22}$$

对于混凝土和土壤介质，分析中常忽略摩擦效应，因此有 $(N_1)_c = (N)_{1s} = 1$。显然，相同弹体以相同速度撞击不同的目标介质，其侵深之比主要与介质材料的强度参数 σ_{ty} 和材料常数 A 两个参量有关。

对于混凝土目标，根据文献[8-19]可知，σ_{ty} 可取为单轴无围压压缩强度 f_c，无量纲材料系数 A 可表示为 $A=S$，其中：

$$S = 82.6 f_c^{-0.544} \text{ 或 } S = 0.72 f_c^{-0.5} \tag{8.3.23}$$

对于土壤介质，Forrestal and Luk[8-20]根据 Tresca 屈服准则，将 σ_{ty} 取为其剪切应力强度

τ_0,无量纲材料系数 A 可表示为

$$A = \frac{2}{3}\left[1 - \ln\frac{(1+\tau_0/2E)^3 - (1-\eta^*)}{(1+\tau_0/2E)^3}\right] \tag{8.3.24}$$

其中,η^* 为体应变,$\eta^* = 1 - \rho_{t0}/\rho_t^*$,$\rho_{t0}$ 和 ρ_t^* 分别为土壤介质的初始密度和锁定后的密度。对于软土,$\tau_0/E \ll 1$(E 是介质弹性模量),A 可进一步简化为

$$A = \frac{2}{3}(1 - \ln\eta^*) \tag{8.3.25}$$

8.3.2　目标腔室内的爆炸毁伤

假设侵爆战斗部精确命中目标,按设定侵深侵入建筑物中并爆炸(图 8.3.1),其对目标的毁伤程度取决于战斗部爆炸后产生的超压和比冲。

1. 战斗部爆炸产生的超压

一般地下防护工程主房间(指挥室、会议室、通信机房、排风空调机房、水库水泵间、配电发电间等)的单间面积不超过 100 m²,房间吊顶高度不超过 3 m[8-21],因此战斗部爆炸后超压不能按在无限空气介质中的超压关系式计算,而应该考虑反射对超压的加强作用,因此冲击波阵面超压可用近坚固目标考虑壁面影响超压经验表达式[8-22]:

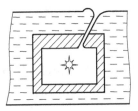

图 8.3.1　战斗部在设施内部爆炸

$$\Delta p = 0.106\left(\frac{\sqrt[3]{m_{\omega\mathrm{TNT}}}}{r}\right) + 0.43\left(\frac{\sqrt[3]{m_{\omega\mathrm{TNT}}}}{r}\right)^2 + 1.4\left(\frac{\sqrt[3]{m_{\omega\mathrm{TNT}}}}{r}\right)^3 \quad 1 < \frac{r}{\sqrt[3]{m_{\omega\mathrm{TNT}}}} < 15 \tag{8.3.26}$$

式中,Δp 是超压(MPa);$m_{\omega\mathrm{TNT}}$ 是装药的 TNT 当量(kg);r 是距装药中心的距离(m)。若战斗部侵入到地下目标内的走道中,可当做在坑道中爆炸,空气冲击波沿坑道两个方向传播,可用下列公式:

$$\Delta p = 0.098\,1 \times \left[1.46\left(\frac{m_{\omega\mathrm{TNT}}}{A_\mathrm{h}r}\right)^{1/3} + 9.2\left(\frac{m_{\omega\mathrm{TNT}}}{A_\mathrm{h}r}\right)^{2/3} + 44\left(\frac{m_{\omega\mathrm{TNT}}}{A_\mathrm{h}r}\right)\right] \tag{8.3.27}$$

如果坑道一端堵死,须将 $2m_{\omega\mathrm{TNT}}$ 更换为 $m_{\omega\mathrm{TNT}}$ 代入,则上式变为

$$\Delta p = 0.098\,1 \times \left[1.84\left(\frac{m_{\omega\mathrm{TNT}}}{A_\mathrm{h}r}\right)^{1/3} + 14.6\left(\frac{m_{\omega\mathrm{TNT}}}{A_\mathrm{h}r}\right)^{2/3} + 88\left(\frac{m_{\omega\mathrm{TNT}}}{A_\mathrm{h}r}\right)\right] \tag{8.3.28}$$

式中,A_h 是坑道截面积(m²)。

爆炸场内任何一点只要冲击波峰值超压达到目标抗压极限且超压作用时间超过目标自振周期,目标将被直接毁伤。按毁伤的程度不同,对建筑物的毁伤可以分为摧毁目标和压制目标两类。摧毁目标的标志是:目标遭到已经失去战斗力的毁伤,消灭 60%～70% 的有生力量、技术兵器和设备。压制目标是指暂时终止目标作战能力,消灭 20%～30% 的技术兵器和 10%～

20%的有生力量[8-22]。

上面提到的是入射冲击波超压对腔内目标的破坏。腔内传播的冲击波迎面撞击工事墙壁时形成的反射超压为[8-22]

$$\Delta p_R = 2\Delta p + \frac{6\Delta p^2}{\Delta p + 7p_a} \tag{8.3.29}$$

其中，p_a是大气压力；Δp是入射冲击波超压。对于较弱冲击波，$\Delta p = p - p_a \to 0$，$\Delta p_R \to 2\Delta p$；对于较强冲击波，$\Delta p = p - p_a \to \infty$，$\Delta p_R \to 8\Delta p$。因此，建筑物墙壁有可能承受远高于入射波强度的超压而破坏。

2. 战斗部爆炸产生的比冲

因为地下工事的墙壁属大而厚的目标，所以其破坏可能主要取决于比冲的作用。当冲击波正压作用时间小于 0.25 倍墙壁自振周期，墙壁受冲击波的作用按比冲计算。对于 TNT 装药，在接近较大障碍物时，冲击波的正压区比冲可表示为

$$i_+ = 225 \frac{m_{\omega TNT}}{r^2} \tag{8.3.30}$$

其中，i_+为比冲（$N \cdot s/m^2$），其余参数意义同前。

正压作用时间：

$$t_+ = 1.5 \times 10^{-3} m_{\omega TNT}^{1/6} r^{1/2} \tag{8.3.31}$$

其中，t_+的单位是 s。

表 8.3.1 列出了几种建筑物的自振周期和破坏冲击载荷[8-12, 8-22]。这些数据是针对地面建筑物的，与浇注填埋式或掘进式地下工事性质是不同的，所以只能作为破坏工事内隔墙估算时的参考。

表 8.3.1　几种建筑物的自振周期及破坏时的比冲

建筑结构	砖墙		0.25 m 钢筋混凝土	木结构物	钢筋混凝土建筑物	装配玻璃
	二块	土墙一块半				
自振周期 T/s	0.01	0.015	0.015	0.3	0.35	0.02~0.04
破坏比冲 $i_+/(N \cdot s \cdot m^{-2})$	2 156	1 862	—	—	1 960	—
静载 $\Delta p_1/MPa$	0.044	0.025	0.029	0.009 8~0.016		0.009 8

8.3.3　目标防护介质中的爆炸毁伤

上节分析的是侵彻战斗部侵入填埋地下工事内部对工事内部设施的直接爆炸毁伤作用，但是在近似封闭的地下爆炸环境下，爆炸冲击波必然通过工事的墙壁耦合到周围介质中去，以应力波的形式向远方传播。另外如果战斗部侵入地点与目标有偏差，则在地下形成爆破，其对

工事的破坏和地面设施的破坏主要以介质的破碎和运动形式表现出来。

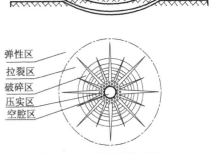

弹性区
拉裂区
破碎区
压实区
空腔区

图 8.3.2　地下爆炸现象

1. 岩土中爆炸的基本现象

对于发生在地下相当深并具有足够大威力的地下爆炸,直接与装药接触的岩土受极高压力(几 GPa～几十 GPa)的作用被强烈压缩,岩土结构完全被破坏。压力作用的结果是在岩土中形成一个空腔(图 8.3.2),其体积为装药体积的十倍到百倍量级。与空腔相邻的是强烈的压实区,其内原有的岩土结构完全被压垮粉碎。离开爆心较远处,由于爆炸能量传给了更多介质,或者说因为单位体积的能量与距离的立方成反比,冲击波压力迅速衰减。当在某一距离上应力值小于岩土的动态压碎强度时,岩土就基本保持原来的结构而不破碎。

当压缩应力波通过时,介质质点得到一定的速度沿径向向外移动,使介质的每一环层受到拉伸,如果拉伸应力超过岩土的动态抗拉强度时,就产生从爆心向外的径向裂缝。由于岩土的抗拉强度比抗压强度小得多,因此产生径向裂缝的范围比压缩区大很多。裂缝形成后,由于裂缝端部的应力集中使得裂缝进一步加长,形成整个破坏区。由于在应力波传播过程中压力迅速下降对周围的介质形成卸载,介质向向爆心做微小的移动,又沿径向产生拉伸应力,于是在径向裂缝之间又形成了环向裂缝。在破坏区以外,应力波衰减为弹性波,产生震动(如果震动强度足够大,将对周围的建筑结构造成破坏)。随着传播距离的增加,震动的强度也越来越弱,不再具有破坏力。这个区域就是震动区。

如果爆炸中心离地面较近,爆炸产生的压缩应力波在地面反射形成拉伸波,并沿与压缩应力波相反方向向爆心传播。拉伸波的强度比压缩波的强度小,但是由于岩土的抗拉强度比抗压强度小得多,所以产生的破坏效果却不小。拉伸的结果使爆炸中心附近地面尘土、沙石向上抛掷,出现地表剥裂或抬升现象。埋深小到一定程度时,就会使大量的土石抛掷出去,形成漏斗形炸坑。

2. 地下深处爆炸的破坏

侵彻战斗部在岩土深处爆炸的破坏作用是为了估算地下建筑物如指挥部、隐蔽部、发射井、地下机库等的破坏程度。到目前为止,还没有精确的理论方法计算土石中的冲击波超压参数。不过实验表明[8-12],土石中冲击波的传播也遵循"爆炸相似律",即

$$\Delta p = f\left(\frac{\sqrt[3]{m_{\omega\mathrm{TNT}}}}{r}\right) \tag{8.3.32}$$

或者写成

$$\Delta p = A_0 + A_1 \frac{\sqrt[3]{m_{\omega\mathrm{TNT}}}}{r} + A_2 \left(\frac{\sqrt[3]{m_{\omega\mathrm{TNT}}}}{r}\right)^2 + A_3 \left(\frac{\sqrt[3]{m_{\omega\mathrm{TNT}}}}{r}\right)^3 + \cdots \tag{8.3.33}$$

当 Δp 超过介质的抗压强度时，介质就被压碎，而每种介质的抗压强度是不变的，所以

$$\frac{\sqrt[3]{m_\omega \text{TNT}}}{r} = 常数 \tag{8.3.34}$$

很多实验表明，压实区半径 r_y 可表示为

$$r_y = K_y \sqrt[3]{m_\omega \text{TNT}} = 0.36 K_p \sqrt[3]{m_\omega \text{TNT}} \tag{8.3.35}$$

式中，r_y 是压实区的半径(m)；K_y 和 K_p 分别是与固体介质和装药性质有关的系数，K_p 的值见表 8.3.2。

对于破碎区半径 r_p，有

$$r_p = K_p \sqrt[3]{m_\omega \text{TNT}} \tag{8.3.36}$$

拉裂区半径 r_v 可表示为

$$r_v = (1.83 \sim 2.2) r_p \tag{8.3.37}$$

表 8.3.2　各种土石介质的 K_p 值

介质	密度 $\rho/(\text{g} \cdot \text{cm}^{-3})$	$K_p/(\text{m} \cdot \text{kg}^{-1/3})$
荒地	1.5	1.07
砂石	1.78	1.00～1.04
松软的土地	1.36	1.40
含沙泥土	1.98	0.96
石灰岩和砂岩	2.3	0.90～0.92
花岗岩	2.7	0.87
混凝土	2.0	0.71～0.85
钢筋混凝土	2.4	0.39
石建筑物	—	0.84
	—	0.84～0.90

经验指出，r_y 的范围为 5～300 倍装药半径(常规装药)；r_p 的范围为 2～4 倍压实区的范围；r_v 是指对地面建筑有直接破坏性威胁的半径。

8.4　建筑物的易损性分析

8.4.1　地面建筑物易损性分析

建筑物受破坏程度不仅和爆炸波波形、峰值超压及正压持续时间等因素有关，还和建筑物本身性质如静态强度、自振频率及韧性等有关。建筑物大致分为钢结构、混凝土结构及砖石结构等几大类。有关研究人员对我国若干爆破试验数据进行综合处理，得到冲击波超压对建筑

的破坏情况见表 8.4.1。

表 8.4.1　冲击波对建筑物的破坏

破坏等级	名称	破坏情况	超压值/MPa
一级	基本无破坏	玻璃偶尔震落或破坏	<0.001 96
二级	窗户破坏	玻璃破碎,窗框偶然破坏	0.001 96~0.007
三级	设备破坏,墙壁破坏	裸露电线折断,导致照明设施及通信中断	0.034~0.550
		重 1 吨的设备从离开基础到翻倒破坏	0.039 5~0.058 8
		24~37 cm 的砖墙强烈变形出现大裂缝	0.048~0.055 0
五级	中等破坏	巷道内 25 cm 砖墙强烈变形出现大裂缝	0.27~0.34
六级	严重破坏	25 cm 钢筋混凝土墙倒塌	>0.34

而对于 TNT 爆炸产生冲击波对房屋破坏,宇德明等[8-23]提出了房屋破坏达到不能居住毁伤半径 r(m)与爆源 TNT 当量 $m_{\omega TNT}$(kg)之间关系为

$$R = \frac{13.2 m_{\omega TNT}^{1/3}}{\left[1 + (3.175/m_{\omega TNT})^2\right]^{1/6}} \tag{8.4.1}$$

8.4.2　地下建筑物易损性分析

1. 目标毁伤过程的数学描述

侵彻爆炸的破坏作用导致防护层结构破坏,致使目标完成任务能力受损,用 η 表示目标完成任务能力的下降水平($0 < \eta \leqslant 1$)。

设防护层厚度为 h_t,装药量一定的战斗部侵爆深度为 x,令 $\mu = x/h_t$,代表侵彻作用深度比或侵彻效率,以防护层外表面为零点,μ 为横轴(规定防护层表面以上 μ 值为负),完成任务能力下降水平 η 为纵轴,建立直角坐标系,如图 8.4.1 所示。

假设战斗部在较厚防护层表面以下某个深度 x_0 处爆炸时,对应目标毁伤的最低级别。此时,η 的下降水平为 η_0。如果装药量不变,侵爆深度增加,η 的下降水平必

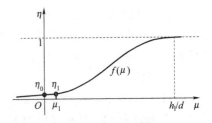

图 8.4.1　η 的变化趋势

然增加(这里考虑的是目标随侵彻爆炸位置加深过程表现出来的宏观毁伤统计结果)。当一定装药量的战斗部侵彻到某个位置 $\mu_i = x_i/h_t$ 时,爆炸作用将会贯穿防护层,爆炸产物、介质碎块等进入目标内部,此时为摧毁性毁伤的起点,对应的 $\eta \approx 1$(实际毁伤研究中对应的值要比 1 小得多),显然 η 是侵彻过程 μ 的函数。从物理意义上分析,描述目标完成任务的能力下降水平曲线应该是一条近"S"形曲线,令其为 $f(\mu)$,趋势如图 8.4.1 所示。

进一步分析 $f(\mu)$ 的几何意义与物理意义如下：

① $\mu \to x_i/h_t$ 时，$\lim f(\mu) \to 1$。这表明曲线有极限值 1，取得极限值表示目标完成任务的能力完全丧失，而且此时防护层不一定被贯穿，符合目标毁伤物理事实。

② $\mu \geqslant x_i/h_t$，$f(\mu)=1$。说明只要战斗部侵彻到防护层某一深度 x_i，在 $\mu \geqslant x_i/h_t$ 以后，目标完成任务能力全部丧失，爆炸作用会对目标造成摧毁性毁伤。

③ $\mu = \mu_0$，$f(\mu_0) = \eta_0$。η_0 可从最低的毁伤级别算起，侵彻深度小于该值，对目标造成的毁伤不足以评价，符合毁伤分级原则。

④ $\mu \to -\infty$，$\lim f(\mu) \to 0$。这说明起爆点在 $\mu_0 \leqslant x_0/h_t$ 以外，侵彻深度越小，对目标毁伤作用越小，$\mu \to -\infty$ 在工程上没有意义，只是表示数学上的严密性。

⑤ $f(\mu)$ 为单调增函数，而且曲线一定有拐点。如果曲线没有拐点，在 $-\mu$ 的方向上，$f(\mu)$ 接近于 0，在 μ 的正方向上，$f(\mu)$ 有极限 1 是不可能的。通过研究分析，发现函数 $f(\mu)=1/(a+ce^{-b\mu})$（$a>0,b>0,c>0$ 是与爆炸作用有关的实数）满足 ① ～⑤ 的分析条件，其极限值由 a 决定，$a=1$ 时，函数 $f(\mu)$ 的极大值为 1，b 和 c 的大小决定 $f(\mu)$ 取得极限值的位置以及曲线的陡度。适当选择 b 和 c 可以使函数 $f(\mu)$ 在 $\mu=x_i/h_t$ 处非常接近极值，而且在 $\mu > x_i/h_t$ 后的值都趋近于 1，函数曲线形状可以通过调整 b 和 c 来实现，也可令 b 和 c 相等，不同的 b 对应的曲线如图 8.4.2

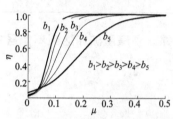

图 8.4.2 $a=1$ 时，函数 $f(\mu)$ 随不同 b 值的变化趋势

所示。可见，$f(\mu)$ 能够描述目标完成任务的能力随不同 b 值的变化趋势。

图 8.4.1 是根据目标毁伤的特点，通过分析目标完成任务的能力下降水平的变化趋势之后构造的趋势曲线，而函数 $f(\mu)=1/(a+ce^{-b\mu})$ 是分析图 8.4.1 曲线所得的具体解析形式的一种，其物理意义与 ① ～⑤ 的分析也是相符的。

严格来说，目标的毁伤程度与目标完成任务的能力下降速率是两个不同的概念，目标完成任务的能力表现水平依赖于目标的毁伤程度，两者并不一定是完全对等的关系。为了确定目标毁伤水平，可在试验目标内平均分配若干相同的独立功能单元，对不同的 μ，根据独立的功能单元的毁伤数量获得目标功能损失水平，有了试验值 $(\eta_s, h_s/d)$，$s=1,2,\cdots$，拟合试验数据可以得到函数 $f(\mu)$。

函数 $f(\mu)$ 有非常重要的意义。只要确定了 $f(\mu)$，对 μ 求导可以得到：$d\eta/d\mu = f'(\mu)$，$d\eta/d\mu$ 表示目标在侵彻爆炸单元作用下完成任务能力损失水平变化的速率，即真正数学意义上表述的目标对侵爆作用（用侵爆深度表征）的易损性。进一步研究还可以分析目标毁伤等级、预测毁伤水平等。

2. 简化的地下目标毁伤评价

从图 8.4.2 可以看出，η 在某个范围内（例如，$\eta \in (0.2, 0.8)$ 或 $\eta \in (0.3, 0.7)$，或其他不同数值等）曲线可近似看成直线。从毁伤角度来说，研究最初的轻微毁伤意义并不十分明显，如果毁伤达到了某个水平时（$\eta=0.8, 0.7, \cdots$，可能实际的数值还要低得多），目标已经达到摧毁性毁伤级别范围内，后面就没有必要再继续研究了。可见在很大的 μ 范围内，目标完成任务能力的下降水平近似线性变化，因此可假设目标完成任务能力的损失水平在除去轻微毁伤和摧毁性毁伤的中间段内按线性规律变化，可设 $f(\mu)=a\mu+b$，把目标完成任务能力的下降水平看成直线规律变化，数学描述与毁伤事实可能有一定的差距，但是函数容易被确定，原则上只要确定如图 8.4.3 中的 (μ_2, η_2) 和 (μ_3, η_3)，整个目标的毁伤过程就可以描述清楚。因此，目标毁伤可划分为三个级别：轻微毁伤、中间段毁伤和摧毁性毁伤，如图 8.4.3 所示。

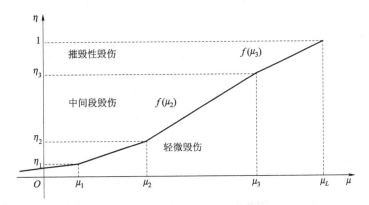

图 8.4.3　毁伤等级分类示意图

参 考 文 献

[8-1] 过镇海. 混凝土的强度和本构关系：原理与应用[M]. 北京：中国建筑工业出版社，2004.

[8-2] 过镇海. 混凝土的强度和变形——试验基础和本构关系[M]. 北京：中国建筑工业出版社，1995.

[8-3] 关成启，杨涤，关世义. 地面目标特性分析[J]. 战术导弹技术，2002(5)：21-25.

[8-4] 钱立新，卢永刚，杨云斌，等. 反跑道动能战斗部威力评定方法研究[R]. 中国国防科学技术报告，GF-A, ZW-D-9900129. 1999.

[8-5] http://news. 163. com/photonew/00AQ0001/8867_02. html.

[8-6] http://tuku. cnrepair. com/a/jiaotongyunshu/20100802/1733. html.

[8-7] Special Feature Adding New Punch to Cruise Missiles Specialized Warheads can Defeat Hard and Buried Targets Janes Interantuinal Defense. 1998，41(1).

[8-8] 罗星. 西方攻击加固深埋目标的战斗部[J]. 飞航导弹，1998(12)：24-30.

[8-9] 孙伟，杨柏军，隋国强，韩波. 导弹对混凝土目标侵爆毁伤评估方法[J]. 战术导弹技术，2007(5)：11-13.

[8-10] Murphy, M. J. Performance analysis of two-stage munitions. 8th International

Symposium on Ballistics，TB23-29，1984.

[8-11] Heuze F E. An Overview of Projectile Penetration into Geologic Materials，with Emphasis on Rocks [J]. Int. J. Rock Mech Min Sci,1990,27(2).

[8-12] 王儒策,赵国志. 弹丸终点效应[M]. 北京:北京理工大学出版社,1993.

[8-13] Department of the Army. Fundamentals of Protective Design for Conventional Weapons. Technical Manual [R]. TM5285521,1986.

[8-14] 李清献. 射弹对混凝土侵彻深度的计算研究[D]. 西安:西安交通大学,2001.

[8-15] C. W. Young. Depth Prediction for Earth-Penetrating Projectiles [J]. The Soil Mechanics and Foundations.

[8-16] 许志明. 高速钻地弹水泥靶侵彻过程的实验研究与计算机仿真[D]. 南京:南京理工大学,2004,6.

[8-17] Chen XW. Dynamics of Metallic and Reinforced Concrete Targets Subjected to Projectile Impact [D]. PhD Thesis:Nanyang Technological University,Singapore,2003.

[8-18] Chen XW,Li QM. Deep Penetration of a non-deformable Projectile with different geometrical characteristics[J]. Int. J. Impact Engng,2002:27(6):619-637.

[8-19] Li QM,Chen XW. Dimensionless formulae for Penetration depth of concrete target impacted by a non-deformable Projectile[J]. Int. J. Impact Engng, 2003:28(1): 93-116.

[8-20] Forrestal MJ,Luk VK. Penetration into 5011 targets[J]. Int. J. Impact Engng, 1992, 12:427-444.

[8-21] 解放军总参谋部、总后勤部. 防护工程建筑设计规范[S]. GJBZZO419.1-98.

[8-22] 蒋浩征,周兰庭. 火箭战斗部设计原理[M]. 北京:国防工业出版社,1982,276-326.

[8-22] 徐建波. 长杆射弹对混凝土的侵彻特性研究[D]. 北京:国防科学技术大学.2001.

[8-23] 宇德明,冯长根. 炸药爆炸事故冲击波、热辐射和房屋倒塌的伤害效应[J]. 兵工学报, 1998(1):33-37.